普通高等教育系列教材

U0168771

MySQL 数据库原理及应用

王　坚　唐小毅　柴艳妹　韩文英　编著

机械工业出版社

本书从教学实际出发，系统地介绍了 MySQL 数据库的有关原理和基本操作，主要内容包括数据库技术概述、MySQL 概述、数据库基本操作、数据表、索引、结构化查询语言 SQL、视图、触发器、存储过程和存储函数、访问控制与安全管理、备份与恢复、PHP 与 MySQL 数据库编程。

本书的内容基于 Sailing 数据库展开讲述，并提供了大量的实例作为参考，可以帮助读者理解数据库管理的有关概念，并熟悉数据库操作流程和管理方法。

本书既可作为高等院校"数据库原理"课程的教材，也可作为相关领域技术人员的参考书。

本书配有授课电子课件、教学大纲、源代码、习题答案等，需要的教师可登录 www.cmpedu.com 免费注册，审核通过后下载，或联系编辑索取（微信：15910938545，电话：010-88379739）。

图书在版编目（CIP）数据

MySQL 数据库原理及应用 / 王坚等编著. —北京：机械工业出版社，2020.11（2025.1 重印）
普通高等教育系列教材
ISBN 978-7-111-66794-0

Ⅰ．①M… Ⅱ．①王… Ⅲ．①SQL 语言—程序设计—高等学校—教材
Ⅳ．①TP311.132.3

中国版本图书馆 CIP 数据核字（2020）第 199365 号

机械工业出版社（北京市百万庄大街 22 号　邮政编码 100037）
策划编辑：胡　静　　责任编辑：胡　静
责任校对：张艳霞　　责任印制：单爱军
北京虎彩文化传播有限公司印刷
2025 年 1 月第 1 版·第 8 次印刷
184mm×260mm·19.5 印张·484 千字
标准书号：ISBN 978-7-111-66794-0
定价：69.00 元

电话服务	网络服务
客服电话：010-88361066	机 工 官 网：www.cmpbook.com
010-88379833	机 工 官 博：weibo.com/cmp1952
010-68326294	金 书 网：www.golden-book.com
封底无防伪标均为盗版	机工教育服务网：www.cmpedu.com

前　　言

随着信息技术的飞速发展，对数据的管理是各个企业信息化发展的重要支撑，即使是非计算机专业的学生也需要掌握一定的数据建模的基本知识，熟悉数据库的管理规则和方法，并具有应用数据库原理解决相关实际问题的能力。MySQL 数据库的发展势头迅速，并且具有运行速度快、容易使用、可移植性强、接口丰富、使用灵活、安全性强等特点，在各个行业都有极其广泛的应用。

本书结合教学实际和初学者的认知规律，对有关理论和操作进行渐进式的讲解，力图让读者能够构建起数据管理的框架并具有一定数据操作和分析能力。本书共 12 章，主要内容如下。

第 1 章数据库技术概述，包括概念模型、逻辑模型和关系数据库等内容。

第 2 章 MySQL 概述，包括 MySQL 数据库及其安装与配置、启动与登录等内容。

第 3 章数据库基本操作，包括数据库的创建、查看和删除以及数据库存储引擎等内容。

第 4 章数据表，包括数据表的数据类型、数据表的创建和相关操作方法等内容。

第 5 章索引，包括索引的基本原理和分类、索引的创建、添加和删除等内容。

第 6 章结构化查询语言 SQL，包括 MySQL 的运算符与常用函数、简单查询、条件查询、排序查询、总计查询、连接查询、子查询、合并查询、数据操纵等内容。

第 7 章视图，包括视图的特点、创建、查看、修改和更新等内容。

第 8 章触发器，包括触发器的创建、查看和删除等内容。

第 9 章存储过程和存储函数，包括创建存储过程和存储函数，存储过程体和存储函数体，查看、修改、删除存储过程和存储函数等内容。

第 10 章访问控制与安全管理，包括用户账户管理和账户权限管理。

第 11 章备份与恢复，包括 MySQL 数据库备份与恢复方法、日志文件。

第 12 章 PHP 与 MySQL 数据库编程，包括 PHP 编程基础、函数、数组、程序设计基础、面向对象程序设计、访问 MySQL 数据库等内容。

本书中所介绍的例题都是在 Windows 10 及 WampServer 3.0.6 环境下调试运行通过的，读者可以按照书中所讲述内容进行操作。本书每一章都附有习题，供读者练习使用。

参与本书编写的有王坚、唐小毅、柴艳妹、韩文英，同时还得到了有关部门同事的大力支持和帮助，在此表示衷心的感谢。在本书的编写过程中，编者参考了一些国内外的教材、网站资料和最新研究成果，在此向原作者表示诚挚的感谢，感谢中央财经大学对精品实验课程项目的支持。

由于计算机技术日新月异，加之时间仓促及编者能力有限，书中难免有疏漏和不足之处，恳请读者批评指正。

编　者

目　录

第1章   数据库技术概述

数据库技术诞生于 20 世纪 60 年代末期。经过几十年的发展，和数据库相关的理论研究和应用技术都有了非常大的发展。数据库技术是计算机科学中一门重要的技术，在政府、企业等机构得到了广泛的应用。特别是 Internet 技术的发展，为数据库技术开辟了更广泛的应用舞台。

数据是信息时代的重要资源之一。商业的自动化和智能化，使得企业收集到了大量的数据，积累下来重要资源。政府、企业等各类组织需要对大量的数据进行管理，从数据中获取信息和知识，从而进行决策。20 世纪 80 年代，美国信息资源管理学家霍顿（F. W. Horton）和马钱德（D. A. Marchand）等人指出：信息资源（Information Resources）与人力、物力、财力和自然资源一样，都是企业的重要资源，因此，应该像管理其他资源那样管理信息资源。如今，数据库的建设规模、数据库信息量的规模及使用频度已成为衡量一个企业、组织乃至一个国家信息化程度的重要标志。本章重点介绍数据库系统的基本概念和数据库设计的步骤。

学习目标：
➢ 了解数据库的基本概念
➢ 熟悉数据库的特点
➢ 熟悉数据库的发展历史
➢ 掌握数据库的三级数据模式结构
➢ 熟悉数据库的概念模型及 E-R 图
➢ 熟悉数据库的逻辑模型、数据模型
➢ 熟悉关系数据
➢ 了解数据库设计的基本步骤

1.1   引言

在人们的日常生活中，数据库技术已经广泛应用于各行各业。现通过一个超市集团的示例，讨论为什么需要数据库。

假设某一超市集团，在全国 10～20 座城市拥有 20～30 家超市，每个超市有 200～400 名工作人员，销售数万种商品。

如果要管理这家公司，需要掌握哪些信息？

首先，公司的管理层需要随时掌握各家超市的进货情况、销货情况和库存情况；需要了解不同商品的供货市场情况，并对供货商进行维护；需要了解不同商品在不同地域的销售情况，以便及时调整销售策略；需要解决销售过程中的各种问题，对客户进行维护。在此过程中，公司还需要对员工的工作业绩进行考核。

随着市场规模的不断扩大，公司业务量的迅速增长，公司就必须有效地管理商品、供货商、客户和员工等数据，并且这类数据正在不断地积累和增大。

这样大量的数据已经不可能靠人工管理，比较好的方法是用数据库系统来管理。产生数据库的动因和使用数据库的目的正是为了及时地采集数据、合理地存储数据、有效地使用数据，保证数据的准确性、一致性和安全性，在需要的时间和地点获得有价值的信息。

那么，应该如何去抽象数据、组织数据并有效地使用数据，从中得到有价值的信息呢？这正是本书讨论的问题。

通常情况下，数据库技术所要解决的基本问题如下。

1）如何抽象现实世界中的对象，如何表达数据以及数据之间的联系。

2）如何方便、有效地维护和利用数据。

1.2 数据库系统

通常意义下，数据库是数据的集合。一个数据库系统的主要组成部分是数据、数据库、数据库管理系统、应用程序及用户。数据存储在数据库中，用户和用户应用程序通过数据库管理系统对数据库中的数据进行管理和操作。

1.2.1 数据库系统的基本概念

1. 信息与数据

信息（Information）是对客观世界中各种事物属性和运动状态的反映，是客观事物之间相互联系和相互作用的表征，表现的是客观事物运动状态和变化的实质内容。在通信和控制系统中，信息是一种普遍联系的形式。人通过获得、识别自然界和社会的不同信息来区别不同事物，得以认识和改造世界。

信息是有价值的，可以被感知。信息可以通过载体传递，也可以通过信息处理工具进行存储、加工、传播、再生和增值。因此，信息是一种重要的资源。

数据（Data）是对客观事物的抽象描述，是用于承载信息的物理符号。也就是说，数据是信息的具体表现形式，信息包含在数据之中。数据的形式或者说数据的载体是多种多样的，它们可以是数值、文字、图形、图像、声音等。在计算机科学中，数据是指所有能输入到计算机并被计算机程序处理的数字、字母、符号和模拟量等的总称。

数据的形式还不能完全表达数据的内容，数据是有含义的，即数据的语义或数据解释。例如，75 是一个数据，可以是一名同学某门课的成绩，也可以是某个人的体重，还可以是一个班级的学生人数。数据的解释是指对数据含义的说明，数据的含义称为数据的语义，数据与其语义是不可分的。

信息与数据既有联系，又有区别。数据是信息的表现形式和载体；而信息是数据的内涵，是加载于数据之上、对数据做具有含义的解释。数据和信息是不可分离的，信息依赖数据来表达，数据则生动具体地表达出信息。数据本身没有意义，数据只有对实体行为产生影响时才成为信息。

2. 数据处理

数据处理（Data Processing）是从大量的原始数据中抽取出有价值的信息，即数据转换成信息的过程。数据处理的主要内容包括对数据的收集、存储、加工、分类、归并、计算、排序、转换、检索和传播等。数据处理的基本目的是从大量的、可能是杂乱无章的、难以理解的数据中抽取并推导出对于某些特定的人来说是有价值、有意义的数据。

数据处理与数据管理是相联系的，数据管理技术的优劣将对数据处理的效率产生直接影响。而数据库技术就是针对该需求目标进行研究并发展和完善起来的一个计算机应用的分支。

数据的 3 个表示范畴分为现实世界、信息世界和计算机世界。数据库设计的过程，就是将数据的表示从现实世界抽象到信息世界（概念模型），再从信息世界转换到计算机世界（数据模型）。

3. 数据库

数据库（DataBase，DB）是长期存储在计算机内、有组织、可共享的数据集合，可以形象地理解为存储数据的仓库。数据库中的数据以一定的数据模型组织、描述和储存，具有较小的冗余度、较高的数据独立性和易扩展性，并可为多个用户共享。概括地讲，数据库数据具有永久存储、有组织和可共享三个特点。

数据库有很多种类，从存储各种数据表格的简单数据库到能够进行海量数据存储的大型数据库系统，在各个方面都得到了广泛的应用。在信息化社会，充分有效地管理和利用各类信息资源，是进行科学研究和决策管理的前提条件。

4. 数据库管理系统

数据库管理系统（DataBase Management System，DBMS）是一类系统软件，提供能够科学地组织和存储数据、高效地获取和维护数据的环境。一般由软件厂商提供，如 Microsoft 公司的 SQL Server 和 Access 等。数据库管理系统的主要功能如下。

（1）数据定义

DBMS 提供数据定义语言（Data Definition Language，DDL）。用户通过 DDL 可以对数据库中的数据对象进行定义。

（2）数据操作

DBMS 提供数据操作语言（Data Manipulation Language，DML）。通过使用 DML，用户可实现对数据的追加、删除、更新、查询等操作。

（3）数据库的建立和维护功能

数据库的建立和维护功能主要包括数据库初始数据的输入、转换，数据库的存储、恢复，数据库的重组、性能监视和分析等。这些功能通常是由一些实用程序完成的。

（4）数据库的运行管理

数据库系统的正常运行是由 DBMS 统一管理和控制的，以保证数据的安全性、完整性、并发性及发生故障后的系统恢复等。

（5）提供方便、有效存取数据库信息的接口和工具

编程人员可通过程序开发工具与数据库接口编写数据库应用程序。数据库管理员可通过相应的软件工具对数据库进行管理。

5. 数据库系统

一个完整的数据库系统（DataBase System，DBS）由保存数据的数据库、数据库管理系统、用户应用程序和用户组成，如图 1-1 所示。DBMS 是数据库系统的核心，用户以及应用程序都是通过数据库管理系统对数据库中的数据进行访问的。

通常，对一个数据库系统的基本要求如下。

1）能够保证数据的独立性。

2）能够充分描述数据间的内在联系。

3）系统的用户接口简单，用户容易掌握，使用方便。

4）冗余数据少，数据共享程度高。

5）具有可修改性和可扩充性。

6）能够确保系统可靠运行，出现故障时能迅速排除；能够保护数据不受非授权者访问或破坏；能够防止错误数据的产生，一旦产生也能及时发现。

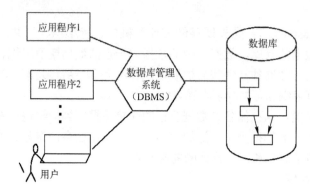

图 1-1　数据库系统组成

1.2.2　数据库系统的特点

数据库系统具有以下几个特点。

1．数据结构化

数据库中的数据是结构化的。这种结构化就是数据库管理系统所支持的数据模型。使用数据模型描述数据时，不仅描述了数据本身，同时描述了数据之间的联系。按照应用的需要，建立一种全局的数据结构，从而构成了一个内部紧密联系的数据整体。例如，关系数据库管理系统支持关系数据模型，关系模型的数据结构是"关系"——满足一定条件的二维表格。

2．数据高度共享、低冗余度、易扩充

数据的共享度直接关系到数据的冗余度。数据库系统从整体看待和描述数据，数据不再面向某个应用，而是面向整个系统。因此，数据库中的数据可以高度共享。数据的高度共享本身就减少了数据的冗余，同时确保了数据的一致性，同一数据在系统中的多处引用是一致的。

3．数据独立

数据的独立性是指数据库系统中的数据与应用程序之间是互不依赖的。数据库系统提供了两方面的映像功能，从而使数据既具有物理独立性，又具有逻辑独立性。物理独立性是指用户的应用程序与存储在磁盘上数据库中的数据是相互独立的；逻辑独立性是指用户的应用程序与数据库的逻辑结构是相互独立的。也就是说，数据的逻辑结构变了，用户程序也可以不变。数据独立性是数据库的一种特征和优点，它有利于在数据库结构改变时能保持应用程序尽可能不改变或少改变，以减少应用人员的开发工作量。

4. 数据由数据库管理系统统一管理和控制

DBMS 提供以下几方面的数据管理与控制功能。

（1）数据安全性

数据安全性（Security）是指保护数据，防止不合法使用数据造成数据的泄密和破坏，要求每个用户只能按规定权限对某些数据以某种方式进行访问和处理。例如，部分用户对学生成绩只能查阅不能修改。

（2）数据完整性

数据完整性（Integrity）是指数据的正确性、有效性、相容性和一致性，即将数据控制在有效的范围内，或要求数据之间满足一定的关系。

（3）并发控制

当多用户的并发（Concurrency）进程同时存取、修改数据库时，可能会发生相互干扰而得到错误的结果，并使得数据库的完整性遭到破坏，因此必须对多用户的并发操作加以控制和协调。

（4）数据库恢复

计算机系统的硬件故障、软件故障、操作员的失误以及故意的破坏都会影响数据库中数据的正确性，甚至造成数据库部分或全部数据的丢失。DBMS 必须具有将数据库从错误状态恢复到某一已知的正确状态（也称为完整状态或一致状态）的能力，这就是数据库的恢复功能。

1.2.3 数据管理技术的产生和发展

数据库技术是应数据管理任务的需要而产生的。计算机数据管理随着计算机硬件、软件技术和计算机应用范围的发展而不断发展，经历了人工管理阶段、文件系统阶段和数据库系统阶段。

1. 人工管理阶段

20 世纪 50 年代中期以前，计算机主要用于数值计算。从硬件系统看，当时的外存储设备只有纸带、卡片、磁带，没有直接存取设备；从软件系统看，没有操作系统以及管理数据的软件；从数据看，数据量小，数据无结构，由用户直接管理，且数据间缺乏逻辑组织，数据依赖于特定的应用程序，缺乏独立性。

人工管理数据阶段的特点如下。

（1）不能单独保存数据

由于当时的计算机主要用于科学计算，因而一般不需要将数据长期保存。数据与程序不独立（是一个整体），数据只为本程序所使用，并且数据只有与相应的程序一起保存才有价值。

（2）应用程序管理数据

数据需要由应用程序自己管理，没有相应的软件系统负责数据的管理工作。在程序中要规定数据的逻辑结构和物理结构，并且应用程序只包含自己要用到的全部数据。用户编制程序时，必须全面考虑好相关的数据，包括数据的定义、存储结构以及存取方法等。

（3）数据不能共享

数据是面向应用的，不同的程序均有各自的数据，这些数据对不同的程序通常是不相同的，不可共享。即使不同的程序使用了相同的一组数据，这些数据也不能共享，程序中仍然需要各自加入这组数据，哪个部分都不能省略。基于这种数据的不可共享性，必然导致程序与程序之间存在大量的重复数据，浪费存储空间。

2．文件系统阶段

20 世纪 50 年代后期到 60 年代中后期，计算机应用从科学计算发展到数据处理。1954 年出现了第一台商业数据处理的电子计算机 UNIVACI，标志着计算机开始应用于以加工数据为主的事务处理阶段。基于计算机的数据处理系统也从此迅速发展起来。这个阶段，硬件系统出现了磁鼓、磁盘等直接存取数据的存储设备；软件系统有了文件系统，处理方式也从批处理发展到了联机实时处理。

文件系统阶段的数据管理特点如下。

（1）数据可以长期保存

数据能够保存在存储设备上，可以对数据进行各种数据处理操作，包括查询、修改、增加、删除操作等。

（2）文件系统管理数据

数据以文件形式存储在存储设备上，有专门的文件系统软件对数据文件进行管理，应用程序按文件名访问数据文件，按记录进行存取，可以对数据文件进行数据操作。应用程序通过文件系统访问数据文件，使得程序与数据之间具有一定的独立性。

（3）数据共享差、数据冗余大

一个应用程序对应一个数据文件（集），即使在多个应用程序需要处理部分相同的数据时，也必须访问各自的数据文件，由此造成数据冗余，并可能导致数据不一致，数据不能共享。

（4）数据独立性差

数据文件与应用程序一一对应，数据文件改变时，应用程序就需要改变；同样，应用程序改变时，数据文件也需要改变。

3．数据库系统阶段

20 世纪 60 年代后期以来，随着计算机在数据管理领域的普遍应用，人们对数据管理技术提出了更高的要求：希望面向企业或部门，以数据为中心组织数据；减少数据的冗余，增强数据共享能力；同时要求程序和数据具有较高的独立性，当数据的逻辑结构改变时，不涉及数据的物理结构，也不影响应用程序，以降低应用程序研制与维护的费用。数据库技术正是在这样一个应用需求的基础上发展起来的。

数据库管理系统管理数据具有如下特点。

（1）数据结构化

采用数据模型表示复杂的数据结构。数据模型不仅描述数据本身的特征，还要描述数据之间的联系。数据联系是数据库与传统文件的根本区别。这样，数据不再面向特定的某个或多个应用，而是面向整个应用系统。如面向企业或部门，以数据为中心组织数据，形成综合性的数据库，为各应用所共享。

（2）数据的共享性高，冗余度低，易扩充

不同的应用程序根据处理要求，从数据库中获取需要的数据，这样就减少了数据的重复存储，也便于增加新的数据结构，维护数据的一致性。

（3）程序和数据有较高的独立性

数据的逻辑结构与物理结构之间的差别可以很大，用户以简单的逻辑结构操作数据而无须考虑数据的物理结构。

（4）数据由 DBMS 统一管理

DBMS 对数据进行统一管理和控制，保证数据的安全性、完整性，同时提供并发控制；具有良好的用户接口，用户可方便地开发和使用数据库。

1.3　数据库系统的三级数据模式结构

从数据库管理系统的内部体系结构看，数据库管理系统对数据库数据的存储和管理采用三级模式结构。数据库系统的三级模式结构是指数据库系统由模式、外模式和内模式三级构成。数据库系统的三级模式结构如图 1-2 所示。

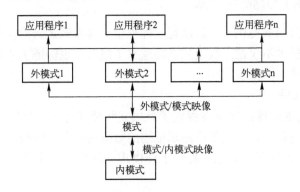

图 1-2　数据库系统的三级模式结构

1.3.1　数据模式的概念

1. 模式

模式（Schema）又称逻辑模式，是数据库中全部数据的逻辑结构和特征的描述，是对数据的结构和属性的描述。逻辑模式是系统为了减小数据冗余、实现数据共享的目标，并对所有用户的数据进行综合抽象而得到的统一的全局数据视图。一个数据库系统只能有一个逻辑模式，以逻辑模式为框架的数据库为概念数据库。

例如，关系数据库用关系数据模型来描述数据的逻辑结构（数据项、数据类型、取值范围等）和数据之间的联系，以及数据的完整性规则。在关系数据模型中，对员工数据的一组描述（工号，姓名，性别，所在部门）就是一个模式，这个模式可以有多组不同的值与其对应，每一组对应的值称为模式的实例，例如，（2018416341，刘洋，女，企划部）就是上述模式的一个实例。

2. 外模式

外模式（External Schema）又称子模式或用户视图，是用户能够看到和使用的逻辑数据模型描述的数据。外模式通常是从模式得到的子集；用户的需求不一样，用户视图就不一样，因此，一个模式可以有很多个外模式。以子模式为框架的数据库为用户数据库。

外模式可以很好地起到保护数据的作用，是数据库数据安全的一个有力措施。外模式使得每个用户只能访问到与其相关的数据，不能看到模式中的其他数据。

3．内模式

内模式（Internal Schema）又称存储模式或物理模式，是数据物理结构和存储方式的描述。内模式是对数据的内部表示或底层描述，其设计目标是将系统的模式（全局逻辑模式）组织成最优的物理模式，以提高数据的存取效率，改善系统的性能指标。以物理模式为框架的数据库称为物理数据库。

在数据库系统中，只有物理数据库才是真正存在的，它是存放在外存储器的实际数据文件。概念数据库、用户数据库和物理数据库三者的关系是：概念数据库是物理数据库的逻辑抽象形式；物理数据库是概念数据库的具体实现；用户数据库是概念数据库的子集，也是物理数据库子集的逻辑描述。

1.3.2 数据库系统的二级映像技术

数据库系统的三级模式提供了二级映像，即外模式与模式之间的映像、模式与内模式之间的映像。二级映像技术不仅在三级模式之间建立了联系，也保证了数据库系统中数据的逻辑独立性和物理独立性。

1．外模式/模式映像

外模式/模式之间的映像，定义并保证了外模式和模式之间的对应关系。模式描述了数据的全局逻辑结构，外模式是根据用户需求描述的数据局部逻辑结构。一个模式可以有任意多个外模式，如图 1-2 所示。对应于每一个外模式，都有一个外模式/模式映像，该映像通常保存在外模式中。

应用程序是依据数据的外模式编写的，因此当模式改变时，可通过修改映像的方式使外模式不变，应用程序就可以不必改变，从而实现了数据与程序之间的逻辑独立性，简称数据的逻辑独立性。

2．模式/内模式映像

模式/内模式之间的映像，定义并保证了数据的逻辑模式与内模式之间的对应关系。它说明数据的记录、数据项在计算机内部是如何组织和表示的。当数据库的存储结构改变时，可通过修改模式/内模式之间的映像使数据模式不变化。由于用户或程序是按照数据的逻辑模式使用数据的，所以只要数据模式不变，用户仍可以按原来的方式使用数据，程序也可以不修改。模式/内模式映像技术不仅使用户或程序能够按照数据的逻辑结构使用数据，还提供了内模式变化而程序不变的方法，从而保证了数据的物理独立性。

1.4 概念模型

数据库概念模型用于信息世界的建模，是现实世界到信息世界的第一层抽象，是数据库设计人员进行数据库设计的有力工具，也是数据库设计人员和用户之间进行交流的语言。

1.4.1 数据的三个表示范畴及描述

数据的三个表示范畴包括：现实世界、信息世界和计算机世界。

现实世界是存在于人脑之外的客观世界，事物及其相互联系就处于现实世界之中，它是可感知的世界。通过对现实世界的了解和认识，使得人们对要管理的对象、过程和方法有个概念模型。认识信息的现实世界并用概念模型加以描述的过程称为系统分析。

信息世界是现实世界在人们头脑中的反映，又称为观念世界。客观事物在信息世界中称为实体，反映事物间联系的是实体模型或概念模型。现实世界是物质的，相对而言信息世界是抽象的。

计算机世界也叫数据世界。信息世界中的信息，经过数字化处理形成计算机能够处理的数据，就进入了计算机世界。由于信息的表示方法和信息处理能力受到计算机硬件和软件的限制，因此所建立的数据模型应符合具体的计算机硬件系统和 DBMS 的要求。

建立一个数据库系统，首先要深入到现实世界中进行系统需求分析，用概念模型真实地、全面地描述现实世界中的管理对象及联系，然后通过一定的方法将概念模型转换为数据模型，变成计算机能够处理的数据。它们之间的转换关系可以用图 1-3 表示。

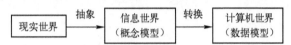

图 1-3　现实世界、信息世界和计算机世界的联系和转换

1.4.2　实体—联系模型

概念模型的表示方法有很多，其中使用最广泛的是实体—联系模型（Entity-Relationship Model），简称 E-R 模型。E-R 模型由实体集、属性和联系构成。

1. 实体—联系模型中的基本概念

下面介绍几个 E-R 模型中的基本概念。

（1）实体

现实世界中客观存在并可相互区别的事物称为实体（Entity）。实体是现实世界中的对象，可以是具体的人、事或物。例如，一名学生、一位工人、一台机器或一个班级都可以称为实体。

（2）属性

实体所具有的某一特性称为属性（Attribute）。在 E-R 模型中，一个实体可以由若干个属性来描述。例如，可以用"商品名称""型号""材质"和"尺寸"等属性描述某种商品。这些属性的集合（商品名称，型号，材质，尺寸）表征了一个商品的部分特性。一个实体通常具有多种属性，应该使用哪些属性描述实体，取决于实际问题的需要或者最终期望得到哪些信息。

确定属性的两条原则如下。

1）属性必须是不可分的最小数据项，属性中不能包含其他属性，不能再具有需要描述的性质。

2）同一属性不能与其他多个实体具有联系，E-R 图中所表示的联系是实体集之间的联系。

（3）实体集

具有相同属性的实体的集合称为实体集（Entity Set/Entity Class）。例如，商品是一个实体集。实体属性的每一组取值代表一个具体的实体。例如，（凤凰儿童自行车，凤凰-芭蕾，碳钢合金，14寸）是商品实体集中的一个实体，而（永久自行车，F260，碳钢合金，24寸）是另一个实体。

每个实体集只能表现一个主题。例如，学生实体集中不能包含教师，它们所要描述的内容是有差异的，属性可能会有所不同。

（4）键

在描述实体集的所有属性中，可以唯一地标识每个实体的属性称为键（Key）或标识（Identifier）。首先，键是实体的属性；其次，这个属性可以唯一地标识实体集中的每个实体。因此，作为键的属性取值必须唯一且不能"空置"。例如，在学生实体集中，用学号属性唯一地标识每个学生实体。在学生实体集中，学号属性取值唯一，而且每一位学生一定有一个学号（不存在没有学号的学生）。因此，学号是学生实体集的键。

每个实体集有一个键属性，其他属性只依赖键属性而存在。例如，学生实体中，学号属性值决定了姓名、性别、出生日期等属性的取值（记为：学号 → 姓名　性别　出生日期），反之则不行。

（5）实体型

具有相同特征和性质的实体一定具有相同的属性。用实体名及其属性名集合来抽象和刻画同类实体，称为实体型（Entity Type）。实体型表示的格式是

> 实体名（属性1，属性2，…，属性n）

例如，商品（商品编号，商品名称，型号，材质，尺寸，颜色，重量）就是一个实体型，其中带有下划线的属性是键。

（6）联系

世界上任何事物都不是孤立存在的，事物内部和事物之间是有联系（Relationship）的。实体集内部的联系体现在描述实体的属性之间的联系；实体集外部的联系是指实体集之间的联系，并且这种联系可以拥有属性。

2. 实体—联系模型的表示方法

E-R图提供了表示实体集、属性和联系的方法。

● 实体集：用矩形表示，矩形框内写明实体集名称。

● 属性：用椭圆形表示，并用无向边将其与相应的实体集连接起来。其中，作为键的属性用加下划线的方式进行表示。

例如，商品（商品编号，商品名称，商品型号，价格，库存量）的E-R图如1-4所示。

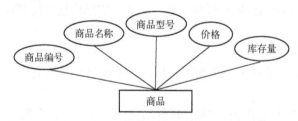

图1-4　商品实体集的图形表示

● 联系：用菱形表示，菱形框内写明联系名，并用无向边分别与有关实体集连接起来，同时在无向边旁标注上联系的类型。

3. 实体集之间的联系类型

实体集之间的联系通常有 3 种类型：一对一联系（1∶1）、一对多联系（1∶n）和多对多联系（m∶n）。

（1）一对一联系

对于实体集 A 中的每一个实体，实体集 B 中至多有一个实体与之联系，反之亦然，则称实体集 A 与实体集 B 具有一对一联系，记为 1∶1，如图 1-5 所示。

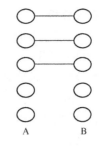

图 1-5　一对一联系示意图

【例 1-1】　学校人事部门需要对各学院的工作人员进行管理。如果给定的需求分析如下，则建立此问题的 E-R 模型。

需求分析：

1）每个学院有一名院长，每位院长只在一个学院任职。

2）需要存储和管理的学院信息有学院名称、办公地址、电话。

3）需要存储和管理的院长信息有姓名、性别、出生日期、职称。

这个问题中有两个实体对象，即学院实体集和院长实体集。描述学院实体集的属性是学院名称、办公地址和电话；描述院长实体集的属性是姓名、性别、出生日期和职称。但两个实体集中没有适合作为键的属性，因此为每一个学院编号，使编号能唯一地标识每一个学院；添加工号作为唯一地标识每一位院长的属性。

E-R 模型：

1）实体型。

学院（学院编号，学院名称，办公地址，电话）

院长（工号，姓名，性别，出生日期，职称）

2）E-R 图如图 1-6 所示。

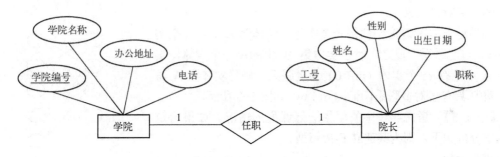

图 1-6　学院实体集与院长实体集的 E-R 图

（2）一对多联系

对于实体集 A 中的每一个实体，实体集 B 中至多有 n 个实体(n≥0)与之联系；反之，对于实体集 B 中的每一个实体，实体集 A 中至多只有一个实体与之联系，则称实体集 A 与实体集 B 具有一对多联系，记为 1∶n，如图 1-7 所示。

【例 1-2】　一家大型企业需要用计算机来管理它分布在全国各地的公司和员工信息。如果给定的需求信息如下，则建立此问题的概念模型。

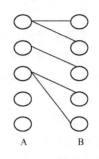

图 1-7　一对多联系示意图

11

需求分析：

1）某家企业有数个分公司分布在全国各地，每个公司中有若干名员工，每名员工只在一个公司中工作。

2）需要管理的公司信息包括公司名称、地点、电话。

3）需要管理的员工信息包括姓名、性别、出生日期和工资。

4）此问题包含两个实体集：公司和员工。公司实体集与员工实体集之间的联系是一对多的联系。

5）需要为每个公司编号，用以唯一地标识这个公司，因此公司实体的键是属性公司编号。

6）需要为每位员工编号，用以唯一地标识每名员工，因此员工实体的键是属性员工编号。

E-R 模型：

1）实体型。

公司（<u>公司编号</u>，公司名称，地点，电话）

员工（<u>员工编号</u>，姓名，性别，出生日期，工资）

2）E-R 图如图 1-8 所示。

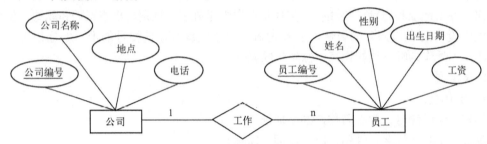

图 1-8　公司实体集与员工实体集的 E-R 图

（3）多对多联系

如果对于实体集 A 中的每一个实体，实体集 B 中有 n 个实体(n≥0)与之联系；反之，对于实体集 B 中的每一个实体，实体集 A 中也有 m 个实体（m≥0）与之联系，则称实体集 A 与实体集 B 具有多对多联系，记为 m：n，如图 1-9 所示。

【例 1-3】 考虑学校中的学生选修课程的情况。如果给定的需求分析如下，则为其建立 E-R 模型。

需求分析：

1）每名学生可以选修多门课程，每门课程可被多名学生选修。

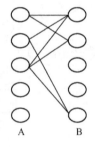

图 1-9　多对多联系示意图

2）需要管理的课程信息包括：课程编号、课程名称、任课教师和学分。

3）需要管理的学生信息包括：学号、姓名、性别、出生日期和所属院系。

4）每门课程结束之后，教师会给出每名学生的学习成绩。

E-R 模型：

1）实体型。

课程（<u>课程编号</u>，课程名称，教师编号，学分）

学生（<u>学号</u>，姓名，性别，出生日期，所属院系）

2）E-R 图如图 1-10 所示。

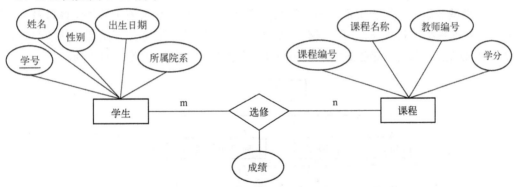

图 1-10　学生实体集与课程实体集的 E-R 图

1.5　逻辑模型

逻辑模型（Logical Model）是具体的 DBMS 所支持的数据模型。任何 DBMS 都基于某种逻辑数据模型。

1.5.1　数据模型

数据模型是一种用来表达数据的工具。在计算机中表示数据的数据模型应该能够精确地描述数据的静态特性、动态特性和完整性约束条件。因此，数据模型通常是由数据结构、数据完整性约束和数据操作 3 部分内容构成的。

（1）数据结构

数据结构是所研究对象类型的集合。这些对象是数据库的组成成分，包括两类：一类是与数据类型、内容、性质有关的对象；另一类是与数据之间的联系有关的对象。

数据结构用于描述数据的静态特性，是数据模型中最重要的方面。因此，在数据库系统中，通常按照数据结构的类型来命名数据模型，例如，采用层次结构、网状结构和关系结构的数据模型分别被称作层次模型、网状模型和关系模型。

（2）数据操作

数据操作是对数据库中各类对象的实例（值）允许执行的操作的集合，包括操作对象和相关的操作规则。数据库主要有查询和更新（包括插入、删除、修改）两大类操作。

数据操作用于描述数据的动态特性。数据模型必须对数据库中全部数据操作进行定义，指明每项数据操作的确切含义、操作对象、操作符号、操作规则以及对操作的语言约束等。

（3）数据完整性约束

数据完整性约束是一组完整性规则的集合。完整性规则是给定的数据模型中数据及其联系所具有的制约和依存规则，用以限定符合数据模型的数据库状态以及状态的变化，以保证数据的正确、有效和一致。

1.5.2　常见的数据模型

数据库领域中常见的数据模型包括层次模型、网状模型、关系模型和面向对象模型等。

（1）层次模型

层次模型是数据库系统中最早出现的数据模型，用树形结构来表示各类实体以及实体间的联系。层次模型的特点是：有且仅有一个结点没有父结点，它称作根结点；其他结点有且仅有一个父结点。人们所熟悉的组织机构就是典型的层次结构，如图 1-11 所示。

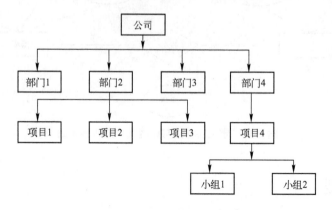

图 1-11　层次模型示例图

（2）网状模型

现实世界实体之间的联系有很多种，层次模型难以表达实体之间比较复杂的联系。网状模型的结构比层次模型的结构更具有普遍性，它允许多个结点没有父结点，也允许结点有多于一个的父结点，如图 1-12 所示。此外，网状模型还允许两个结点之间有多种联系。

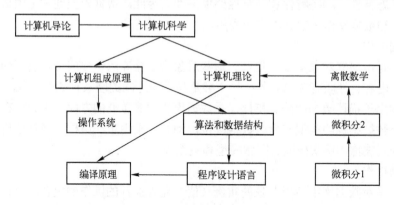

图 1-12　网状模型示例图

网状模型的优点是能够更直接地描述现实世界，一个结点可以有多个父结点，允许复合链，具有良好的性能，存取效率比较高。缺点是结构复杂，而且随着应用环境的扩大，数据库的结构就变得越来越复杂，不利于用户掌握。

（3）关系模型

关系模型是目前最重要也是应用最广泛的数据模型。简单地说，关系就是一张二维表，由行和列组成，如图 1-13 所示。关系模型建立在严格的数学基础上，由美国 IBM 公司的研究员 E. F. Codd 于 1970 年首次提出。

部门	姓名	性别	年龄
经营部	王东华	女	25
营业部	齐统焆	男	41
采购部	陈东东	男	36
经贸公司	霍热平	女	29

图 1-13　"员工"关系示例图

关系模型的概念单一，数据操作方法统一，使用户易懂易用。在关系数据库系统中，用户根据数据的逻辑模式和子模式进行数据操作，而不必关心数据的物理模式情况，使用方便，数据的独立性和安全保密性都很好。目前流行的商用数据库管理系统几乎都支持关系模型，非关系模型的产品也大都加上了关系接口。

（4）面向对象模型

尽管关系模型简单灵活，但是现实世界中仍存在一些复杂的数据结构（如 CAD 数据、图形数据、嵌套递归的数据等），难以用关系模型进行描述。人们迫切需要语义表达更强的数据模型。面向对象方法与数据库相结合所构成的数据模型称为面向对象模型。面向对象模型用面向对象的观点来描述现实世界实体的逻辑组织、对象间的联系，其表达能力丰富，具有对象可复用、维护方便等优点，是正在发展的数据模型，也是数据库的发展方向之一。

1.6　关系数据库

关系数据库是目前应用最广泛的数据库，以关系模型作为逻辑数据模型，采用关系作为数据的组织方式，其数据库操作建立在关系代数的基础上，具有坚实的数学基础。

1.6.1　关系模型的基本概念

一个关系模型的逻辑结构是一张二维表格，即关系。在关系数据模型中，实体集以及实体集间的各种联系均用关系表示。下面介绍关系模型中使用的一些基本概念。

（1）关系

关系（Relation）即一个二维表格。

（2）属性

表（关系）的每一列必须有一个名字，称为属性（Attribute）。

（3）元组

表（关系）的每一行称为一个元组（Tuple）。

（4）域

表（关系）的每个属性有一个取值范围，称为域（Domain）。域是一组具有相同数据类型的值的集合。

（5）关键字

关键字又称主属性，可以唯一地标识一个元组（一行）的一个属性或多个属性的组合。起到这样作用的关键字（Key）有两类：主关键字（Primary Key）和候选关键字（Candidate Key）。

1）主关键字：一个关系中只能有一个主关键字，用以唯一地标识元组。同时，主关键字也用于关系之间的联系。

2）候选关键字：一个关系中可以唯一地标识一个元组（一行）的一个属性或多个属性的组合。一个关系中可以有多个候选关键字。

有时，关系中只有一个候选关键字，把这个候选关键字定义为主关键字后，关系中将没有候选关键字。当关系中有多个候选关键字时，可指定其中一个为主关键字。例如，学生表中的学号和身份证号都可以唯一地标识元组，将学号指定为主关键字，那么身份证号就是候选关键字。

（6）外部关键字

如果某个关系中的一个属性或属性组合不是所在关系的主关键字或候选关键字，但却是其他关系的主关键字，对这个关系而言，则称其为外部关键字（Foreign Key）。

（7）关系模式

关系模式（Relational Schema）是对关系数据结构的描述。简记为

关系名（属性1，属性2，属性3，…，属性n）

例如，图1-13是一个关系，关系名为"员工"，此关系有4个属性：部门、姓名、性别和年龄。其关系模式为：员工（部门，姓名，性别，年龄）。考虑到没有合适的属性作为主关键字，可为其添加员工编号作为主关键字。关系模式改写为：员工（员工编号，部门，姓名，性别，年龄）。

1.6.2 关系数据库的基本性质

关系数据库具有下列基本性质。

1）一个关系就是一个二维表格。

2）表的每一列是一个属性，每一列有唯一的列名。

3）表的每一列都必须是不可再分的数据项。

4）表的每一列的数据类型相同，数据来自同一个域。

5）表的每一行是一个元组，表中不能有重复的元组，用主关键字来保证元组的唯一性。

6）不同的列可以出自同一个域，但列名不能相同。

7）表中列的顺序可以任意交换，行的顺序也可以任意交换。

1.6.3 关系数据模式的规范化

关系数据库的设计主要是关系模式的设计，关系模式设计的好坏将直接影响到数据库设计的成败。为了使关系模式设计的方法趋于完备，数据库专家研究了关系规范化理论。

1. 函数依赖及其对关系的影响

函数依赖是属性之间的一种联系，普遍存在于现实生活中。例如，银行通过客户的存款账号，可以查询到该账号的余额。又例如，表1-1是职工工资关系（二维表格），用一种称为关系模式的形式表示为

职工工资（工号，姓名，性别，出生日期，工资级别，工资额）

由于每名职工有唯一的工号，一个工号只对应一名职工，一名职工只对应一个工资级

别，因此工号的值确定后，姓名、性别、出生日期、工资级别等的值也就被唯一地确定了。属性间的这种依赖关系类似数学中的函数。因此称工号函数决定姓名，或者说姓名函数依赖于工号，记作：工号→姓名；同样有工号→性别，工号→出生日期等。

表 1-1　职工工资关系

工　号	姓　名	性　别	出 生 日 期	工 资 级 别	工 资 额
010001	张华	女	01/01/87	4	5000
010002	赵敏	女	04/11/83	5	6000
010003	李珊珊	女	05/18/78	6	7000
010004	陈平	男	09/12/77	5	6000
010005	李冰	男	12/12/83	6	7000

上述关系模式存在如下 4 个问题。

1）数据冗余太大。例如，职工很多，工资级别有限，每一级别的工资数额反复存储多次。

2）更新异常（Update Anomalies）。例如，如果将 5 级工资的工资数额调为 6500，则需要找到每个具有 5 级工资的职工，逐一修改。

3）插入异常（Insertion Anomalies）。例如，如果没有职工具有 8 级工资，则 8 级工资的工资数额就难以插入。

4）删除异常（Deletion Anomalies）。例如，如果仅有职工张华具有 4 级工资，如果将张华删除，则有关 4 级工资的工资数额信息也随之删除了。

一个关系之所以会产生上述问题，是由于关系中存在某些函数依赖引起的。通常，如果把太多的信息放在一个关系中，出现的诸如冗余之类的问题称为"异常"。

规范化是为了设计出"好的"关系模型。规范化理论正是用来改造关系模式，通过分解关系模式来消除其中不合适的数据依赖，以解决更新异常、插入异常、删除异常和数据冗余问题。修改后的关系如表 1-2 和表 1-3 所示。

表 1-2　职工关系

工　号	姓　名	性　别	出 生 日 期	工 资 级 别
010001	张华	女	01/01/87	4
010002	赵敏	女	04/11/83	5
010003	李珊珊	女	05/18/78	6
010004	陈平	男	09/12/77	5
010005	李冰	男	12/12/83	6

表 1-3　工资关系

工资级别	工资额
4	5000
5	6000
6	7000

2. 规范化范式

每个规范化的关系只有一个主题。如果某个关系有两个或多个主题，就应该分解为多个关系。规范化的过程就是不断分解关系的过程。

在数据库的发展过程中，人们每发现一种异常，就研究一种规则防止异常出现，使设计关系的准则得以不断改进。范式（Normal Form）是指规范化的关系模式。由于规范化的程度不同，就产生了不同的范式。

从 1971 年起，E. F. Codd 相继提出了第一范式（Fist Normal Forms，1NF），第二范式

（Second Normal Form，2NF）和第三范式（Third Normal Form，3NF），Codd 与 Boyce 合作提出了 Boyce-Codd 范式。在 1976—1978 年，Fagin、Delobe 以及 Zaniolo 又定义了第四范式。到目前为止，已经提出了第五范式。满足最基本规范化的关系模式叫第一范式，在第一范式基础上再满足另外一些约束条件就产生了第二范式，依次增加约束条件，形成第三范式、BCNF 范式等。每种范式自动包含其前面的范式，各种范式之间的关系为

$$5NF \subset 4NF \subset BCNF \subset 3NF \subset 2NF \subset 1NF$$

因此，符合第三范式的数据库自动符合第一、第二范式。

（1）1NF

如果关系模式 R，其所有的属性均为简单属性，即每个属性都是不可再分的，则称 R 属于第一范式，记作：R∈1NF。

例如，表 1-1 的职工工资关系中所有的属性都是不可再分的简单属性，即职工工资∈1NF。

满足第一范式的关系模式，列的取值只能是原子数据；每一列的数据类型相同，每一列有唯一的列名（属性）；列的先后顺序无关紧要，行的先后顺序也无关紧要。

（2）2NF

如果 R∈1NF，且每一个非主属性都完全函数依赖于主属性，则关系满足第二范式，记作：R∈2NF。

例如，在学生选修课程的关系模式(学号，课程号，所在系，成绩) 中，（学号，课程号）组合起来作为关键字。模式中，非主属性"成绩"完全依赖于该关键字，而非主属性"所在系"则部分依赖于该关键字。因此选修不属于 2NF。根据 2NF 的定义，可将其分解为学生（学号，所在系）和选课（学号，课程号，成绩）两个关系。

第二范式要求每个关系只包含一个实体集的信息，所有非关键字属性依赖于关键字属性。每个以单个属性作为主键的关系自动满足第二范式。

（3）3NF

如果 R∈2NF，且每一个非主属性不传递函数依赖于主属性，则该关系满足第三范式，记作：R∈3NF。

例如，关系模式职工工资（职工号，级别，工资）中因为存在：职工号→级别，级别→工资这样的传递函数依赖，因此它不属于 3NF。将其分解，修改为两个关系：职工级别（职工号，级别）和级别工资（级别，工资），则每张表都属于 3NF。

第三范式要求关系的所有非关键字属性相互独立，且任何属性值的改变不应影响其他属性。

由 1NF、2NF 和 3NF 的定义，总结出规范化的规则如下。

● 每个关系只包含一个实体集；每个实体集只有一个主题，一个实体集对应一个关系。
● 属性中只包含原子数据，即最小数据项。
● 每个关系有一个主关键字，用来唯一地标识关系中的元组。
● 关系中不能有重复属性；所有属性完全依赖关键字（主关键字或候选关键字）；所有非关键字属性相互独立。
● 元组的顺序无关，属性的顺序无关。

1.6.4　关系的完整性约束

一个数据库中往往包含多张表，有些表之间存在一定的联系，不同的表之间还可能出现

相同的属性。这些都给数据库的数据维护带来了挑战，因为数据库必须保证所有表中的数据值与其所描述的应用对象的实际状态一致。关系模型通过关系完整性约束条件来保证数据的正确性和一致性。

关系完整性约束包括域完整性、实体完整性、参照完整性和用户定义完整性。现在的数据库管理系统都在不同程度上支持完整性规则的检查。

（1）域完整性

域完整性是对数据表中字段属性的约束，如规定该字段的数据类型、格式、值域范围、是否允许空值等约束规则，它通常是由确定关系结构时所定义的字段属性决定的。

例如，规定某个关系中的"性别"字段只能取值"男"或"女"。

（2）实体完整性

实体完整性是指关系的所有主关键字对应的主属性都不能取空值，而且主关键字的值不能重复。

例如，学生选课的关系选课（学号，课程号，成绩）中，学号和课程号共同组成主关键字，则学号和课程号两个属性都不能为空。因为没有学号的成绩或没有课程号的成绩是不存在的。

（3）参照完整性

参照的完整性又称引用完整性，与关系之间的联系有关，要求关系中不允许引用不存在的实体。在关系数据库中，关系之间可能存在着引用关系，对数据库进行修改时，可能会破坏关系之间的参照完整性。所以，为了保证数据库中数据的完整性，应该对数据库的修改加以限制，这些限制包括插入约束、删除约束和更新约束。

● 插入约束：在向相关表中输入一条新记录时，系统要检查新记录的外键值是否在主表中已经存在。如果存在，则允许执行插入操作，否则拒绝插入，这就是参照完整性的插入约束。

● 删除约束：如果删除主表中的一条记录，则相关表中凡是外键的值与主表的主键值相同的记录也会被同时删除，将此称为级联删除。

● 更新约束：如果修改主表中主关键字的值，则相关表中相应记录的外键值也随之被修改，将此称为级联更新。

【例 1-4】 学生选修课程的数据库系统中，如果在学生表和选修课表之间用学号建立关联，学生成绩表是主表，选修课是相关表，如表 1-4 和表 1-5 所示。

表 1-4 学生表（主表）

学　号	姓　名	性　别	出 生 日 期	所在院系
200101	王小二	男	19820507	信息学院
200102	陈小春	男	19830910	统计学院

表 1-5 选修课表（相关表）

课 程 代 码	学号（外键）	成绩
SQL101	200101	66
C++102	200102	79

其参照完整性可具体体现为：不可以在表 1-5 中插入"200103"数据，因为值"200103"在主表中不存在，加入"200103"数据破坏了参照完整性的原则，也就是破坏了多表间的一致性。不同表中相同列名的数据要保持一致，不能单独增加（或删除），就算要增加（或删除）也要同时增加（或删除）。

1.6.5　关系数据操作基础

关系数据模型的数据操作是以关系代数和关系演算为理论基础的，关系表可以看作是记录的集合。关系代数是一种抽象的查询语言，是关系数据操纵语言的一种传统表达方式，它是用关系的运算来表达查询的。关系代数是封闭的，也就是说，一个或多个关系操作的结果仍然是一个关系。关系运算分为传统的集合运算和专门的关系运算。

1．集合运算

传统的集合运算包括并、差、交、广义笛卡儿积 4 种运算。

设关系 R 和关系 S 都具有 n 个属性，且相应属性值取自同一个值域，则可以定义并、差、交运算；积运算时，关系 R 和关系 S 的属性也可以不同。t 表示关系中的元组。

（1）并运算

$$R \cup S = \{ t \mid t \in R \vee t \in S \} \tag{1-1}$$

关系 R 和关系 S 的并运算是指把 R 的元组与 S 的元组加在一起构成新的结果关系。元组在结果关系中出现的顺序无关紧要，但必须去掉重复的元组，即关系 R 和关系 S 并运算的结果关系由属于 R 和属于 S 的元组构成，但不能有重复的元组，并且仍具有 n 个属性。关系 R 和关系 S 的并运算记作：R∪S 或 R+S。

（2）差运算

$$R - S = \{ t \mid t \in R \wedge t \notin S \} \tag{1-2}$$

关系 R 和关系 S 差运算的结果关系仍为 n 目关系，由只属于 R 而不属于 S 的元组构成。关系 R 和关系 S 差运算记作：R-S。注意，R-S 与 S-R 的结果是不同的。

（3）交运算

$$R \cap S = \{ t \mid t \in R \wedge t \in S \} \tag{1-3}$$

关系 R 和关系 S 交运算形成新的结果关系，结果关系由既属于 R 同时又属于 S 的元组构成，并仍为 n 个属性。关系 R 和关系 S 交运算记作：R∩S。

【例 1-5】　设有关系 R1 和 R2，如表 1-6 和表 1-7 所示。R1 中是 K 社团学生名单；R2 中是 L 社团学生名单。

表 1-6　关系 R1		
学　号	姓　名	性　别
001	A	F
008	B	M
101	C	F
600	D	M

表 1-7　关系 R2		
学　号	姓　名	性　别
001	A	F
101	C	F
909	E	M

对关系 R1 和关系 R2 分别进行并、差、交运算，结果如下。

1）R1+R2 的结果是 K 社团和 L 社团学生名单，如表 1-8 所示。

2）R1-R2 的结果是只参加 K 社团而没有参加 L 社团的学生名单（比较 R2-R1），如表 1-9 所示。

表 1-8 关系 R1+R2		
学 号	姓 名	性 别
001	A	F
008	B	M
101	C	F
600	D	M
909	E	M

表 1-9 关系 R1-R2		
学 号	姓 名	性 别
008	B	M
600	D	M

3）R1∩R2 的结果是同时参加了 K 社团和 L 社团的学生名单，如表 1-10 所示。

（4）笛卡儿积运算

如果关系 R 有 m 个元组，关系 S 有 n 个元组，关系 R 与关系 S 的笛卡儿积运算是指一个关系中的每个元组与另一个关系中的每个元组相连接形成新的结果关系。结果关系中有 m×n 个元组。关系 R 和关系 S 的笛卡儿积运算记作：R×S。

表 1-10 关系 R1∩R2		
学 号	姓 名	性 别
001	A	F
101	C	F

$$R \times S = \{\widehat{t_r t_s} \mid t_r \in R \land t_s \in S\} \tag{1-4}$$

【例 1-6】 设有关系 R 和 S，如表 1-11 和表 1-12 所示。它们的笛卡儿积运算结果如表 1-13 所示。

表 1-11 关系 R		
A	B	C
a_1	b_1	c_1
a_1	b_2	c_2
a_2	b_2	c_1

表 1-12 关系 S		
A	B	C
a_1	b_2	c_2
a_1	B_3	c_2

表 1-13 关系 R×S

R.A	R.B	R.C	S.A	S.B	S.C
a_1	b_1	c_1	a_1	b_2	c_2
a_1	b_1	c_1	a_1	B_3	c_2
a_1	b_2	c_2	a_1	b_2	c_2
a_1	b_2	c_2	a_1	B_3	c_2
a_2	b_2	c_1	a_1	b_2	c_2
a_2	b_2	c_1	a_1	B_3	c_2

2. 关系运算

关系运算（操作）包括选择、投影和连接。

（1）选择

选择操作是从关系 R 中选取使逻辑表达式 F 为真/假的元组，是对关系的元组进行筛选。

$$\sigma_F(R) = \{t \mid t \in R \land F(t)\} \tag{1-5}$$

式中，t 为元组变量；F 表示选择条件，它是一个逻辑表达式，取逻辑值"真"或"假"。选择操作取的是水平方向上关系的子集（行），操作结果可能会使元组减少，但关系的属性不会发生变化。

（2）投影

投影操作是选择关系 R 中的若干属性组成新的关系，并去掉了重复元组，是对关系的属性进行筛选。

$$\pi_A(R) = \{\, t[A] \mid t \in R \,\} \tag{1-6}$$

式中，A 为 R 的属性列。投影之后不仅取消了原关系中的某些列，而且还可能取消某些元组，因为取消了某些属性列之后，就有可能出现重复的元组，应取消这些完全相同的行。

【例 1-7】 关系 student 如表 1-14 所示。

表 1-14 关系 student

学　号	姓　名	性　别	出 生 日 期	党 员 否	出 生 地
993501438	刘昕	女	02/28/81	.T.	北京
993501437	颜俊	男	08/14/81	.F.	山西
993501433	王倩	女	01/05/80	.F.	黑龙江
993506122	李一	女	06/28/81	.F.	山东
993505235	张舞	男	09/21/79	.F.	北京
993501412	李竟	男	02/15/80	.F.	天津
993502112	王五	男	01/01/79	.T.	上海
993510228	赵子雨	男	06/23/81	.F.	河南

在 student 表中查询所有女同学的操作是选择运算，其查询结果如表 1-15 所示。

表 1-15 选择运算结果

学　号	姓　名	性　别	出 生 日 期	党 员 否	出 生 地
993501438	刘昕	女	02/28/81	.T.	北京
993501433	王倩	女	01/05/80	.F.	黑龙江
993506122	李一	女	06/28/81	.F.	山东

在 student 表中查询学生的姓名、性别、出生日期和出生地的操作是投影运算，其查询结果如表 1-16 所示。

表 1-16 投影运算结果

姓　名	性　别	出 生 日 期	出 生 地
刘昕	女	02/28/81	北京
颜俊	男	08/14/81	山西
王倩	女	01/05/80	黑龙江
李一	女	06/28/81	山东
张舞	男	09/21/79	北京
李竟	男	02/15/80	天津
王五	男	01/01/79	上海
赵子雨	男	06/23/81	河南

（3）连接

连接操作是两个关系的积、选择和投影的组合。连接也称为 θ 连接，它是从两个关系的笛卡儿积 R×S 中选取属性间满足一定条件的元组。

$$R \underset{A\theta B}{\bowtie} S = \{\widehat{t_r t_s} \mid t_r \in R \land t_s \in S \land t_r[A]\theta t_s[B]\} \tag{1-7}$$

式中，A 和 B 分别为 R 和 S 上可比的属性；θ 是比较运算符。一定条件指关系 R 在 A 属性组上的值与 S 关系在 B 属性组上的值满足比较关系 θ 的元组。

连接运算中有两种最为重要也是最常用的连接，一种是等值连接，另一种是自然连接。

θ 为 "=" 的连接运算称为等值连接。它是从关系 R 和 S 的笛卡儿积中选取 A，B 属性值相等的那些元组。即

$$R \underset{A=B}{\bowtie} S = \{\widehat{t_r t_s} \mid t_r \in R \wedge t_s \in S \wedge t_r[A] = t_s[B]\} \tag{1-8}$$

自然连接是一种特殊的等值连接，它要求两个关系中进行比较的分量必须是相同的属性组，并且要在结果中把重复的属性去掉。即

$$R \bowtie S = \{\widehat{t_r t_s} \mid t_r \in R \wedge t_s \in S \wedge t_r[A] = t_s[A]\} \tag{1-9}$$

一般的连接操作是从行的角度进行运算，但自然连接还需要取消重复列，所以是同时从行和列的角度进行运算。

【例 1-8】 设关系 R，S 分别如表 1-17 和表 1-18 所示。当条件为 C<E 时，其连接运算的结果如表 1-19 所示，等值连接（R.B=S.B）的结果如表 1-20 所示，自然连接的结果如表 1-21 所示。

表 1-17　关系 R

A	B	C
a_1	b_1	5
a_1	b_2	6
a_2	b_3	8
a_2	b_4	12

表 1-18　关系 S

B	E
b_1	3
b_2	7
b_3	10
b_3	2
b_5	2

表 1-19　关系 R 与关系 S 的连接运算（C<E）结果

A	R.B	C	S.B	E
a_1	b_1	5	b_2	7
a_1	b_1	5	b_3	10
a_1	b_2	6	b_2	7
a_1	b_2	6	b_3	10
a_2	b_3	8	b_3	10

表 1-20　关系 R 与关系 S 的等值连接（R.B=S.B）结果

A	R.B	C	S.B	E
a_1	b_1	5	b_1	3
a_1	b_2	6	b_2	7
a_2	b_3	8	b_3	10
a_2	b_3	8	b_3	2

表 1-21　关系 R 与关系 S 的自然连接结果

A	B	C	E
a_1	b_1	5	3
a_1	b_2	6	7
a_2	b_3	8	10
a_2	b_3	8	2

这种连接运算在关系数据库中为 INNER JOIN 运算，称为内连接。

关系 R 和关系 S 进行自然连接时，连接的结果是由关系 R 和关系 S 公共属性（上述例题中为 B 属性）值相等的元组构成了新的关系，公共属性值不相等的元组不出现在结果中，被筛选掉了。如果在自然连接结果构成的新关系中，保留不满足条件的元组（公共属性值不相等的元组），在新增属性值填入 NULL，就可构成左外连接、右外连接和外连接。

（1）左外连接

左外连接又称左连接，即以连接的左关系为基础关系，根据连接条件，连接结果中包含左边表的全部行（不管右边的表中是否存在与之匹配的行），以及右边表中全部匹配的行。

连接结果中除了在连接条件上的自然连接结果之外，还包括左边关系 R 在内连接操作中不相匹配的元组，而关系 S 中对应的属性赋空值。

【例 1-9】 例 1-8 中，关系 R 与关系 S 的左外连接，结果如表 1-22 所示。

表 1-22　关系 R 与关系 S 的左外连接

A	B	C	E
a_1	b_1	5	3
a_1	b_2	6	7
a_2	b_3	8	10
a_2	b_3	8	2
a_2	b_4	12	NULL

（2）右外连接

右外连接又称右连接，即以连接的右关系为基础关系，根据连接条件，连接结果中包含右边表的全部行（不管左边的表中是否存在与之匹配的行），以及左边表中全部匹配的行。

连接结果中除了在连接条件上的自然连接结果之外，还包括右边关系 S 在内连接操作中不相匹配的元组，而关系 R 中对应的属性赋空值。

【例 1-10】 关系 R 与关系 S（见表 1-17 和表 1-18）的右外连接，结果如表 1-23 所示。

表 1-23　关系 R 与关系 S 的右外连接

A	B	C	E
a_1	b_1	5	3
a_1	b_2	6	7
a_2	b_3	8	10
a_2	b_3	8	2
NULL	b_5	NULL	2

（3）全外连接

全外连接又称全连接，是左外连接和右外连接的组合应用。连接结果中包含关系 R、关系 S 的所有元组，不匹配的属性均赋空值。

【例 1-11】 关系 R 与关系 S（见表 1-17 和表 1-18）的全连接，结果如表 1-24 所示。

表 1-24 关系 R 与关系 S 的全连接

A	B	C	E
a_1	b_1	5	3
a_1	b_2	6	7
a_2	b_3	8	10
a_2	b_3	8	2
a_2	b_4	12	NULL
NULL	b_5	NULL	2

1.7 数据库设计的基本步骤

数据库设计是指对于一个给定的应用环境，构造最优的数据库模式，建立数据库及其应用系统，使之能够有效地存储数据，满足各种用户的应用需求（信息需求和处理需求）。

现实世界的信息结构复杂且应用环境多种多样，在很长一段时间内，数据库设计是采用手工试凑法进行的。用手工试凑法设计数据库与设计人员的经验和水平有直接关系，它更像是一种技艺而不是工程技术。这种方法缺乏科学的理论和工程方法支持，数据库的质量很难得到保证。经过人们的不断努力，提出了各种各样的数据库设计方法，并提出了多种数据库系统设计的准则和规程，这些方法被称为规范设计法。

新奥尔良方法是规范设计法中的一种，它将数据库设计分为 4 个阶段：需求分析、概念设计、逻辑设计和物理设计。其后，许多科学家进行了改进，认为数据库设计应分为 6 个阶段进行：需求分析、概念设计、逻辑设计、物理设计、数据库实施、数据库运行和维护，如图 1-14 所示。在数据库设计的不同阶段，实现的具体方法也不同，有基于 E-R 模型的数据库设计方法、基于 3NF 的设计方法以及基于抽象语法规范的设计方法等。

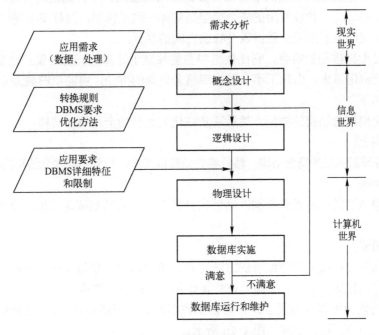

图 1-14 数据库设计步骤

1.7.1　需求分析

需求分析是在用户调查的基础上，通过分析，逐步明确用户对系统的需求，弄清所用数据的种类、范围、数量以及它们在业务活动中交流的情况，确定用户对数据库系统的使用要求和各种约束条件等，形成用户需求规约。在需求分析中，通常采用自顶向下，逐步分解的方法分析系统，分析的结果采用数据流程图（DFD）进行图形化的描述。

调查了解用户的需求以后，需要进一步分析和表达用户的需求。分析和表达用户需求的方法有很多，常用的有结构化分析（Structured Analysis, SA）方法，它是一种简单实用的方法。

SA 方法从最上层的系统组织机构入手，采用自顶向下、逐层分解的方式分析系统。SA 方法把任何一个系统都抽象为如图 1-15 所示的形式。

图 1-15 给出的只是最高层次的抽象系统概貌。要反映更详细的内容，可将一个处理

图 1-15　系统高层抽象图

功能分解为若干子功能，每个子功能还可以继续分解，直到把系统工作过程表示清楚为止。在处理功能逐步分解的同时，它们所用的数据也逐级分解，形成若干层次的数据流程图。

数据流程图表达了数据和处理过程之间的关系。在结构化分析方法中，处理过程的处理逻辑常常用判定表或判定树来描述。数据字典（Data Dictionary，DD）则是对系统中数据的详细描述。对用户需求进行分析和表达后，必须把分析结果提交给用户，取得用户的认可。

1.7.2　概念设计

数据库概念设计是在需求分析的基础上，建立概念数据模型（Conceptual Data Model）；用概念模型描述实际问题所涉及的数据以及数据之间的联系；这种描述的内容和详细程度取决于期望得到的信息。一种较常用的概念模型是实体—联系模型，又称 E-R 模型。E-R 模型用实体和实体之间的联系来表达数据以及数据之间的联系。

概念模型是数据模型的前身，它比数据模型更独立于计算机、更抽象，也更加稳定。自数据库技术广泛应用以来，出现了不少数据库概念设计的方法，可简单归纳为 4 种。

（1）自顶向下

首先定义全局概念结构的框架，然后逐步细化为完整的全局概念结构。

（2）自底向上

首先定义各局部应用的概念结构，然后将它们集成起来，得到全局概念结构的设计方法。

（3）逐步扩张

首先定义最重要的核心概念结构，然后向外扩充，生成其他概念结构，直至完成总体概念结构。

（4）混合策略

采用自顶向下与自底向上相结合的方法，首先用自顶向下策略设计一个全局概念结构的框架，然后以它为骨架，通过自底向上策略设计各局部概念的结构。

概念结构的设计可以分为两步：一是抽象数据并设计局部视图 ；二是集成局部视图，得到全局的概念结构。设计步骤如图 1-16 所示。

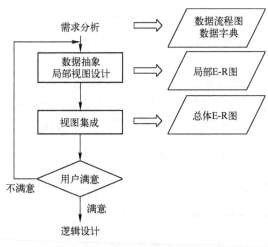

图 1-16　概念结构设计步骤

1.7.3　逻辑设计

数据库的逻辑设计与选用的 DBMS 有关。目前，一般的 DBMS 都是关系型的，因此数据库逻辑设计阶段主要的任务是在概念设计的基础上，首先利用一些映射规则得到一组初始关系模式集，然后用关系规范化理论对关系模式进行优化，以获得质量良好的数据库设计。

概念模型向关系模型转换要解决的问题是如何将实体以及实体之间的联系转换为关系模式，以及如何确定这些关系模式的属性和主关键字。概念模型向关系模型的转换步骤如图 1-17 所示。

图 1-17　逻辑结构设计的步骤

1. 实体的转换

概念模型的表现形式是 E-R 图，由实体、实体的属性和实体之间的联系 3 个要素组成。从 E-R 图转换为关系模式的方法如下。

1）为每个实体定义一个关系，实体的名字就是关系的名字，实体的属性就是关系的属性，实体的键是关系的主关键字。

2）用规范化准则检查每个关系，上述设计可能需要改变，也可能不用改变。依据关系规范化准则，在定义实体时就应遵循每个实体只有一个主题的原则。

2. 实体间关系的转换

关系之间的联系是通过外部关键字来体现的。前面讨论过实体之间的联系通常有 3 种类型：一对一联系、一对多联系和多对多联系。下面从实体之间联系类型的角度来讨论 3 种常用的转换规则。

（1）一对一联系的转换

两个实体之间的联系最简单的形式是一对一（1∶1）联系。1∶1 联系的 E-R 模型转换为关系模型时，每个实体用一个关系表示，然后将其中一个关系的关键字置于另一个关系中，使之成为另一个关系的外部关键字。关系模式中带有下划线的属性是关系的主关键字。

【例 1-12】 将例 1-1 中的 E-R 模型转换为关系模式。

根据转换规则，学院实体用一个关系表示；实体的名字就是关系的名字，因此关系名是"学院"；实体的属性就是关系的属性，实体的键是关系的关键字，由此得到关系模式：

学院（<u>学院编号</u>，学院名称，办公地址，电话）

同样可以得到关系模式：

院长（<u>工号</u>，姓名，性别，出生日期，职称）

为了表示这两个关系之间具有一对一联系，可以把"学院"关系的关键字"学院编号"放入"院长"关系，使"学院编号"成为"院长"关系的外部关键字；也可以把"院长"关系的关键字"工号"放入"学院"关系，由此得到下面两种形式的关系模式。

关系模式一：

学院（<u>学院编号</u>，学院名称，办公地址，电话）
院长（<u>工号</u>，姓名，性别，出生日期，职称，*学院编号*）

关系模式二：

学院（<u>学院编号</u>，学院名称，办公地址，电话，*工号*）
院长（<u>工号</u>，姓名，性别，出生日期，职称）

注意： 其中斜体内容为外部关键字。

（2）一对多联系的转换

一对多（1∶n）联系的 E-R 模型中，通常把"1"方（一方）实体称为"父"方，"n"方（多方）实体称为"子"方。1∶n 联系的表示简单而且直观。一个实体用一个关系表示，然后把父实体关系中的关键字置于子实体关系中，使其成为子实体关系的外部关键字。

【例 1-13】 将例 1-2 中的 E-R 模型转换为关系模式。

在这个 E-R 模型中，公司实体是"一方"父实体，员工实体是"多方"子实体。每个实体用一个关系表示，然后把公司关系的主关键字"公司编号"放入员工关系中，使之成为员工关系的外部关键字。于是得到下面的关系模式。

关系模式：

公司（<u>公司编号</u>，公司名称，地点，电话）
员工（<u>员工编号</u>，姓名，性别，出生日期，工资，*公司编号*）

（3）多对多联系的转换

多对多（m∶n）联系的 E-R 数据模型转换为关系模型的转换策略是把一个 m∶n 联系分解为两个 1∶n 联系，分解的方法是建立第三个关系（称为"纽带"关系）。原来的两个多对多实体分别对应两个父关系，新建立第三个关系，作为两个父关系的子关系，子关系中的必有属性是两个父关系的关键字。

【例1-14】 将例1-3中的E-R模型转换为关系模式。

1）对应课程实体和学生实体分别建立课程关系和学生关系

课程（课程编号，课程名称，教师编号，学分）
学生（学号，姓名，性别，出生日期，所属院系）

2）建立第三个关系表示课程关系与学生关系之间具有m∶n联系

为了表示课程关系和学生关系之间的联系是多对多联系，建立第三个关系"选修"，把"课程"关系和"学生"关系的主关键字放入"选修"关系中，用关系"选修"表示"课程"关系与"学生"关系之间的多对多联系。"选修"关系的主关键字是"课程编号+学号"，同时课程编号和学号又是这个关系的外部关键字，成绩是其属性。

选修（课程编号，学号）

综上所述得到的关系模型的关系模式如下。

课程（课程编号，课程名称，教师编号，学分）
学生（学号，姓名，性别，出生日期，所属院系）
选修（课程编号，学号，成绩）

上述转换过程实际上是把一个多对多联系拆分为两个一对多联系。课程关系与选修关系是一个1∶n联系；学生关系与选修关系也是一个1∶n联系。纽带关系有两个父关系：课程和学生，同样选修关系同时是学生和课程关系的子关系。子关系的关键字是父关系关键字的组合：课程编号+学号；课程编号和学号又分别是子关系的两个外部关键字。

综上所述，E-R数据模型转换为关系数据模型的方法如表1-25所示。

表1-25　E-R数据模型转换为关系数据模型的方法

联系类型	方法
1∶1	一个关系的主关键字置于另一个关系中
1∶n	父关系（一方）的主关键字置于子关系（多方）中
m∶n	分解成两个1∶n关系。建立"纽带关系"，两个父关系的关键字置于纽带关系中，纽带关系是两个父关系的子关系

1.7.4　物理设计

数据库的物理结构主要是指数据库在物理设备上的存储结构和存取方法。数据库物理设计的任务就是利用所选DBMS提供的手段为设计好的逻辑数据模型选择一个符合应用要求的物理结构。由于不同的数据库产品所提供的物理环境、存取方法和存储结构有很大差别，能提供给设计人员使用的设计变量、参数范围也大不相同，因此没有通用的物理设计方法可遵循，只能给出一般的设计内容和原则。

关系数据库物理设计的主要内容包括选择存取方法和存储结构，即确定关系、索引、聚簇、日志、备份等的存储安排和存储结构，确定系统配置等。数据库物理设计过程中需要对时间效率、空间效率、维护代价和各种用户要求进行权衡，选择一个优化方案作为数据库物理结构。

1.7.5 数据库实施

数据库实施阶段的工作是：设计人员采用 DBMS 提供的数据定义语言和其他实用程序将数据库逻辑结构设计和物理结构设计结果严格描述出来，使数据模型成为 DBMS 可以接受的源代码；再经过调试产生目标模式，完成建立定义数据库结构的工作；最后要组织数据入库，并运行应用程序进行调试。

组织数据入库是数据库实施阶段最主要的工作。由于数据库数据量很大，而且数据来源于不同部门的不同形式的文件中，因此，组织数据录入时需要将各类源数据从各个局部应用中抽取出来，并输入到计算机后再进行分类转换，综合成符合设计要求的数据库结构的形式，最后输入数据库。数据转换和组织数据入库是一件耗费大量人力和物力的工作。

在部分数据输入到数据库后，就可以开始对数据库系统进行联合调试的工作了，从而进入数据库的试运行阶段。试运行阶段由于系统还不稳定，软硬件故障随时都有可能发生，因此，应分期分批地组织数据入库，并做好数据库的备份和恢复工作。

1.7.6 数据库运行和维护

数据库试运行合格后，即可投入正式运行了，这标志着数据库开发工作基本完成。在数据库运行阶段，数据库经常性的维护工作主要是由数据库管理员完成的，主要包括备份系统数据、恢复数据库系统、产生用户信息表、为信息表授权、监视系统运行状况、及时处理系统错误、保证系统数据安全和定期更改用户口令等。

（1）数据库的备份和恢复

数据库的备份和恢复是系统正式运行后最重要的维护工作之一。数据库管理员要针对不同的应用要求制定不同的备份计划，以保证一旦发生故障尽快将数据库恢复到某种一致的状态，并尽可能减少对数据库的破坏。

（2）数据库的安全性、完整性控制

数据库运行过程中，由于应用环境的变化，对安全性的要求也会发生变化。为保证系统数据的安全，系统管理员必须依据系统的实际情况，执行一系列的安全保障措施。其中，周期性地更改用户口令是比较常用且十分有效的措施。

（3）数据库性能的监督、分析和改造

数据库运行过程中，监督系统运行，对检测数据进行分析，并找出改进系统性能的方法，是数据库管理员的又一重要任务。目前有些 DBMS 产品提供了检测系统性能的参数工具，数据管理员可以利用这些工具方便地得到系统运行过程中一系列性能参数的值。通过分析这些数据，系统管理员可判断当前系统的运行状况。

（4）数据库的重组织与重构造

数据库运行一段时间后，由于记录不断增、删、改，会使数据库的物理存储情况变坏，降低了数据的存取效率，使得数据库的性能下降。这时，数据库管理员就要对数据库进行重组织或部分重组织（只对频繁增加、删除数据的表进行重组织）。DBMS 一般都提供数据重组织的功能。在重组织过程中，按原设计要求重新安排存储位置、回收垃圾、减少指针链等，以提高系统性能。

随着数据库应用环境的变化，会导致实体及实体间的联系发生变化，原有的数据库设计可能不能很好地满足新的需求，此时需要对数据库进行重构。数据库重构的主要工作是根据新环境调整数据库的模式和内模式、增加新的数据项、改变数据项的类型、改变数据库的容量、增加或删除索引以及修改完整性约束条件等。重构数据库的程度是有限的。如果应用变化太大或重构代价太大，则表明现有数据库的生命周期已经结束，需要开发新的数据库系统。

习题

1. 选择题

（1）数据库、数据库系统和数据库管理系统之间的关系是_____。

    A. 数据库系统包括数据库和数据库管理系统

    B. 数据库管理系统包括数据库和数据库系统

    C. 数据库包括数据库系统和数据库管理系统

    D. 数据库系统就是数据库，也就是数据库管理系统

（2）下列 4 项中，不属于数据库系统特点的是_____。

    A. 数据共享   B. 数据独立   C. 数据结构化   D. 数据高冗余

（3）下面列出的数据库管理技术发展的 3 个阶段中，没有专门的软件对数据进行管理的阶段是_____。

    A. 人工管理阶段和文件系统阶段

    B. 只有文件系统阶段

    C. 文件系统阶段和数据库阶段

    D. 只有人工管理阶段

（4）下面列出的 4 种世界，哪种不属于数据的表示范畴_____。

    A. 现实世界   B. 抽象世界   C. 信息世界   D. 计算机世界

（5）E-R 图是数据库设计的工具之一，它适用于建立数据库的_____。

    A. 概念模型   B. 逻辑模型   C. 结构模型   D. 物理模型

（6）数据库的数据独立性是指_____。

    A. 不会因为数据的存储策略变化而影响系统存储结构

    B. 不会因为系统存储结构变化而影响数据的逻辑结构

    C. 不会因为数据存储结构与逻辑结构的变化而影响应用程序

    D. 不会因为某些数据的变化而影响其他数据

（7）关系模型中，一个候选码_____。

    A. 可由多个任意属性组成

    B. 至多由一个属性组成

    C. 可由一个或多个其值能唯一标识该关系模式中任何元组的属性组成

    D. 必须由多个属性组成

（8）用户或应用程序看到的部分局部逻辑结构和特征描述的是_____，它是模式的逻辑

子集。

      A．模式   B．外模式   C．内模式   D．物理模式

（9）进行自然连接运算的两个关系必须具有_____。

      A．相同的属性个数   B．相同的属性组

      C．相同的关系名称   D．相同的主码

（10）通常用以下的顺序来完成数据库的设计工作_____。

      A．概念设计、物理设计、逻辑设计

      B．逻辑设计、概念设计、物理设计

      C．概念设计、逻辑设计、物理设计

      D．物理设计、概念设计、逻辑设计

2．填空题

（1）数据库系统的三级模式结构是指数据库系统由_____、_____和_____三级构成。

（2）在描述实体集的所有属性中，可以唯一地标识每个实体的属性称为_____。

（3）在 E-R 图中，属性用_____来表示，并用无向边将其与相应的实体集连接起来。

（4）数据模型通常是由_____、_____和_____ 3 部分内容构成的。

（5）在关系模型中，表（关系）的每一行称为一个_____。

（6）关系完整性约束包括_____、_____、_____和_____。

（7）数据库概念设计是在_____的基础上建立概念数据模型，用概念模型描述实际问题所涉及的数据以及数据之间的联系。

（8）在关系代数中，从两个关系中找出相同元组的运算称为_____运算。

（9）在关系 A（S, SN, D）和 B（D, CN, NM）中，A 的主码是 S，B 的主码是 D，则 D 在 A 中被称为_____。

（10）在关系模型中，若属性 A 是关系 R 的主码，则在 R 的任何元组中，属性 A 的取值都不允许为空，这种约束称为_____。

3．简答题

（1）试述数据、数据库、数据库系统和数据库管理系统的概念。

（2）什么是模式、外模式和内模式？这三者是如何保证数据独立性的？

（3）举例说明关系模型的参照完整性规则。在参照完整性中，为什么外部关键字的属性值可以为空？什么情况下才可以为空？

（4）设有关系 R 和 S，其值如表 1-26 与表 1-27 所示，试求连接运算（C<E）和自然连接的结果。

表 1-26　关系 R

A	B	C
2	4	6
2	5	6
3	4	7
4	4	7

表 1-27　关系 S

D	B	E
3	5	6
2	4	7
2	5	6
2	4	8

（5）某医院病房在计算机管理系统中需要如下信息。

科室：科名，科地址，科电话，科主任

床位：床位号，病房号，所属科室

医生：姓名，性别，职称，所属科室，出生日期，工作证号

病人：病例号，姓名，性别，主管医生，床位号

其中，一个科室可以有多个医生和多个床位，一个床位只能属于一个科室，一个医生只能属于一个科室；一个医生可以诊治多位病人，一个病人只能有一个主管医生。

完成如下设计：

1）设计该计算机管理系统的 E-R 图。

2）将该 E-R 图转换为关系模式。

3）确定每个关系模式的主关键字。

第2章 MySQL 概述

MySQL 数据库是由瑞典 MySQL AB 公司开发的一款非常优秀的自由软件，目前属于 Oracle 公司。MySQL 作为最流行的关系型数据库管理系统之一，所使用的 SQL 语言是用于访问数据库的最常用标准化语言。MySQL 的标志是一只名叫 Sakila 的海豚，它代表速度、力量和精确。MySQL 软件采用了双授权政策，分为社区版和商业版，其社区版的性能卓越，搭配 PHP 和 Apache 可组成良好的开发环境。由于其体积小、速度快、总体拥有成本低，尤其是开放源码这一特点，使得一般中小型网站的开发都选择 MySQL 作为网站数据库。本章重点介绍 MySQL 数据库的系统特性、管理工具及安装与配置等方面的内容。

学习目标：

➤ 了解 MySQL 数据库的系统特性
➤ 掌握 MySQL 服务器的安装与配置
➤ 掌握 MySQL 服务器的启动与登录
➤ 了解 MySQL 图形化管理工具
➤ 掌握 WampServer 的安装与配置

2.1 MySQL 简介

MySQL 的功能未必很强大，但因其开源而广泛传播，使更多的人了解和使用这个数据库。

2.1.1 MySQL 的发展历程

MySQL 的历史可以追溯到 1979 年，一个名为 Monty Widenius 的程序员在为 TcX 的公司打工，并且用 BASIC 语言设计了一个报表工具，使其可以在 4MHz 主频和 16KB 内存的计算机上运行。当时，这只是一个很底层的且仅面向报表的存储引擎，名叫 Unireg。

1990 年，TcX 公司的客户中开始有人要求为他的 API 提供 SQL 支持。Monty 直接借助于 mSQL 的代码，将它集成到自己的存储引擎中。令人失望的是，效果并不太令人满意，Monty 决心自己重写一个 SQL 支持。

1996 年，MySQL 1.0 发布，它只面向一小部分人，相当于内部发布。到了 1996 年 10 月，MySQL 3.11.1 发布（MySQL 没有 2.x 版本），最开始只提供 Solaris 下的二进制版本。一个月后，Linux 版本出现了。在接下来的两年里，MySQL 被依次移植到各个平台。

1999—2000 年，MySQL AB 公司在瑞典成立。Monty 雇了几个人与 Sleepycat 合作，开发出了 Berkeley DB 引擎，由于 BDB 支持事务处理，MySQL 从此开始支持事务处理。

2000 年，MySQL 不仅公布自己的源代码，并采用 GPL（GNU General Public License）许可协议，正式进入开源世界。同年 4 月，MySQL 对旧的存储引擎 ISAM 进行了整理，将其命名为 MyISAM。

2001 年，Heikki Tuuri 向 MySQL 提出建议，希望能集成它的存储引擎 InnoDB，这个引擎不仅支持事务处理，并且支持行级锁。后来该引擎被证明是最为成功的 MySQL 事务存储引擎。

2003 年 12 月，MySQL 5.0 版本发布，提供了视图、存储过程等功能。

2008 年 1 月，MySQL AB 公司被 Sun 公司以 10 亿美金收购，MySQL 数据库进入 Sun 时代。在 Sun 时代，Sun 公司对其进行了大量的推广、优化、Bug 修复等工作。

2008 年 11 月，MySQL 5.1 发布，它提供了分区、事件管理，以及基于行的复制和基于磁盘的 NDB 集群系统，同时修复了大量的 Bug。

2009 年 4 月，Oracle 公司以 74 亿美元收购 Sun 公司，自此 MySQL 数据库进入 Oracle 时代，而其第三方的存储引擎 InnoDB 早在 2005 年就被 Oracle 公司收购。

2010 年 12 月，MySQL 5.5 发布，其主要新特性包括半同步的复制及对 SIGNAL/RESIGNAL 的异常处理功能的支持，最重要的是 InnoDB 存储引擎终于变为当前 MySQL 的默认存储引擎。

2013 年 2 月，甲骨文公司宣布 MySQL 5.6 正式发布，首个正式版本号为 5.6.10。

2015 年 10 月，MySQL 5.7 发布，其查询性能得以大幅提升，减少了建立数据库连接的时间。

2016 年 9 月，MySQL 8.0.0 发布，截至目前，最新的版本是 MySQL 8.0.11。官方表示，MySQL 8.0 的速度要比 MySQL 5.7 快 2 倍，在读/写工作负载、I/O 密集型工作负载，以及高竞争（"hot spot"热点竞争问题）工作负载等方面都有大幅提升。

MySQL 由于它的开源性被广泛传播，也让更多的人了解到这个数据库。随着更多的技术开发人员加入到 MySQL 的开发中，它将不断完善，发展会越来越好。

2.1.2　MySQL 的优势和特性

MySQL 数据库发展迅速，很多大型网站也已经使用 MySQL 数据库来存储数据，如新浪和网易。和其他数据库管理系统相比，MySQL 数据库具有如下优势和特性。

1）运行速度快：支持多线程，充分利用 CPU 资源；优化的 SQL 查询算法可有效地提高查询速度。

2）价格：MySQL 是开源的，对多数个人用户来说是免费的。

3）容易使用：与其他大型数据库的设置和管理相比，其复杂程度较低，容易学习。为用户提供了用于管理、检查、优化数据库操作的管理工具。

4）可移植性强：使用 C 和 C++编写，并使用了多种编译器进行测试，保证了源代码的可移植性。支持 AIX、FreeBSD、HP-UX、Linux、Mac OS、NovellNetware、OpenBSD、OS/2 Wrap、Solaris、Windows 等多种操作系统。

5）接口十分丰富：为 C、C++、Python、Java、Perl、PHP、Eiffel、Ruby、.NET 和 Tcl 等多种编程语言提供了 API。

6）功能强大：MySQL 数据库是一个真正多用户、多线程 SQL 数据库服务器，它是 C/S 结构的实现，由一个服务器守护程序 mysqlId 以及很多不同的客户程序和库组成。支持大型的数据库和多种存储引擎。

7）使用灵活：既能够作为一个单独的应用程序应用在客户端服务器网络环境中，也能够作为一个库而嵌入到其他的软件中。提供多语言支持，常见的编码如中文的 GB 2312、

BIG5，日文的 Shift_JIS 等都可以用作数据表名和数据列名。此外，还提供了 TCP/IP、ODBC 和 JDBC 等多种数据库连接途径。

8）安全性强：十分灵活和安全的权限和密码系统，允许基于主机的验证。连接到服务器时，所有的密码传输均采用加密形式，从而保证了密码安全。

2.1.3 MySQL 的版本

MySQL 的下载地址是：http://www.mysql.com/downloads/。官方网站上针对不同的用户，提供了多种版本。

1）MySQL Community Server（社区版）：该版本完全免费，但官方不提供技术支持。

2）MySQL Enterprise Edition（企业版）：能够以高性价比为企业提供数据仓库应用，支持 ACID 事务处理，提供完整的提交、回滚、崩溃服务和行级锁定功能。但该版本是付费使用的，官方提供电话技术支持。

3）MySQL Cluster（集群版）：可将几个 MySQL Server 封装成一个 Server，主要用于架设集群服务器。无法单独使用，需要在社区版或企业版上使用，也是开源免费的。

MySQL Community Server 是开源免费的，这也是人们通常使用的 MySQL 的版本。根据不同的操作系统平台又可细分为多个版本，本书使用的是 Windows 平台下的 MySQL 5.7 版本。

2.2 MySQL 服务器的安装与配置

在 Windows 操作系统下，MySQL 数据库的安装包可以分为图形化界面安装和免安装两种类型。这两种安装包的安装方式有所不同，配置方式也不一样。免安装的安装包直接解压缩即可，但配置过程比较复杂。图形化界面安装包有安装向导，安装和配置都非常方便。

本书以 MySQL 5.7.22 版本为例，详细介绍 MySQL 数据库的安装和配置过程。

1）在 MySQL 官方网站下载社区版的 MySQL 5.7.22（Win64）版本的安装包，双击安装文件直接进入安装向导，如图 2-1 所示。

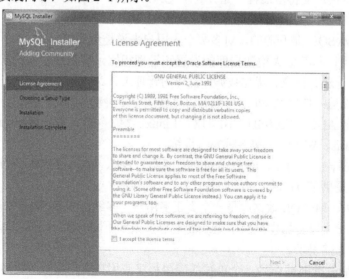

图 2-1　用户许可协议界面

2）选中图 2-1 中的"I accept the license terms"选项，同意接受用户安装时的许可协议，然后单击"Next"按钮，进入如图 2-2 所示的界面。

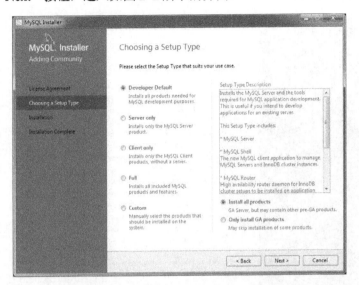

图 2-2 "Choosing a Setup Type"界面

3）图 2-2 中提供了 5 种安装类型，默认选中"Developer Default"选项，表示安装以开发为目的需要的产品。另外 4 种分别是"Server only"表示仅安装作为服务器需要的产品，"Client only"表示仅作为客户端需要安装的产品，"Full"表示安装所有的产品，"Custom"表示自定义安装需要的产品。还提供安装选项，包括"Install all products"（安装所有产品）和"Only install GA products"（仅安装 GA 产品）。单击"Next"按钮，进入"Check Requirements"界面，如图 2-3 所示。

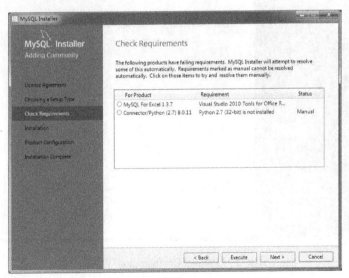

图 2-3 "Check Requirements"界面

4）由于计算机配置不同，窗口中显示的内容可能有所不同。系统中缺少什么组件，窗

口中就会显示缺少的组件信息。安装完所需的组件后，单击"Next"按钮，进入
"Installation"界面，如图 2-4 所示。

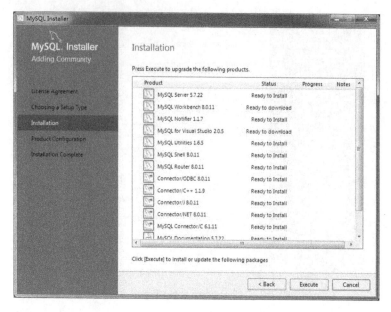

图 2-4　"Installation"界面

5）在图 2-4 中确认安装项目，单击"Execute"按钮，进入安装过程，这个过程可能需
要些时间。安装完毕，进入"Product Configuration"界面，如图 2-5 所示。

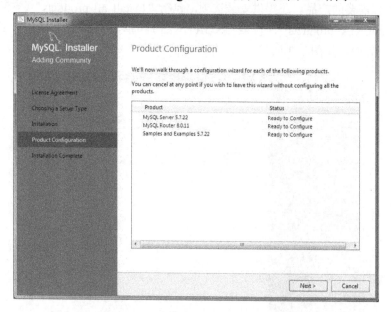

图 2-5　"Product Configuration"界面

6）图 2-5 显示了需要配置的产品，单击"Next"按钮，首先对 MySQL Server 5.7.22 进
行配置，进入"Group Replication"界面，如图 2-6 所示。

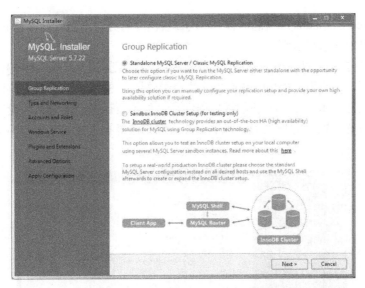

图 2-6 "Group Replication" 界面

7) 在图 2-6 中显示了 "Group Replication"（组复制）的配置选项，组复制插件增强了 MySQL 原有的复制方案，提供了重要的特性——多写，保证组内高可用，确保数据最终一致性。选择默认选项，单击 "Next" 按钮，进入 "Type and Networking" 界面，如图 2-7 所示。

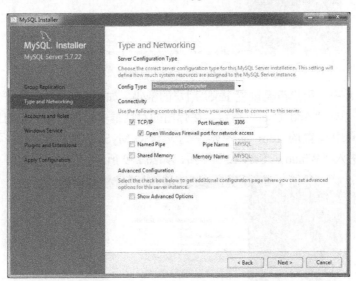

图 2-7 "Type and Networking" 界面

8) 图 2-7 中 "Server Configuration Type" 选项组中的 "Config Type" 下拉列表框用来选择当前的配置类型，选择不同的配置类型将影响到 MySQL 服务能使用到的系统资源的多少。可以选择的类型有 3 种。

① Development Computer：这是默认的配置类型，机器上可运行多个应用程序，MySQL 服务占用最少的系统资源。

② Server Computer：MySQL 服务可以同其他服务一起运行，例如，FTP、E-mail 和 Web 服务，MySQL 服务占用适当比例的系统资源。

③ Dedicated Computer：只能运行 MySQL 数据库服务，不能运行其他服务，MySQL 服务将占用所有可用的系统资源。

另外，图 2-7 中可以启用或禁用 TCP/IP 网络，并配置用来连接 MySQL 服务器的端口号。默认情况下，会启用 TCP/IP 网络，默认的端口号为 3306。如果想更改访问 MySQL 使用的端口，直接在文本框中输入新的端口号即可，但是要保证新的端口号没有被占用。一般情况下，不建议修改默认的端口号，除非 3306 端口已经被占用。单击"Next"按钮，进入如图 2-8 所示的界面。

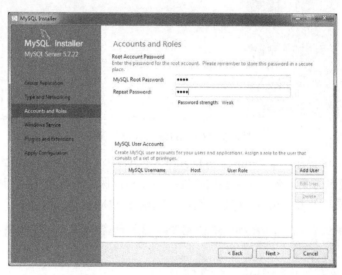

图 2-8 "Accounts and Roles"界面

9）在图 2-8 中，用户需要设置 Root 用户的密码，如"root"。如果用户需要为 MySQL 添加新的账户，单击"Add User"按钮，在弹出的对话框中添加新账户信息即可。注意，一定要牢记该步骤中设置的 root 的密码，这是访问 MySQL 数据库时必须使用的。单击"Next"按钮，进入"Windows Service"界面，如图 2-9 所示。

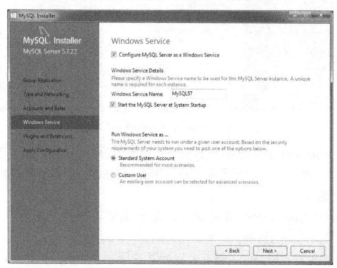

图 2-9 "Windows Service"界面

10）在图 2-9 的"Windows Service Name"文本框中输入 Windows 服务的名称，默认情况下是"MySQL57"。"Start the MySQL Server at System Startup"复选框表示系统开机时启动 MySQL 服务，默认是选中状态。单击"Next"按钮，进入"Plugins and Extensions"（插件与扩展）界面，使用默认选项即可。单击"Next"按钮，进入"Apply Configuration"界面，如图 2-10 所示。

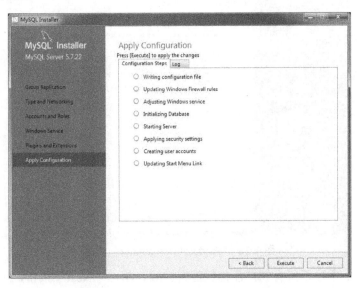

图 2-10　"Apply Configuration"界面

11）在图 2-10 中单击"Execute"按钮来执行具体的配置过程。执行完成后，单击"Finish"按钮，进入 MySQL 路由器的配置界面，使用默认选项即可。单击"Finish"按钮，进入"Connect To Server"界面，如图 2-11 所示。

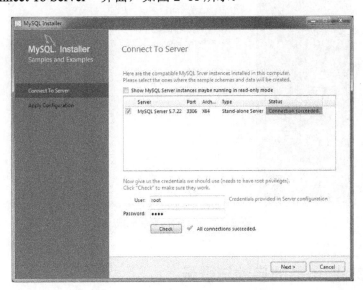

图 2-11　"Connect To Server"界面

12）在图 2-11 所示的界面中，在"User"和"Password"文本框中输入之前设置的 root

账户密码，单击"Check"按钮，进行服务器连接测试。再单击"Next"按钮，执行配置过程（该过程中数据库样例配置被同时执行），完成之后单击"Finish"按钮，进入"Product Configuration"界面，如图 2-12 所示。

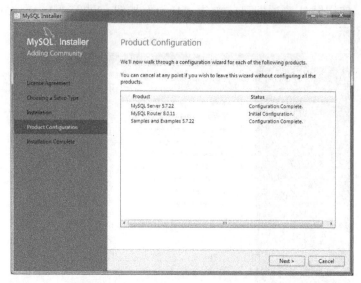

图 2-12 "Product Configuration"界面

13）图 2-12 中显示所有的产品都已配置完成，单击"Next"按钮，进入"Installation Complete"界面，如图 2-13 所示，完成安装。

图 2-13 MySQL 安装完成

2.3 MySQL 服务器的启动与登录

MySQL 安装完成之后，需要启动服务器进程，否则客户端无法连接数据库。访问

MySQL 数据库时，可使用命令行客户端工具登录数据库，并进行查看。

2.3.1 启动和停止 MySQL 服务器

在安装的过程中，已经将 MySQL 安装为 Windows 服务，当 Windows 启动、停止时，MySQL 也会自动启动、停止。不过用户还可以通过系统服务管理器或命令行工具来启动或停止 MySQL 服务。

1. 通过系统服务管理器

在"Windows 开始菜单"→"运行"文本框中输入"services.msc"命令，即可打开如图 2-14 所示"服务"窗口。此时，MySQL 处于自动启动状态，选择"MySQL57"，可在窗口中单击"关闭""暂停"和"启动"等功能按钮进行设置。

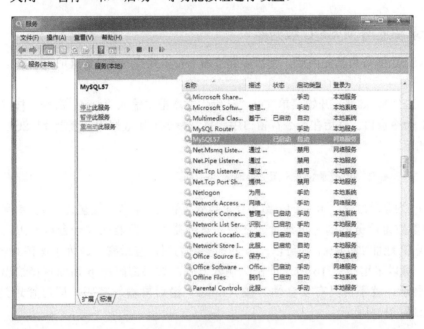

图 2-14　服务管理器窗口

2. 通过命令行工具

在"Windows 开始菜单"→"运行"文本框中输入"cmd"命令，按〈Enter〉键进入 DOS 命令窗口。当 MySQL 服务器处于停止状态时，在命令提示符下输入：

```
\ > net start mysql57
```

按〈Enter〉键，可启动 MySQL 服务器，其运行效果如图 2-15 所示。

注意：mysql57 是在配置 MySQL 环境中设置的服务器名称，如图 2-9 所示。

当 MySQL 服务器处于已启动状态时，在命令提示符下输入：

```
\ > net stop mysql57
```

按〈Enter〉键，即可停止 MySQL 服务器，其运行效果如图 2-15 所示。

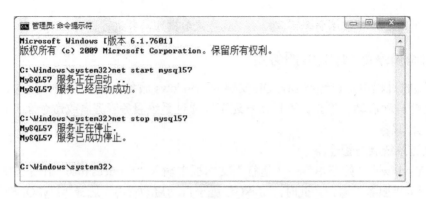

图 2-15　在命令行窗口中启动、停止 MySQL 服务器

2.3.2　登录和退出 MySQL 数据库

当 MySQL 服务启动完成后，便可以通过命令行方式来登录 MySQL 数据库。具体操作步骤如下。

首先，在"Windows 开始菜单"→"运行"文本框中输入"cmd"命令，按〈Enter〉键进入 DOS 命令窗口。然后在命令行窗口中用登录命令连接数据库，登录 MySQL 数据库的命令语句如下。

```
\ > mysql -u 登录名 -h 服务器地址 -p 密码
```

其中，mysql 为登录命令；-u 后的参数为登录数据库的用户名称，这里为 root，参见图 2-11；-h 后面的参数是服务器的主机地址，在这里客户端和服务器在同一台机器上，所以输入 localhost 或 IP 地址 127.0.0.1 都可以；-p 后的参数为用户登录密码。为了保护 MySQL 数据库的密码，可以采用图 2-16 所示的密码输入方式。如果密码在-p 后面直接给出，那么密码以明文显示，就不再具有安全性。按〈Enter〉键后再输入密码，即可登录到 MySQL 数据库，如图 2-16 所示。

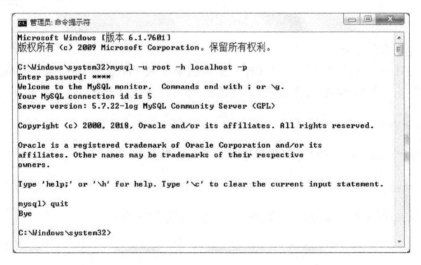

图 2-16　在命令行窗口中登录、退出 MySQL 数据库

退出 MySQL 数据库的命令语句如下。

```
      mysql > quit
或  mysql > exit
```

按〈Enter〉键，即可退出 MySQL 数据库，其运行效果如图 2-16 所示。

2.3.3 配置 Path 变量

在登录 MySQL 数据库时，直接用 mysql 登录命令，有可能出现如图 2-17 所示的错误提示信息。原因是没有将 MySQL 服务器的 bin 目录添加到 Windows 的"环境变量"→"系统变量"→"Path"文件夹中，从而导致命令不能执行。

图 2-17　命令行窗口中的错误提示信息

下面介绍这个环境变量的设置方法，其步骤如下。

1）右击"计算机"图标，在弹出的快捷菜单中选择"属性"命令，在弹出的窗口中选择左侧的"高级系统设置"超链接，弹出"系统属性"对话框，选择"高级"选项卡，如图 2-18 所示。

图 2-18　设置环境变量

2）单击"环境变量"按钮，弹出"环境变量"对话框。在"系统变量"列表框中选择 Path 选项，单击"编辑"按钮，弹出"编辑系统变量"对话框，如图 2-18 所示。

3）将 MySQL 服务器的 bin 目录的位置（c:\Program Files\MySQL\MySQL Server 5.7\bin）添加到"变量值"文本框中，要用";"与其他变量值进行分隔。最后，单击"确定"按钮。

环境变量设置完成后，再使用 mysql 登录命令，即可成功连接 MySQL 数据库。

2.4 MySQL 图形化管理工具

相对于命令行工具，MySQL 图形化管理工具在操作上更直观和便捷。常用的图形化管理工具有 MySQL Workbench、phpMyAdmin、Navicat 和 MySQLDumper 等。其中 phpMyAdmin 和 Navicat 提供中文操作界面；MySQL Workbench 和 MySQLDumper 为英文界面。

1．MySQL Workbench

MySQL Workbench 是 MySQL 官方提供的图形化管理工具，是著名的数据库设计工具 DBDesigner4 的继任者。MySQL Workbench 为数据库管理员、程序开发者和系统规划师提供了可视化设计、模型建立以及数据库管理的功能。可用于创建复杂的 E-R 模型、正向和逆向数据库工程，也可用于建立数据库文档，以及进行复杂的 MySQL 迁移。MySQL Workbench 可在 Windows、Linux 和 Mac 上使用。

2．phpMyAdmin

phpMyAdmin 是一个以 PHP 为基础，以 Web-Base 方式架构在网站主机上的 MySQL 数据库管理工具，让管理者可用 Web 接口管理 MySQL 数据库。通过 phpMyAdmin，数据库管理员和 Web 开发人员均可以在图形化界面中方便地完成各种数据库管理任务，而无须使用复杂的 SQL 语句。

另外，由于 phpMyAdmin 跟其他 PHP 程序一样在网页服务器上执行，因此可以在任何地方使用这些程序产生的 HTML 页面，也就是在远端管理 MySQL 数据库，可方便地建立、修改、删除数据库及资料表。

PhpMyAdmin 的缺点是必须安装在 Web 服务器中，所以如果没有合适的访问权限，其他用户有可能损害到 MySQL 数据库。

3．Navicat

Navicat for MySQL 是一套专为 MySQL 设计的高性能数据库管理及开发工具。它可以用于任何 3.21 或以上版本的 MySQL 数据库服务器，并支持大部分 MySQL 最新版本的功能，包括触发器、存储过程、函数、事件、视图、管理用户等。

Navicat 的设计符合数据库管理员、开发人员及中小企业的需要，其精心设计的图形用户界面可以让用户以一种安全简便的方式来创建、组织、访问和共享信息。对于新手来说也易学易用。

4．MySQLDumper

MySQLDumper 是基于 PHP 开发的 MySQL 数据库备份恢复程序，解决了绝大部分空间上 PHP 文件执行时间不能超过 30 秒而导致的大数据库难以备份的问题，以及大数据库下载速度太慢和下载容易中断的问题，非常方便易用。

2.5　WampServer

WampServer 是一款由法国人开发的 Windows 环境下的 Apache Web 服务器、PHP 解释器以及 MySQL 数据库的整合软件包，避免了开发人员花费大量时间来配置 MySQL 运行环境，从而腾出更多精力去做开发。WampServer 是完全免费的，可以在其官方网站下载到最新的版本。

WampServer 的主要优势如下。

1）支持中文语言，一键安装，任何人都可以轻松搭建。

2）是 Apache、PHP 和 MySQL 的集成环境，支持 PHP 扩展、Apache 的 mod_rewrit 等。

3）一键启动、重启、停止所有服务，一键切换到离线状态等。

本书后续章节都将使用 WampServer3.0.6 版本作为开发环境，它集成了 Apache2.4.23、PHP5.6.25/7.0.10 和 MySQL5.7.14。

2.5.1　WampServer 的安装与配置

WampServer 的安装过程非常简单，其具体步骤如下。

1）下载 WampServer3.0.6 安装包，双击安装包，打开"Select Setup Language"对话框，如图 2-19 所示。

2）在图 2-19 中选择安装语言，这里只有英语和法语两种选择。单击"OK"按钮，进入"License Agreement"界面，如图 2-20 所示。

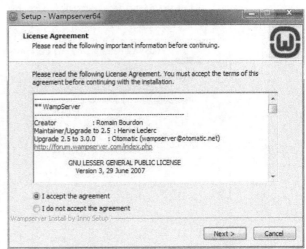

图 2-19　"Select Setup Language"对话框　　　　图 2-20　"License Agreement"界面

3）图 2-20 是 WampServer 的许可协议界面，选中"I accept the agreement"选项，单击"Next"按钮，进入安装说明界面。阅读安装说明，单击"Next"按钮，进入"Select Destination Location"界面，如图 2-21 所示。

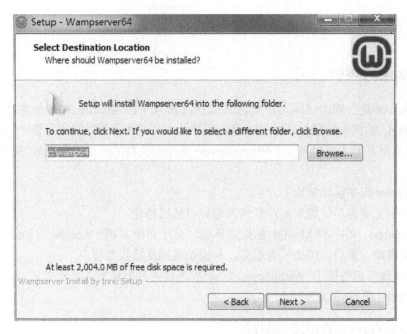

图 2-21 "Select Destination Location"界面

4）在图 2-21 中设置 WampServer 的安装位置，默认安装在 C 盘。单击"Next"按钮，进入"Select Start Menu Folder"界面，如图 2-22 所示。

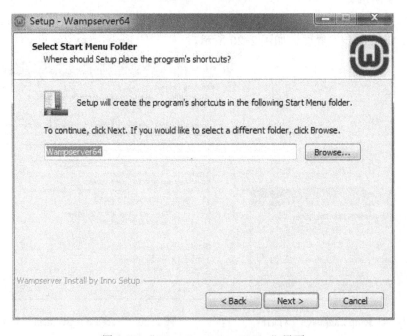

图 2-22 "Select Start Menu Folder"界面

5）在图 2-22 中设置 WampServer 的开始菜单目录，使用默认选项即可。单击"Next"按钮，进入"Ready to Install"界面，如图 2-23 所示。

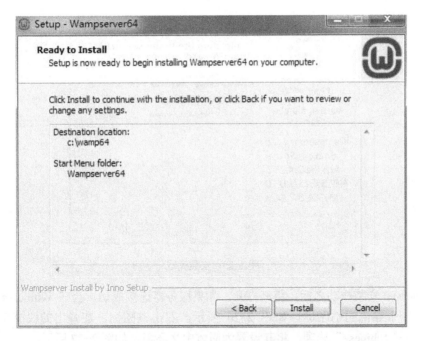

图 2-23 "Ready to Install"界面

6）在图 2-23 中确认安装位置和开始菜单目录，然后单击"Install"按钮，开始安装。在安装过程中，可以选择登录 WampServer 的默认浏览器，如图 2-24 所示。

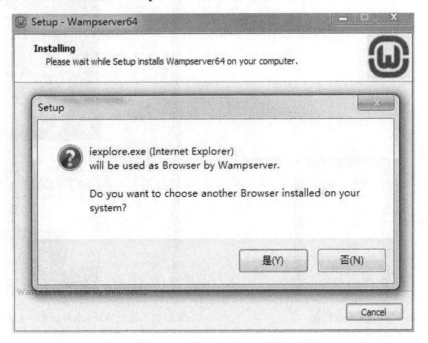

图 2-24 设置默认浏览器界面

7）安装完成，单击"Finish"按钮，结束安装过程，如图 2-25 所示。

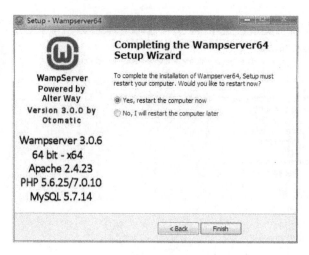

图 2-25　安装完成

WampServer 安装成功之后，将其打开，如果服务器连接成功，会在 Windows 桌面的通知区域显示一个绿色的小图标，如图 2-26 所示。右击该图标，在弹出的快捷菜单中选择"Language"→"chinese"选项，将其设置为简体中文环境，如图 2-27 所示。

图 2-26　WampServer 图标

图 2-27　设置 WampServer 的语言环境

2.5.2　登录 phpMyAdmin 工具平台

在默认的浏览器地址栏中输入 http://localhost 或 IP 地址 http://127.0.0.1，进入 WampServer 的管理界面，如图 2-28 所示。

图 2-28　WampServer 管理界面

单击图 2-28 中"Tools"选项下的"phpmyadmin"超级链接，进入 phpMyAdmin 的登录界面，如图 2-29 所示。

图 2-29　phpMyAdmin 登录界面

输入用户名和密码（用户名为 root，初始密码为空），登录进入 phpMyAdmin 管理界面，如图 2-30 所示。用户可以在 phpMyAdmin 管理界面完成对 MySQL 的操作和管理，如建表、查询、删除、为数据库设置密码和修改数据库等。

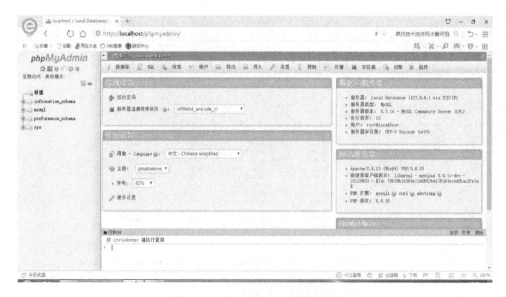

图 2-30　phpMyAdmin 管理界面

习题

1. 选择题

（1）下列 4 项中，不属于 MySQL 数据库优势和特性的是_____。

　　A．运行速度快　　　　　　　　　　B．可移植性强

　　C．对所有用户免费　　　　　　　　D．接口十分丰富

（2）在高并发、事务等场景下，MySQL 5.5 数据库默认使用_____存储引擎。

　　A．Myisam　　　　B．InnoDB　　　　C．Memory　　　　D．ndbCluster

（3）如果 MySQL Server 运行在 Linux 操作系统上，那么访问 MySQL 服务器的客户端程序应该运行在_____操作系统上。

　　A．Linux　　　　B．Windows　　　　C．Mac OS　　　　D．以上都可以

（4）MySQL 数据库是一个_____数据库服务器。

　　A．多用户、多线程　　　　　　　　B．单用户、多线程

　　C．单用户、单线程　　　　　　　　D．以上都不是

（5）下列 4 项中，_____方式不能启动 MySQL 服务器。

　　A．在 Windows "服务" 窗口设置

　　B．在 DOS 命令窗口输入 start 命令

　　C．将 MySQL 安装为 Windows 服务，启动 Windows 时自动启动

　　D．双击 MySQL 在桌面上的图标

（6）下列 4 项中，_____不是 MySQL 图形化管理工具。

　　A．MySQL Workbench

　　B．phpMyAdmin

　　C．MySQL Community Server

D．MySQLDumper

（7）下列关于 WampServer 的说法错误的是_____。

A．WampServer 安装完成后，需要对环境进行各种配置

B．WampServer 是完全免费的

C．WampServer 支持中文语言

D．Windows 环境下的 Apache Web 服务器、PHP 解释器以及 MySQL 数据库的整合软件包

（8）下列关于 MySQL Workbench 的说法错误的是_____。

A．可用于创建复杂的 E-R 模型

B．可用于建立数据库文档

C．可用于数据库管理

D．提供中文操作界面

2．填空题

（1）MySQL 作为最流行的_____数据库管理系统之一，所使用的_____是用于访问数据库的最常用标准化语言。

（2）MySQL 数据库是_____结构的实现，由一个服务器守护程序 mysqlId 以及很多不同的客户程序和库组成。

（3）MySQL 安装完毕之后，需要_____，不然客户端无法连接数据库。

（4）退出 MySQL 数据库的命令为_____。

（5）在登录 MySQL 数据库时，直接用 mysql 登录命令出现 "mysql 不是内部或外部命令，也不是可运行的程序" 错误提示，则有可能是需要进行_____。

（6）phpMyAdmin 是一个以 PHP 为基础，以 Web-Base 方式架构在网站主机上的 MySQL 的数据库管理工具，让管理者可用_____管理 MySQL 数据库。

3．简答题

（1）MySQL 的优势和特性有哪些？

（2）MySQL 官方网站上都提供了哪些下载版本？作为普通学习者，通常用哪个版本比较合适？

（3）启动和停止 MySQL 服务的命令是什么？

（4）登录和退出 MySQL 的命令是什么？

第3章 数据库基本操作

MySQL 安装完成后，首先需要创建数据库，这是使用 MySQL 各种功能的前提。本章将详细介绍数据库的基本操作，主要内容包括创建数据库、查看数据库、删除数据库、不同类型的数据存储引擎介绍和存储引擎的选择等。

学习目标：
➢ 掌握创建、查看和删除数据库的方法
➢ 理解 MySQL 存储引擎
➢ 了解事务与锁的概念
➢ 了解不同类型的数据存储引擎及选择方法

3.1 创建数据库

数据库是用来存储数据的仓库，每一个数据库都有唯一的名称。创建数据库就是在系统磁盘上划分一块区域用于数据的存储和管理。

在 MySQL 中存在两种数据库：系统数据库和自定义数据库。系统数据库是在安装 MySQL 后系统自带的数据库，自定义数据库是用户通过命令或图形操作界面工具创建的。

3.1.1 通过命令创建数据库

在命令行工具中创建数据库的语法为

```
CREATE DATABASE db_name [[DEFAULT] CHARACTER SET character_name];
```

说明：

1）db_name：指数据库的名称，数据库命名尽量不要使用数字开头，并且要有实际意义。

2）character_name：指数据库的字符集，设置字符集的目的是为了避免在数据库中存储的数据出现乱码。如果在创建数据库时不指定字符集，那么就使用系统的字符集。系统默认的字符集是 Server Default。除了系统的默认字符集外，还可以选择 big5、dec8、gb2312、gbk 等。如果要在数据库中存放中文，最好使用 gbk。

注意：可以通过 SHOW CHARACATER SET 语句查看 MySQL 中支持的字符集，结果如图 3-1 所示。

【例 3-1】 使用命令在 MySQL 中创建名为"test"的数据库。

```
mysql> create database test;
Query OK, 1 row affected (0.01 sec)
```

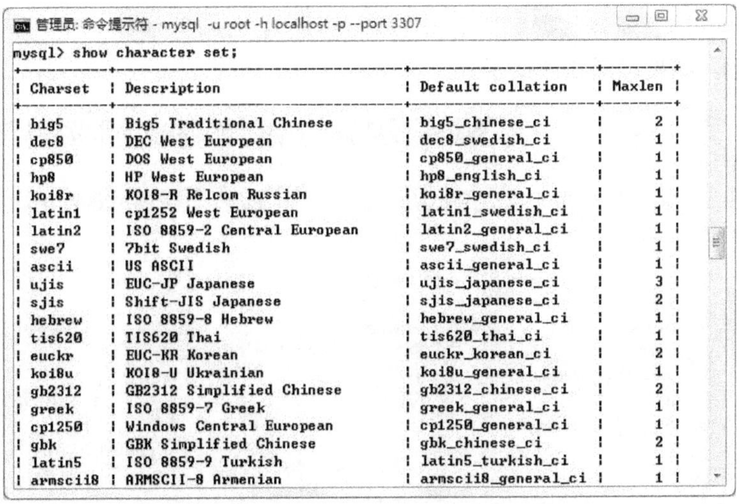

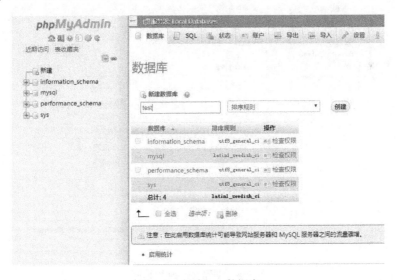

图 3-1 MySQL 中支持的字符集

【例 3-2】 使用命令在 MySQL 中创建名为 "test_cs" 的数据库，并设置其字符集为 gbk。

```
mysql> create database test_cs character set gbk;
Query OK, 1 row affected (0.08 sec)
```

3.1.2 通过 phpMyAdmin 创建数据库

使用图形操作界面工具创建数据库的方法更加直观，如在 phpMyAdmin 中创建数据库的操作步骤如下。

【例 3-3】 通过 phpMyAdmin，在 MySQL 中创建名为 "test" 的数据库。

1）登录 phpMyAdmin 的管理界面，单击左侧导航栏中的 "新建" 选项，打开如图 3-2 所示的窗口。

图 3-2 创建 test 数据库

2）在图 3-2 的"新建数据库"下的文本框中输入"test"，单击"创建"按钮，即可完成数据库的创建，结果如图 3-3 所示。

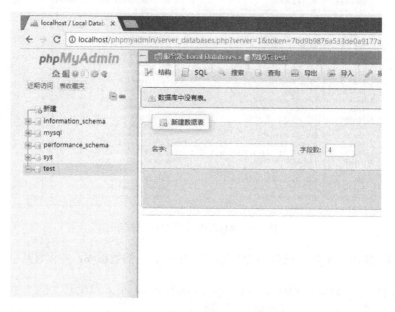

图 3-3　成功创建 test 数据库

【例 3-4】　通过 phpMyAdmin，在 MySQL 中创建名为"test_cs"的数据库，并设置其字符集为 gbk。

"test_cs"数据库的创建方法和例 3-3 类似，在"新建数据库"下的文本框中输入"test_cs"，并在"排序规则"下拉列表中选择"gbk_chinese_ci"，单击"创建"按钮即可，结果如图 3-4 所示。

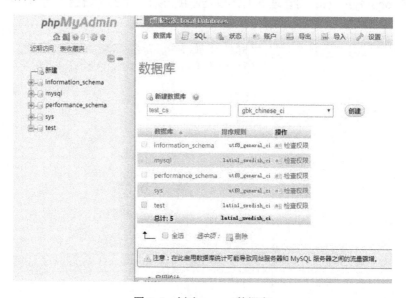

图 3-4　创建 test_cs 数据库

3.2 查看数据库

在图形操作界面工具中创建数据库成功之后会立即显示在数据库列表中，而在命令行工具中则只显示 "Query OK, 1 row affected (0.01 sec)" 的提示信息。为了验证数据库系统中是否已经存在创建的数据库，可以使用 SHOW 命令进行查看。

3.2.1 查看所有数据库

查看所有数据库的语法如下：

```
SHOW DATABASES;
```

【例 3-5】 使用命令查看 MySQL 中的所有数据库。

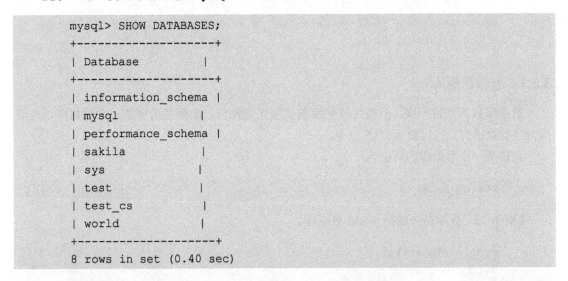

```
mysql> SHOW DATABASES;
+--------------------+
| Database           |
+--------------------+
| information_schema |
| mysql              |
| performance_schema |
| sakila             |
| sys                |
| test               |
| test_cs            |
| world              |
+--------------------+
8 rows in set (0.40 sec)
```

从上面的输出结果可以看出，test 和 test_cs 都已经创建成功。最后一行信息表示目前 MySQL 中共有 8 个数据库，除了刚才自定义的两个数据库，剩下的都是系统自带的数据库。其中 mysql 是必不可少的，千万不要删除。

3.2.2 查看数据库详细信息

如果要查看某一个数据库的详细信息，基本语法为

```
SHOW CREATE DATABASE db_name;
```

为了使查询的信息更加直观，也可以使用以下语法：

```
SHOW CREATE DATABASE db_name \G
```

注意：上述语句可以使用分号 ";" 结束，也可以使用 "\g" 或 "\G" 结束。其中，

"\g" 的作用与分号 ";" 相同，而 "\G" 可以让结果显示更加美观。

【例 3-6】 使用命令查看 test_cs 数据库。

```
mysql> SHOW CREATE DATABASE test_cs;
+-----------+--------------------------------------------------------------+
| Database  | Create Database                                              |
+-----------+--------------------------------------------------------------+
| test_cs   | CREATE DATABASE 'test_cs' /*!40100 DEFAULT CHARACTER SET gbk */ |
+-----------+--------------------------------------------------------------+
1 row in set (0.00 sec)

mysql> SHOW CREATE DATABASE test_cs \G
*************************** 1. row ***************************
       Database: test_cs
Create Database: CREATE DATABASE 'test_cs' /*!40100 DEFAULT CHARACTER SET gbk */
1 row in set (0.00 sec)
```

3.2.3　选择数据库

数据库只需创建一次，但是每次使用前必须先选择它。如果要选择某一个数据库，使其成为当前数据库，可以使用 USE 命令。

选择某一个数据库的语法为

USE db_name;

【例 3-7】 使用命令选择 world 数据库。

```
mysql> USE world;
Database changed
```

如果要查看当前选择的数据库，可以用 SELECT 命令。

查看当前数据库的语法为

SELECT DATABASE();

【例 3-8】 使用命令查看当前数据库。

```
mysql> SELECT DATABASE();
+------------+
| DATABASE() |
+------------+
| world      |
+------------+
1 row in set (0.00 sec)
```

3.3　删除数据库

删除数据库是指在数据库系统中删除已经存在的数据库，删除数据库成功后，原来分配的系统空间将被收回。

3.3.1　通过命令删除数据库

删除数据库的语法为

```
DROP DATABASE db_name;
```

说明：db_name 为要删除的数据库名称，如果指定的数据库不存在，则删除出错。

【例 3-9】　先使用命令删除 test_cs 数据库，然后查看 MySQL 中的数据库列表。

```
mysql> DROP DATABASE test_cs;
Query OK, 0 rows affected (1.13 sec)

mysql> SHOW DATABASES;
+--------------------+
| Database           |
+--------------------+
| information_schema |
| mysql              |
| performance_schema |
| sakila             |
| sys                |
| test               |
| world              |
+--------------------+
7 rows in set (0.05 sec)
```

注意：使用 DROP　DATABASE 命令时要非常谨慎，在执行该命令时，MySQL 不会给出任何提醒确认信息。删除数据库后，数据库中存储的所有数据表和数据也将一同被删除，而且不能恢复。

3.3.2　通过 phpMyAdmin 删除数据库

使用图形操作界面工具删除数据的方法有两种，如下面两个例子所示。

【例 3-10】　在 phpMyAdmin 中删除 test_cs 数据库。

删除 test_cs 数据库的操作过程如图 3-5 所示。

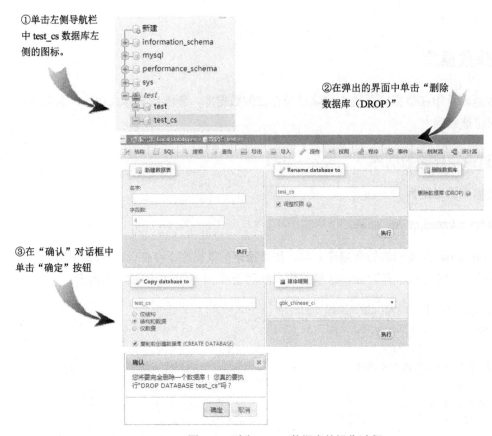

①单击左侧导航栏中 test_cs 数据库左侧的图标。

②在弹出的界面中单击"删除数据库（DROP）"

③在"确认"对话框中单击"确定"按钮

图 3-5　删除 test_cs 数据库的操作过程

【例 3-11】　在 phpMyAdmin 中删除 test 数据库。

删除 test 数据库的操作过程如图 3-6 所示。

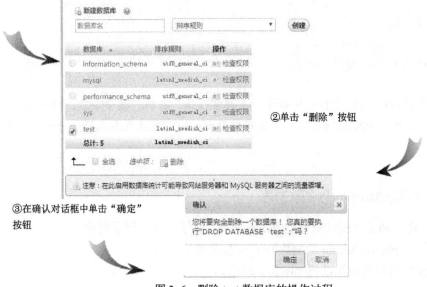

①选中 test 数据库左侧的复选框

②单击"删除"按钮

③在确认对话框中单击"确定"按钮

图 3-6　删除 test 数据库的操作过程

3.4 数据库存储引擎

数据库存储引擎是数据库底层软件组织，数据库管理系统（DBMS）使用数据引擎进行创建、查询、更新和删除数据等操作。不同的存储引擎提供不同的存储机制、索引技巧、锁定水平等功能，使用不同的存储引擎，还可以获得特定的功能。由于在关系型数据库中数据是以表的形式存储的，所以存储引擎也称为表类型（即存储和操作此表的类型）。

在 Oracle 和 SQL Server 等大型数据库中都只有一种存储引擎，所有数据存储管理机制都是一样的。但是，MySQL 提供了多种存储引擎，如 MyISAM、InnoDB 和 MEMORY 等，用户可以根据不同的需求为数据表选择不同的存储引擎。MySQL 区别于其他数据库管理系统的一个重要特点就是支持插件式存储引擎。

3.4.1 查看 MySQL 存储引擎

用户可以使用命令语句查看当前 MySQL 数据库中的存储引擎，语法如下。

```
SHOW ENGINES;
```

【例 3-12】 使用命令查看 MySQL 中的存储引擎。

```
mysql> SHOW ENGINES \G
*************************** 1. row ***************************
      Engine: InnoDB
     Support: DEFAULT
     Comment: Supports transactions, row-level locking, and foreign keys
Transactions: YES
          XA: YES
  Savepoints: YES
*************************** 2. row ***************************
      Engine: MRG_MYISAM
     Support: YES
     Comment: Collection of identical MyISAM tables
Transactions: NO
          XA: NO
  Savepoints: NO
*************************** 3. row ***************************
      Engine: MEMORY
     Support: YES
     Comment: Hash based, stored in memory, useful for temporary tables
Transactions: NO
          XA: NO
  Savepoints: NO
*************************** 4. row ***************************
      Engine: BLACKHOLE
     Support: YES
     Comment: /dev/null storage engine(anything you write to it disappears)
```

```
    Transactions: NO
              XA: NO
      Savepoints: NO
*************************** 5. row ***************************
          Engine: MyISAM
         Support: YES
         Comment: MyISAM storage engine
    Transactions: NO
              XA: NO
      Savepoints: NO
*************************** 6. row ***************************
          Engine: CSV
         Support: YES
         Comment: CSV storage engine
    Transactions: NO
              XA: NO
      Savepoints: NO
*************************** 7. row ***************************
          Engine: ARCHIVE
         Support: YES
         Comment: Archive storage engine
    Transactions: NO
              XA: NO
      Savepoints: NO
*************************** 8. row ***************************
          Engine: PERFORMANCE_SCHEMA
         Support: YES
         Comment: Performance Schema
    Transactions: NO
              XA: NO
      Savepoints: NO
*************************** 9. row ***************************
          Engine: FEDERATED
         Support: NO
         Comment: Federated MySQL storage engine
    Transactions: NULL
              XA: NULL
      Savepoints: NULL
9 rows in set (0.62 sec)
```

查询出了9条记录，其表示的主要内容如下。

- Engine：表示数据库存储引擎名称。
- Support：表示 MySQL 是否支持该类引擎。
- Comment：表示关于该引擎的备注信息。
- Transactions：表示是否支持事务处理。

- XA：表示是否支持分布式交易处理的 XA 规范。
- Savepoints：表示是否支持保存点，以便事务回滚到保存点。

从输出结果可以看出，InnoDB 是默认的数据库存储引擎。除此之外，当前版本的 MySQL 还支持 MRG_MYISAM、MEMORY、BLACKHOLE、MyISAM、CSV、ARCHIVE 和 PERFORMANCE_SCHEMA。

3.4.2　事务与锁的概念

在介绍各种存储引擎的特点之前，有必要了解一下事务和锁的概念，这是实现数据一致性和并发性的基石。

1. 事务

事务（Transaction）是指访问并可能更新数据库中各种数据项的一个程序执行单元 (unit)。在关系数据库中，事务可以是一条 SQL 语句、一组 SQL 语句或整个程序。MySQL 事务主要用于处理操作量大，复杂度高的数据。

使用一个简单的例子来帮助理解事务：A 向 B 通过银行转账 1000 元钱，转账过程由 2 个基本步骤组成。

1）从 A 的银行账户上减去 1000 元。

2）在 B 的银行账户上增加 1000 元。

在第 1）步已完成，而第 2）步未开始之前，如果对 B 账户有其他操作（如查询、删除或更新等），都会造成转账失败，A 账户需要退回到第一步操作之前的状态。因此，这两个操作应该是一个不可分割的逻辑工作单元，即事务。如果事务成功执行，那么该事务中所有的操作都会成功执行，并将执行结果提交到数据库文件中，成为数据库永久的组成部分。如果事务中某个操作执行失败，那么事务中的所有操作均被撤销，所有影响到的数据返回之前的状态。简言之，事务中的操作要么都被执行，要不都不执行，这个特征称之为事务的原子性。并不是所有的存储引擎都支持事务，例如，InnoDB 支持事务，而 MyISAM 和 MEMORY 不支持。

一般来说，事务必须满足 4 个条件：原子性（Atomicity，或称不可分割性）、一致性（Consistency）、隔离性（Isolation，又称独立性）和持久性（Durability），称之为 ACID 特性。

1）**原子性**：事务中的所有操作，要么全部完成，要么全部不完成，不会结束在中间某个环节。事务在执行过程中发生错误，会被回滚到事务开始前的状态，就像这个事务从来没有执行过一样。

2）**一致性**：在事务开始之前和事务结束以后，数据库的完整性没有被破坏。这表示写入的资料必须完全符合所有的预设规则，这包含资料的精确度、串联性以及后续数据库可以自发地完成预定的工作。

3）**隔离性**：数据库允许多个并发事务同时对其数据进行读写和修改的能力，隔离性可以防止多个事务并发执行时由于交叉执行而导致数据的不一致。

4）**持久性**：事务处理结束后，对数据的修改就是永久的，即便系统故障也不会丢失。

2. 锁

当用户对数据库并发访问时，为了确保事务完整性和数据库一致性，需要使用锁机制，它是实现数据库并发控制的主要手段。锁可以防止用户读取正在由其他用户更改的数据，并可以防止多个用户同时更改相同数据。如果不使用锁，数据库中的数据可能在逻辑上不正确，并且对数据的查询可能会产生意想不到的结果。

MySQL 各存储引擎使用了 3 种类型（级别）的锁定机制：表级锁定、行级锁定和页级锁定。

（1）表级锁定（table-level）

表级别的锁定是 MySQL 各存储引擎中最大颗粒度的锁定机制。该锁定机制最大的特点是实现逻辑非常简单，带来的系统负面影响最小。所以获取锁和释放锁的速度很快。由于表级锁一次会将整个表锁定，所以可以很好地避免困扰人们的死锁问题。

当然，锁定颗粒度大所带来最大的负面影响就是出现锁定资源争用的概率也会最高，致使并发度大打折扣。

（2）行级锁定（row-level）

行级锁定最大的特点就是锁定对象的颗粒度很小，也是目前各大数据库管理软件所能实现的锁定颗粒度最小的锁定机制。由于锁定颗粒度很小，所以发生锁定资源争用的概率也最小，能够给予应用程序尽可能大的并发处理能力而提高一些需要高并发应用系统的整体性能。

虽然在并发处理能力上面有较大的优势，但是行级锁定也因此带来了不少弊端。由于锁定资源的颗粒度很小，所以每次获取锁和释放锁需要做的事情也更多，带来的消耗自然也就更大了。

（3）页级锁定（page-level）

页级锁定是 MySQL 中比较独特的一种锁定级别，在其他数据库管理软件中并不是太常见。页级锁定的特点是锁定颗粒度介于行级锁定与表级锁定之间，所以获取锁定所需要的资源开销，以及所能提供的并发处理能力介于表级锁定与行级锁定之间。

综合上述特点，很难笼统地说哪种锁更好，只能就具体应用的特点来说哪种锁更合适。从锁的角度来说，表级锁更适合以查询为主，只有少量按索引条件更新数据的应用，如 Web 应用；而行级锁则更适合有大量按索引条件并发更新少量不同数据，同时又有并发查询的应用，如一些在线事务处理（OLTP）系统。

3.4.3　常用存储引擎介绍

1．InnoDB 存储引擎

InnoDB 是当前 MySQL 数据库版本的默认存储引擎，支持事务安全表，支持行级锁定和外键，是事务型数据库的首选引擎，其主要特性如下。

1）InnoDB 为 MySQL 提供了具有提交、回滚和崩溃恢复能力的事务安全存储引擎。InnoDB 锁定在行级并且也在 SELECT 语句中提供一个类似 Oracle 的非锁定读。这些功能增加了多用户部署和性能。

2）InnoDB 是为处理巨大数据量的最大性能而设计的。它的 CPU 效率可能是任何其他基于磁盘的关系型数据库引擎所不能匹敌的。

3）InnoDB 存储引擎完全与 MySQL 服务器整合，InnoDB 存储引擎为了在主内存中缓存数据和索引而维持它自己的缓冲池。InnoDB 将表和索引放在一个逻辑表空间中，表空间可以包含数个文件（或原始磁盘文件）。InnoDB 表可以是任何尺寸，即使在文件尺寸被限制为 2GB 的操作系统上。

4）InnoDB 支持外键完整性约束。存储表中的数据时，每张表的存储都按主键顺序存放，如果没有在表定义时指定主键，InnoDB 会为每一行生成一个 6 字节的 ROWID，并以此作为主键。

5）InnoDB 被用在众多需要高性能的大型数据库站点上。

InnoDB 不创建目录，使用 InnoDB 时，MySQL 将在数据目录下创建一个名为 ibdata1 的 10MB 大小的自动扩展数据文件，以及两个名为 ib_logfile0 和 ib_logfile1 的 5MB 大小的日志文件。

2．MyISAM 存储引擎

MyISAM 存储引擎是 MySQL 数据库中最常见的一种存储引擎，它是基于 ISAM 存储引擎发展起来的，提供了高速存储和检索，以及全文搜索能力。早期的 MySQL 数据库版本中，会把 MyISAM 设置为默认的存储引擎。

MyISAM 存储引擎不支持事务，也不支持外键，优势是访问速度快，对事务完整性没有要求。以 select、insert 为主的应用基本上可以用这个引擎来创建表。

MyISAM 支持 3 种不同的存储格式，分别是静态表、动态表和压缩表。

1）静态表：表中的字段都是非变长字段，这样每个记录都是固定长度的，优点是存储非常迅速，容易缓存，出现故障容易恢复。缺点是占用的空间通常比动态表多，因为存储时会按照列的宽度定义补足空格。

2）动态表：记录不是固定长度的，优点是占用的空间相对较少；缺点是频繁地更新、删除数据容易产生碎片，需要定期改善性能，并且出现故障时恢复相对比较困难。

3）压缩表：压缩表占用磁盘空间小，每个记录是被单独压缩的，所以只有非常小的访问开支。

3．MEMORY 存储引擎

使用 MEMORY 存储引擎的出发点是速度。为得到最快的响应时间，它采用的逻辑存储介质是系统内存。虽然在内存中存储表数据确实会具有很高的性能，但当 mysqlId 守护进程崩溃时，所有的 MEMORY 数据都会丢失。因此，它非常适合存储临时数据的临时表，以及数据仓库中的表。

MEMORY 存储引擎获得速度的同时也有一些缺陷，因为要求存储在 MEMORY 数据表里的数据使用的是长度不变的格式，这意味着不能使用 BLOB 和 TEXT 这样长度可变的数据类型。更重要的是，存储变长字段 VARCHAR 时是按照定长字段 CHAR 的方式进行的，这样会浪费内存空间。

MEMORY 同时支持哈希索引和 B 树索引。默认情况下，MEMORY 存储引擎使用的是哈希索引，因为哈希索引的速度要比 B 树索引快。但 B 树索引优于哈希索引的是，可以使用部分查询和通配查询，也可以使用<、>和>=等操作符来进行数据挖掘。如果用户希望使用 B 树索引，那么可以在创建索引时选择使用。

和 MyISAM 一样，MEMORY 存储引擎也不支持事务处理。

4．其他存储引擎

MRG_MYISAM：也称 MERGE 存储引擎，它允许将一定数量的 MyISAM 表联合成一个整体，在超大规模数据存储时很有用。

BLACKHOLE：被称为黑洞引擎，它能够接收数据，但是会丢弃数据而非存储它，使用该存储引擎写入的任何数据都会消失。它虽然不存储数据，但会记录下 Binlog，而且这些 Binlog 还会被正常地同步到 Slave 上，可以在 Slave 上对数据进行后续处理。

CSV：逻辑上由逗号分隔数据的存储引擎。它会在数据库子目录里为每个数据表创建一个.CSV 文件。这是一种普通文本文件，每个数据行占用一个文本行。CSV 存储引擎不支持索引。

ARCHIVE：支持高并发的插入操作，对查询的支持相对较差，也不是事务安全的。非常适合存储归档数据，如记录日志信息就可以用 ARCHIVE 存储引擎。

PERFORMANCE_SCHEMA：是 MySQL 在 5.5 以后版本中新增的一个存储引擎，主要用于收集数据库服务器性能参数。用户是不能创建存储引擎为 PERFORMANCE_SCHEMA 的数据表的。

3.4.4　选择存储引擎

实际工作中选择一个合适的存储引擎是很复杂的问题，每种存储引擎都有各自的优势。因此，不能笼统地说哪个存储引擎更好，只能说合适不合适。

如果要具有提交、回滚和崩溃恢复能力的事务安全（ACID 兼容）能力，并要求实现并发控制，InnoDB 是个很好的选择。如果数据表主要用来插入和查询记录，则 MyISAM 引擎比较合适，因为其处理效率较高。如果只是临时存放数据，数据量不大，并且不需要较高的数据安全性，可以选择将数据保存在内存中的 MEMORY 引擎；MySQL 中使用该引擎作为临时表，存放查询的中间结果。如果只有 INSERT 和 SELECT 操作，可以选择 ARCHIVE 引擎，ARCHIVE 引擎支持高并发的插入操作，适合存储、归档数据。

一个数据库中的多个表可以使用不同存储引擎以满足实际需求。选取合适的存储引擎，将会提高整个数据库的性能。

习题

1. 选择题

（1）下列 4 项中，关于创建 MySQL 数据库的说法错误的是_____。

　　A．MySQL 中所有的数据库都需要用户自己创建

　　B．每一个数据库都有唯一的名称

　　C．用户可以通过命令创建数据库

　　D．用户通过图形操作界面工具创建数据库

（2）设置字符集的目的是为了避免在数据库中存储的数据出现乱码，如果要在数据库中存放中文，最好使用_____。

　　A．big5　　　　　B．gb2312　　　　C．gbk　　　　　D．dec8

（3）如果要查看某个数据库的详细信息，可以使用_____命令进行查看。

　　A．SHOW　　　　　　　　　　　　B．SHOW CHARACATER SET

　　C．SHOW CREATE DATABASE　　　D．以上都可以

（4）下列 4 项中，关于删除 MySQL 数据库的说法正确的是_____。

　　A．使用图形操作界面工具删除数据的方法仅有一种

B. 删除数据库成功后，原来分配的系统空间暂时不被收回，需要时还可以恢复

C. 用于删除数据库的语句是 DELETE DATABASE db_name

D. 删除数据库后，数据库中存储的所有数据表和数据也将一同被删除，而且不能恢复

（5）MySQL 与其他关系型数据库（SQL Server/Oracle）架构上最大的区别是_____。

  A. 索引层   B. 连接层   C. SQL 层   D. 存储引擎层

（6）MySQL 提供了多种存储引擎，下列_____不属于它的存储引擎。

  A. MyISAM   B. InnoDB   C. OLTP   D. MEMORY

（7）下列关于事务的描述，错误的是_____。

  A. MySQL 事务主要用于处理操作量大，复杂度高的数据

  B. 在关系数据库中，事务可以是一组 SQL 语句或整个程序

  C. 在关系数据库中，事务不可以是一条 SQL 语句

  D. 事务是指访问并可能更新数据库中各种数据项的一个程序执行单元

（8）下列_____锁定机制没有被 MySQL 各存储引擎使用。

  A. 表级锁定   B. 列级锁定   C. 行级锁定   D. 页级锁定

2. 填空题

（1）如果在创建 MySQL 数据库时不指定字符集，那么就使用系统的字符集。系统默认的字符集是_____。

（2）可以通过_____语句查看 MySQL 中支持的字符集。

（3）如果要选择某个数据库，使其成为当前数据库，可以使用_____命令。

（4）_____是数据库底层软件组织，数据库管理系统（DBMS）使用它进行创建、查询、更新和删除数据等操作。

（5）查看 MySQL 数据库中存储引擎的语句是_____。

（6）事务中的操作要么都被执行，要不都不执行，这个特征称之为事务的_____。

（7）当用户对数据库并发访问时，为了确保事务完整性和数据库一致性，需要使用_____。

（8）_____是当前 MySQL 数据库版本的默认存储引擎，支持事务安全表，支持行级锁定和外键，是事务型数据库的首选引擎。

3. 简答题

（1）创建数据库的命令语句是什么？如何为数据库指定字符集？

（2）通过 DROP DATABASE 命令删除的数据库还可以恢复其中的数据吗？为什么？

（3）如何通过命令将某个数据库设置为 MySQL 的当前数据库？

（4）MySQL 是如何实现数据的一致性和并发性的？

（5）MySQL 中都支持哪些存储引擎？实际应用时该如何选择？

第4章 数 据 表

在数据库中，数据表是数据库的基础，也是数据库中最重要的组成部分，是存储数据的基本单位。本章主要介绍数据表的创建、操作等，其中表的操作包括命令窗口和工具平台两种。

学习目标：

➤ 掌握数据表的数据类型
➤ 掌握数据表的创建和相关操作方法
➤ 掌握表结构的修改方法
➤ 掌握数据表的编辑方法

4.1 MySQL 数据类型介绍

数据类型是对数据存储方式的约束，通过数据类型的定义，可以限定数据在数据库中的存放方式，对数据的规范性进行约束。在创建数据表时，需要对表中的每个字段进行数据类型的定义。因此，在创建数据表之前，首先介绍 MySQL 数据库的基本数据类型。

MySQL 数据库允许的数据类型主要包括数值型、文本型、日期时间型等。

4.1.1 数值类型

数值型数据，即存放数据类型数据，MySQL 提供了多种数值型数据类型。不同数据类型有不同的取值范围，可以存放不同精度的数据。高精度的数据存储，当然会需要更大的存储空间以支持数据的存放。

1. 整数类型

整型数值类型主要有：INT、TINYINT、SMALLINT、MEDIUMINT、BIGINT。表 4-1 为常用的 MySQL 整型数据类型及取值范围表。

表 4-1 整型数值类型

类 型	取值范围（有符号）	取值范围（无符号）	字段长度	说 明
TINYINT	−128～127	0～255	1 字节	很小的整数
SMALLINT	−32 768～32 767	0～65 535	2 字节	小的整数
MEDIUMINT	−8 388 608～8 388 607	0～16 777 215	3 字节	中等大小的整数
INT	−2 147 483 648～2 147 483 647	0～4 294 967 295	4 字节	普通大小的整数
BIGINT	−9 223 372 036 854 775 808～ 9 223 372 036 854 775 807	0～18 446 744 073 709 551 615	8 字节	大整数

注意：整型数据需按照实际情况选择适当的类型，如果超出数值类型取值范围的操作，

会发生"Out of range"的错误提示,即溢出了。

对于整型数据,MySQL 还支持在类型后面的小括号内指定显示宽度,如 INT(4)表示当数值的位数小于4时,在前面用零填满宽度,需要配合 ZEROFILL 使用。默认的整数宽度是11。

【例4-1】 创建测试表 t1,有 col1 和 col2 两个字段,其数值宽度分别为 INT 和 INT(4),按要求完成如下操作。

1)先创建一个数据库 temp,再在该数据库中创建表 t1。

```
mysql> CREATE DATABASE temp;
Query OK, 1 row affected (0.00 sec)
mysql> USE temp;
Database changed
mysql> CREATE TABLE t1(col1 INT,col2 INT(4));
Query OK, 0 rows affected (0.01 sec)
mysql> DESC t1;
+-------+---------+------+-----+---------+-------+
| Field | Type    | Null | Key | Default | Extra |
+-------+---------+------+-----+---------+-------+
| col1  | int(11) | YES  |     | NULL    |       |
| col2  | int(4)  | YES  |     | NULL    |       |
+-------+---------+------+-----+---------+-------+
2 rows in set (0.00 sec)
```

如果不指定整数的宽度,系统默认宽度为11。

2)在 col1 和 col2 中插入数值10,再次查看。

```
mysql> INSERT INTO t1 VALUES(10,10);
Query OK, 1 row affected (0.00 sec)
mysql> SELECT * FROM t1;
+------+------+
| col1 | col2 |
+------+------+
|   10 |   10 |
+------+------+
1 row in set (0.00 sec)
```

3)修改 col1 和 col2 的字段类型,添加 ZEROFILL 参数。

```
mysql> ALTER TABLE t1 MODIFY col1 INT ZEROFILL;
Query OK, 1 row affected (0.03 sec)
Records: 1 Duplicates: 0 Warnings: 0
mysql> ALTER TABLE t1 MODIFY col2 INT(4) ZEROFILL;
Query OK, 1 row affected (0.03 sec)
Records: 1 Duplicates: 0 Warnings: 0
mysql> SELECT * FROM t1;
+---------------+-------+
| col1          | col2  |
```

```
+--------------+-------+
| 0000000010   | 0010  |
+--------------+-------+
1 row in set (0.00 sec)
```

为整型字段设置 ZEROFILL，输出时系统会自动按照字段的宽度显示数据，如果数值位不够，自动用 0 填充。

2. 实数类型

实数类型包括两种类型：浮点数和定点数。表 4-2 为常用的 MySQL 实数类型和取值范围表。

表 4-2   实数类型

类　型	取值范围（有符号）	取值范围（无符号）	字段长度	说　明
FLOAT	$(-3.402\ 823\ 466 \times 10^{38} \sim -1.175\ 494\ 351 \times 10^{-38})$，0，$(1.175\ 494\ 351 \times 10^{-38} \sim 3.402\ 823\ 466\ 351 \times 10^{38})$	0，$(1.175\ 494\ 351 \times 10^{-38} \sim 3.402\ 823\ 466 \times 10^{38})$	4 字节	单精度浮点数
DOUBLE	$(-1.797\ 693\ 134\ 862\ 315\ 7 \times 10^{308}, -2.225\ 073\ 858\ 507\ 201\ 4 \times 10^{-308}, 0, (2.225\ 073\ 858\ 507\ 201\ 4 \times 10^{-308}, 1.797\ 693\ 134\ 862\ 315\ 7 \times 10^{308})$	0，$(2.225\ 073\ 858\ 507\ 201\ 4 \times 10^{308} \sim 1.797\ 693\ 134\ 862\ 315\ 7 \times 10^{308})$	8 字节	双精度浮点数
DECIMAL(M,D)	依赖于 M 和 D 的值	依赖于 M 和 D 的值	如果 M>D，为 M+2，否则为 D+2	压缩的"严格"定点数

注意：DECIMAL 类型不同于 FLOAT 和 DOUBLE，DECIMAL 实际是以串存放的，DECIMAL 可能的最大取值范围与 DOUBLE 相同，但其有效的取值范围由 M 和 D 的值决定。如果改变 M 而固定 D，则其取值范围将随着 M 的变大而变大。DECIMAL 在 MySQL 内部是以字符串的形式存放，比浮点数更精确，适合用来表示货币等精度高的数据。

【例 4-2】 创建测试表 t2，有 3 个字段 col1、col2 和 col3，数据类型分别为 FLOAT(5,2)、DOUBLE(5,2)和 DECIMAL(5,2)，按要求完成如下操作。

1）创建表 t2，给 3 个字段分别输入值 9.87。

```
mysql> CREATE TABLE t2(col1 FLOAT,col2 DOUBLE,col3 DECIMAL (5,2));
Query OK, 0 rows affected (0.02 sec)
mysql> INSERT INTO t2 VALUES(9.87, 9.87, 9.87);
Query OK, 1 row affected (0.00 sec)
mysql> SELECT * FROM t2;
+------+------+------+
| col1 | col2 | col3 |
+------+------+------+
| 9.87 | 9.87 | 9.87 |
+------+------+------+
1 row in set (0.00 sec)
```

3 个字段均能正确输入值。

2）给 3 个字段分别输入 9.876。

```
mysql> INSERT INTO t2 VALUES(9.876,9.876,9.876);
```

```
Query OK, 1 row affected, 1 warning (0.00 sec)
mysql> SHOW WARNINGS;
+-------+------+---------------------------------------------+
| Level | Code | Message                                     |
+-------+------+---------------------------------------------+
| Note  | 1265 | Data truncated for column 'col3' at row 1   |
+-------+------+---------------------------------------------+
1 row in set (0.00 sec)
mysql> SELECT * FROM t2;
+------+------+------+
| col1 | col2 | col3 |
+------+------+------+
| 9.87 | 9.87 | 9.87 |
| 9.87 | 9.87 | 9.87 |
+------+------+------+
2 rows in set (0.00 sec)
```

col1 和 col2 两个字段能够正常插入数据，而 col3 字段被截断。FLOAT 型数据指定小数位数，即确定小数的保存位数，如果插入的小数位数超过指定位数，采用四舍五入的方式保存；但如果整个数据的长度超过了指定长度，系统仍然能够正常保存数据。DECIMAL 型数据，如果整数部分的长度超过 M-D 位，数据不能保存。所以说 FLOAT 和 DOUBLE 是真正的浮点型数据，而 DECIMAL 型不是。

3. 位类型

BIT 类型，用于存放位字段值，BIT(M)可以用来存放 M 位二进制数，M 范围 1~64，如果不写则默认为 1 位。对于位字段，SELECT 命令看不到结果，要用 BIN()（二进制显示）或 HEX()（十六进制显示）函数来读取。

【例 4-3】 创建测试表 t3，有一个字段 col1，数据类型为 BIT(2)，按要求完成如下操作。

1）创建表 t3，输入数据并用 SELECT 命令查看数据。

```
mysql> CREATE TABLE t3(col1 BIT(2));
Query OK, 0 rows affected (0.02 sec)
mysql>INSERT INTO t3 VALUES(2);
Query OK, 1 row affected (0.00 sec)
mysql> SELECT * FROM t3;
+------+
| col1 |
+------+
|      |
+------+
1 row in set (0.00 sec)
```

查看数据的结果为 NULL，原因是 SELECT 不能直接显示二进制。

2）用 BIN()和 HEX()函数查看数据。

```
mysql> SELECT BIN(col1),HEX(col1) FROM t3;
+-----------+-----------+
| bin(col1) | hex(col1) |
+-----------+-----------+
```

```
| 10        | 2         |
+-----------+-----------+
1 row in set (0.00 sec)
```

位类型数据在 SELECT 语句中输出时，可利用 BIN() 和 HEX() 函数来显示。

4.1.2 日期时间类型

MySQL 提供多种日期时间函数来对时间信息进行存储，它们之间主要的区别如下。

● DATE 用来存放年月日的日期。

● DATETIME 用来存放年月日时分秒。

● TIME 只存放时分秒。

如表 4-3 所示，为日期时间类型数据及其取值范围。

表 4-3　日期时间类型

类　型	范围	格式	字段长度	说　明
DATE	1000-01-01 ～ 9999-12-31	YYYY-MM-DD	3	日期值
TIME	'-838:59:59' ～ '838:59:59'	HH:MM:SS	3	时间值或持续时间
YEAR	YEAR(4)：1901 ～ 2155 YEAR(2)：70~69，即 1970~2069	YYYY YY	1	年份值
DATETIME	1000-01-01 00:00:00 ～9999-12-31 23:59:59	YYYY-MM-DD HH:MM:SS	8	混合日期和时间值
TIMESTAMP	1970-01-01 00:00:00(UTC) ～ 2038 03:14:07(UTC)	YYYYMMDD HHMMSS	4	混合日期和日间值，时间戳

注意： 如果要经常插入系统日期，可用 TIMESTAMP 来表示；如果只表示年份，可用 YEAR 来表示，YEAR 有 2 位和 4 位格式，默认的是 4 位格式，例如，字段类型是 YEAR(2)，输入值在 00~69，代表 2000~2069，输入值在 70~99，代表 1970~1999。若需要考虑更大范围的年份，慎用 2 位格式的 YEAR。

日期型数据的插入可采用 "YYYY-MM-DD" 或 "YYYYMMDD" 格式，也可采用两位年份的格式，"YY-MM-DD" 或 "YYMMDD"。

【例 4-4】 创建测试表 t4，有 3 个字段，类型分别为 DATE、YEAR 和 DATETIME，按要求完成如下操作。

创建表 t4，利用函数 NOW() 将系统时间输入到 3 个字段，查看结果。

```
mysql> CREATE TABLE t4(col1 DATE,col2 YEAR,col3 DATETIME);
Query OK, 0 rows affected (0.03 sec)
mysql> INSERT INTO t4 VALUES(NOW(),NOW (),NOW ());
Query OK, 1 row affected, 1 warning (0.02 sec)
mysql> SELECT * FROM t4;
+------------+------+---------------------+
| col1       | col2 | col3                |
+------------+------+---------------------+
| 2020-02-26 | 2020 | 2020-02-26 10:15:46 |
+------------+------+---------------------+
1 row in set (0.00 sec)
```

4.1.3　字符串类型

字符串类型用来存储字符串数据，除了字符串数据外，还可存储其他类型的数据，如图片、声音的二进制数据。MySQL 支持文本字符串和二进制字符串。

1．非二进制字符串

非二进制字符，即普通的文本字符，是可直接显示的数据类型。表 4-4 所示为非二进制字符串类型及字段长度说明。

表 4-4　非二进制字符串类型

类　型	字　段　长　度	说　明
CHAR(M)	M 个字符，M 取值范围为 0～255	固定长度，非二进制字符串
VARCHAR(M)	字符串实际长度+1，字符串允许长度范围为 0～65 535	变长非二进制字符串
TINYTEXT	字符串实际长度+2，字符串允许长度范围为 0～255	非常短的文本数据
TEXT	字符串实际长度+2，字符串允许长度范围为 0～65 535	文本数据
MEDIUMTEXT	字符串实际长度+3，字符串允许长度范围为 0～16 777 215	中等长度的文本数据
LONGTEXT	字符串实际长度+4，字符串允许长度范围为 0～4 294 967 295	长的文本数据

注意：

1）CHAR 为固定长度字符串，存储时，如果字符数没有达到定义的位数，会在后面用空格补全存入数据库中。VARCHAR 为变长类型，存储时，如果字符没有达到定义的位数，也不会在后面补空格。

2）定长字段的存储字节与字段长度相同，而变长字段的存储字节与字段所存放的值长度加上控制符号。即实际存放字符数+控制符长度，可能比字段定义的宽度要小。

3）TEXT 类型为变长类型，通常用于存放如文章内容、评论等。

4）在输入数据时，CHAR 尾部的空格被删除，而 VARCHAR 字段的尾部空格将被保留。

【例 4-5】 创建测试表 t5，有两个字段 col1 和 col2，类型分别为 CHAR(4)和 VARCHAR(4)，按要求完成如下操作。

创建数据表 t5，分别输入数据'Hi ', 'Hi '，即字符串后各加一个空格，再测试各字段的值长度。

```
mysql> CREATE TABLE t5(col1 CHAR(4),col2 VARCHAR(4));
Query OK, 0 rows affected (0.03 sec)
mysql> INSERT INTO t5 VALUES('Hi ','Hi ');
Query OK, 1 row affected (0.00 sec)
mysql> SELECT length(col1),length(col2) FROM t5;
+--------------+--------------+
| length(col1) | length(col2) |
+--------------+--------------+
|            2 |            3 |
+--------------+--------------+
1 rows in set (0.01 sec)
```

输入数据时，变长字符串后面的空格被保留，而定长字段的空格则被删除。

2．二进制字符串

二进制字符串数据类型，即按二进制编码来存放各个数值位。表 4-5 为二进制字符串数据类型及字段长度说明。

表 4-5 二进制字符串类型

类 型	字段长度	说 明
BINARY(M)	M 个字符，M 取值范围为 0～255	固定长度二进制字符串
VARBINARY(M)	字符串实际长度+1，字符串允许长度范围为 0～65 535	变长二进制字符串
TINYBLOB	字符串实际长度+1，字符串允许长度范围为 0～255	不超过 255 个字符的二进制字符串
BLOB	字符串实际长度+2，字符串允许长度范围为 0～65 535	二进制形式的长文本数据
MEDIUMBLOB	字符串实际长度+3，字符串允许长度范围为 0～16 777 215	二进制形式的中等长度文本数据
LONGBLOB	字符串实际长度+4，字符串允许长度范围为 0～4 294 967 295	二进制形式的极大文本数据

注意：

1）BINARY 和 VARBINARY 类型类似于 CHAR 和 VARCHAR 类型，不同的是它们存储的是二进制字符串，而不是字符型字符串。它们没有字符集的概念，对其排序和比较都是按照二进制值进行对比。BINARY(N)和 VARBINARY(N)中的 N 指的是字节长度，而 CHAR(N)和 VARCHAR(N)中 N 指的是字符长度。对于 BINARY(10)，其可存储的字节固定为 10，而对于 CHAR(10)，其可存储的字节视字符集的情况而定。

2）BLOB 是一个二进制的对象，它是一个可以存储大量数据的容器（如图片、音乐等）；且能容纳不同大小的数据，在 MySQL 中有 4 种 BLOB 类型，区别是可以容纳的信息量不同：①TINYBLOB 类型，最大能容纳 255B 的数据；②BLOB 类型，最大能容纳 65KB 的数据；③MEDIUMBLOB 类型，最大能容纳 16MB 的数据；④LONGBLOB 类型，最大能容纳 4GB 的数据。

3）BINARY 类型的长度是固定的，指定长度后，不足最大长度时，将在其右侧填充'\0'以补齐指定长度；VARBINARY 是变长的，长度以值的长度+1 来存储。

【例 4-6】 创建测试表 t6，有两个字段 col1 和 col2，其类型分 BINARY(4)和 VARBINARY(4)，完成如下操作。

```
mysql> CREATE TABLE t6(col1 BINARY(4),col2 VARBINARY(4));
Query OK, 0 rows affected (0.01 sec)
mysql> INSERT INTO t6 VALUES('ab','AB');
Query OK, 1 row affected (0.00 sec)
mysql> SELECT *,LENGTH(col1),LENGTH(col2),HEX(col1),HEX(col2) FROM t6;
+------+------+-------------+-------------+-----------+-----------+
| col1 | col2 | length(col1) | length(col2) | hex(col1) | hex(col2) |
+------+------+-------------+-------------+-----------+-----------+
| ab   | AB   |           4 |           2 | 61620000  | 4142      |
+------+------+-------------+-------------+-----------+-----------+
1 row in set (0.00 sec)
```

由此可见，在表中插入两个数据，变长型字符串的长度是用户存入的字符个数，定长型字符串的长度即为定义的长度。

3. ENUM 类型

ENUM 类型即枚举型，属于单选字符串数据类型，适合存储表单界面中的"单选值"。它的值范围需要在创建表时通过枚举方式显示指定，如果枚举成员个数在 1～255 之间，此字段由 1 个字节存储；成员个数在 256～65535 之间，由 2 个字节存储。最多允许有 65535 个成员。

【例 4-7】 创建测试表 t7，有一个字段 col1，其类型为枚举字段，完成如下操作。

```
mysql> CREATE TABLE t7(col1 ENUM('A','B','C','D','F'));
Query OK, 0 rows affected (0.02 sec)
mysql> INSERT INTO T7 VALUES ('A'),('b'),('3'),(NULL),('5');
Query OK, 5 rows affected (0.00 sec)
Records: 5  Duplicates: 0  Warnings: 0
mysql> SELECT col1 ,col1+0 FROM t7;
+------+--------+
| col1 | col1+0 |
+------+--------+
| A    |      1 |
| B    |      2 |
| C    |      3 |
| NULL |   NULL |
| F    |      5 |
+------+--------+
5 rows in set (0.00 sec)
```

由例 4-7 可见，创建一个枚举型字段，可以直接输入值，也可以输入 ENUM 的索引编号值，ENUM 类型忽略大小写。

ENUM 类型只允许从值集合中选取单个值，而不允许选取多个值，要显示 ENUM 类型字段的索引值，可用字段名+0 的方式来实现。

4. SET 类型

SET 是一个字符串对象，属于多选字符串数据类型，适合存储表单界面的"多选值"。可以有零个或多个值，SET 最多可以有 64 个成员，其值为表创建时规定的值。指定包括多个 SET 成员的 SET 列值时，各成员之间用逗号分隔。

SET 类型与 ENUM 类型相同，SET 值内部用整数表示，列表中每个值都有一个对应的索引编号，SET 成员尾部的空格将自动删除。

但 ENUM 类型字段只能从定义列表中选取一个值插入，而 SET 类型的列可以从定义列表中选择多个值联合。在插入值重复时，系统会自动删除重复值，并自动按定义的顺序显示。

【例 4-8】 创建一个测试表 t8，创建一个字段 col1，类型为 SET，完成如下操作。

```
mysql> CREATE TABLE t8(col1 SET('A','B','C','D','F'));
Query OK, 0 rows affected (0.01 sec)
mysql> INSERT INTO t8 VALUES ('a'),('B'),('a,c,B');
```

```
Query OK, 3 rows affected (0.00 sec)
Records: 3  Duplicates: 0  Warnings: 0
mysql> SELECT * FROM t8;
+-------+
| col1  |
+-------+
| A     |
| B     |
| A,B,C |
+-------+
3 rows in set (0.00 sec)
```

SET 类型从允许值集合中选择任意 1 个或多个元素进行组合，输入值只要是在允许值范围内，都可以正确地输入到 SET 类型的列中。

4.2 创建数据表

在数据库创建完成后，就可以在已创建好的数据库下创建数据表。创建数据表的过程就是定义表中字段名称和字段属性的过程，同时，也是对数据库的数据完整性进行定义的过程。

MySQL 命令需要遵循一定的书写规则，下面先简单介绍一下 SQL 命令的书写规则。

1）SQL 语句必须以分号（;）或者（\G）结束。分号（;）是 SQL 语句的结束标志。如果没有输入分号，而直接按〈Enter〉键时，显示"->"等待用户继续输入命令，直到以分号结束。有些数据库中，支持省略最后的分号。

2）保留关键字不区分大小写。一般情况下在书写 SQL 语句时，尽量统一保留关键字字母的大小写。例如，保留关键字用大写字母，表或字段名用小写字母，可提高 SQL 语句的可读性。

3）SQL 语句可以自由换行。在书写较长的语句时，可根据内容和结构对语句适当地进行换行，增加语句的可读性，但需要注意的是不要把单词、标记或引号字符串分割为两部分。

4）使用--或/* ...*/加注释。注释不是 DBMS 解释的信息。注释又分为单行注释及多行注释。单行注释以--开头，直到一行的末尾部被看作注释。多行注释是由/*与*/包含起来的字符串组成。

本书案例以 Sailing 数据库为操作基础，相关的数据库结构及表结构请参看附录。

4.2.1 创建数据表的语法

数据表属于数据库，在创建数据表之前，需要使用"USE"命令先打开已创建好的数据库，然后才能在该数据库中创建数据表。创建数据表需要的内容：表名、字段名和每个字段的定义和约束。

创建数据表的语法如下：

```
CREATE TABLE [IF NOT EXISTS] <table_name>
(
    Col_name_1 datatype,
```

```
    Col_name_2 datatype,
    …
)ENGINE=engine DEFAULT CHARSET=charset;
```

说明：

1）表名不区分大小写，表名不使用 MySQL 的关键字，表名由字母、汉字或下划线开头。

2）每个字段均有一个列名和类型名，字段间用逗号分隔。

3）同一个表中不能存在同名字段。

4）如果要创建的表不存在（IF NOT EXISTS），则可创建成功；如果表存在，则无法创建，避免发生错误。

5）ENGINE 用来设置数据表的存储引擎，有两种存储引擎可选择：InnoDB 和 MyISAM，默认为 MyISAM 存储引擎。

6）CHARSET 用来指定数据库的字符集，可根据数据库的数据语言进行选择。

【例 4-9】 在 Sailing 数据库中创建数据表 Employees。

```
mysql> USE Sailing;
Database changed
mysql> CREATE TABLE Employees(
-> EmployeeID INT(4),
-> Name VARCHAR(10),
-> Gender Char(1),
-> Title VARCHAR(10),
-> Birthday DATE,
-> EntryDate DATE,
-> TelName VARCHAR(20),
-> SupervisorID INT(4),
-> Resume TEXT,
-> Department VARCHAR(10)) ENGINE=InnoDB;
Query OK, 0 rows affected (0.03 sec)
```

创建表后，可通过 SHOW TABLES 命令进行查看数据表是否成功创建。

```
mysql> SHOW TABLES;
+--------------------+
| Tables_in_sailing |
+--------------------+
| employees      |
+--------------------+
1 row in set (0.00 sec)
```

4.2.2　主键约束

1. 使用单字段主键

单字段主键由一个字段组成，定义可分为以下两种方式。

1）定义字段时定义主键，语法如下。

```
Col_name datatype PRIMARY KEY
```

【例 4-10】 在 Sailing 数据库中创建数据表 Products，将 ProductID 字段设置为主键。

```
mysql> CREATE TABLE Products(
    -> ProductID INT(6) PRIMARY KEY,
    -> ProductName VARCHAR(20),
    -> ProductMode VARCHAR(10),
    -> PrimeCost FLOAT(8,2),
    -> SalePrice FLOAT(8,2),
    -> Inventory INT,
    -> Description TEXT,
    -> TypeID INT(4));
Query OK, 0 rows affected (0.02 sec)
```

2）定义字段后，在表级约束中指定主键，语法如下。

```
[CONSTRAINT <pk_name_>] PRIMARY KEY [col_name]
```

上例中的主键定义可采用表级约束来实现。

```
mysql> CREATE TABLE Products(
    -> ProductID INT(6),
    -> ProductName VARCHAR(20),
    -> ProductMode VARCHAR(10),
    -> PrimeCost FLOAT(8,2),
    -> SalePrice FLOAT(8,2),
    -> Inventory INT,
    -> Description TEXT,
    -> TypeID INT(4),
    ->PRIMARY KEY(ProductID));
Query OK, 0 rows affected (0.02 sec)
```

在定义表级主键时，可以给主键指定一个名字，也可以不指定。

注意：TEXT 类型列不能指定为主键。

2. 多字段联合主键

在定义数据表时，有的数据表主键是由多个字段构成的，因此，需要定义多字段主键，定义多字段联合主键的语法如下。

```
PRIMARY KEY(col_name_1, col_name_2,…, col_name_n)
```

【例 4-11】 在 Sailing 数据库中创建订单明细表 OrderDetails，该表的主键由 OrderID 和 ProductID 两字段构成联合主键。

```
mysql> CREATE TABLE OrderDetails(
    -> OrderID INT(6),
```

```
    -> ProductID INT(6),
    -> Quantity INT,
    -> BuyPriceCost FLOAT(8,2),
    -> PRIMARY KEY(OrderID,ProductID));
Query OK, 0 rows affected (0.02 sec)
```

4.2.3　外键约束

外键用来在两个表之间建立联系，可以是单字段或多字段。一个表可以有一个或多个外键。外键对应的是参照完整性。

创建外键的语法如下。

[CONSTRAINT <fk_name>] FOREIGN KEY (col_name)
REFERENCES <fathertable_name>(col_name);

【例 4-12】 在 Sailing 数据库中，订购单表 Orders 通过 SupplierID 与 Suppliers 表的 SupplierID 建立联系，通过 EmployeeID 与 Employees 表的 EmployeeID 建立联系，通过 ShipperID 字段与 Shippers 表的 ShipperID 字段建立联系。

```
mysql> CREATE TABLE Orders(
    -> OrderID INT(6),
    -> SupplierID INT(4),
    -> EmployeeID INT(4),
    -> OrderDate DATE,
    -> ShipperID INT(4),
    -> ReceiveDate DATE,
    -> FOREIGN KEY(SupplierID) REFERENCES Suppliers(SupplierID),
    -> FOREIGN KEY(EmployeeID) REFERENCES Employees(EmployeeID),
    -> FOREIGN KEY(ShipperID) REFERENCES Shippers(ShipperID));
Query OK, 0 rows affected (0.03 sec)
```

注意：在创建表时如果要通过外键与主表联系，前提是主表要提前创建成功。

4.2.4　非空约束

非空约束，即要求被约束的字段在输入值时不能为空，如果为空，数据库将报错。非空约束的语法如下。

Col_name datatype NOT NULL

【例 4-13】 创建 Shippers 表，表中的 TelNumber 字段不能为空。

```
mysql> CREATE TABLE Shippers(
    -> ShipperID INT(4) PRIMARY KEY,
    -> CompanyName VARCHAR(20),
    -> TelNumber VARCHAR(20) NOT NULL);
```

```
Query OK, 0 rows affected (0.03 sec)
```

4.2.5 默认值约束

默认值约束，可用来指定某个字段的默认值，在插入新数据时，如果不对该字段赋值，则系统将会用默认值作为该字段的值。默认值约束的语法如下。

```
Col_name datatype DEFAULT defaultvalue
```

【例 4-14】 创建表 Customers，表中 Gender 字段的默认值为"女"。

```
mysql> CREATE TABLE Customers(
    -> CustomerID INT(6) PRIMARY KEY,
    -> Gender CHAR(2) DEFAULT '女',
    -> Name VARCHAR(20),
    -> Birthday DATE,
    -> Level VARCHAR(10)) CHARSET='utf8';
```

注意： 在设置默认值时，如果默认值为汉字，数据库会报错，原因可能是当前数据库的字符集存在问题，可以在创建表后添加 CHARSET 的设置。

4.2.6 自动增值

在数据表中，如果希望在每次插入新记录时，系统自动生成字段的主键值，可以通过 AUTO_INCRENMENT 来实现。

在 MySQL 中，拥有 AUTO_INCREMENT 约束的字段初始值为 1，每插入一条新记录，字段值自动加 1。一个表中只能有一个 AUTO_INCREMENT 约束的字段，它应该是表的主键或主键的一部分。AUTO_INCREMENT 约束对任何整数类型的字段均有效。

AUTO_INCRENMENT 的使用语法为：

```
Column_name datatype AUTO_INCREMENT
```

【例 4-15】 在 Sailing 数据库中创建 Sales 表，SaleID 字段为自动增值型主键。

```
mysql> CREATE TABLE Sales(
    -> SaleID INT PRIMARY KEY AUTO_INCREMENT,
    -> EmployeeID INT(4),
    -> CustomerID INT(6),
    -> SaleDate DATETIME NOT NULL DEFAULT NOW(),
    -> PayMode ENUM('现金','银行卡','支付宝','微信')
    ->)CHARSET="utf8";
Query OK, 0 rows affected (0.03 sec)
```

注意： Sales 表中以 SaleID 字段作为自动增值字段，插入数据时由系统自动插入，该字段为本表的主键。在默认值或 ENUM 字段中值是汉字时，同时如果创建数据库时指定了数据库的字符集为"utf8"或"gbk",则在表创建时不需要指定字符集类型。在创建数据库时指定字符集的方式如下。

```
CREATE DATABASES Sailing DEFAULT CHARSET utf8 COLLATE utf8_general_ci;
```

4.2.7 唯一约束

唯一约束,即限定该字段的值在表中不能重复,与主键有一定的区别,表中主键只能有一个,而唯一约束的字段可以有很多。如 Customers 表中,客户昵称 Name 值希望是唯一的,即可以将该字段添加唯一约束。

创建数据表时设置唯一约束有两种方式:列级唯一约束和表级唯一约束,其语法分别如下。

(1)列级唯一约束

```
Col_name datatype UNIQUE
```

(2)表级唯一约束

```
[CONSTRAINT <constraint_name>] UNIQUE(col_name)
```

表级唯一约束,约束名也可省略。

【例 4-16】 创建 Customers 表,且 Name 字段的值唯一。

```
mysql> CREATE TABLE Customers(
    -> CustomerID INT(6) PRIMARY KEY,
    -> Name VARCHAR(20),
    -> Gender ENUM('男','女'),
    -> BirthDay DATE,Level VARCHAR(10),
    -> UNIQUE(Name));
Query OK, 0 rows affected (0.02 sec)
```

在创建表时,可同时为多个列设置 UNIQUE 约束。

4.3 数据表操作

在数据表创建后,需要查看已经创建的表或表的详细结构等信息。

4.3.1 数据表查看

查看数据表有两种情况,一种是查看已经创建的数据表,另一种是查看数据表的详细结构。

1. 查看已创建的数据表

查看当前数据库中已创建的数据表的语法如下。

```
SHOW TABLES;
```

【例 4-17】 查看数据库 Sailing 中已创建的数据表。

```
mysql> SHOW TABLES;
+---------------------+
| Tables_in_sailing   |
+---------------------+
| customers           |
| employees           |
| orderdetails        |
| orders              |
| products            |
| producttype         |
| saledetails         |
| sales               |
| shippers            |
| suppliers           |
+---------------------+
10 rows in set (0.00 sec)
```

2. 查看表结构

要查看数据表的字段信息，如字段名、字段数据类型、是否为主键、默认值等，可用 DESCRIBE 或 DESC 命令来完成，语法如下。

```
DESCRIBE table_name;
```

【例 4-18】 查看数据表 Sales 的结构。

输入命令，即可查看 Sales 表的结构，如图 4-1 所示。

```
mysql> DESCRIBE Sales;
+------------+------------------------------------------+------+-----+-------------------+----------------+
| Field      | Type                                     | Null | Key | Default           | Extra          |
+------------+------------------------------------------+------+-----+-------------------+----------------+
| SaleID     | int(11)                                  | NO   | PRI | NULL              | auto_increment |
| EmployeeID | int(4)                                   | YES  |     | NULL              |                |
| CustomerID | int(6)                                   | YES  |     | NULL              |                |
| SaleDate   | datetime                                 | NO   |     | CURRENT_TIMESTAMP |                |
| PayMode    | enum('现金','银行卡','支付宝','微信')    | YES  |     | NULL              |                |
+------------+------------------------------------------+------+-----+-------------------+----------------+
5 rows in set (0.01 sec)
```

图 4-1 查看 Sales 表结构

3. 查看创建表的详细结构语句

SHOW CREATE TABLE 语句可用来查看表创建时的 CREATE TABLE 语句，语法如下。

```
SHOW CREATE TABLE <table_name>;
```

【例 4-19】 查看创建数据表 Sales 的语句。

```
mysql> SHOW CREATE TABLE Sales;
*************************** 1. row ***************************
       Table: Sales
Create Table: CREATE TABLE 'sales' (
  'SaleID' int(11) NOT NULL AUTO_INCREMENT,
```

```
'EmployeeID' int(4) DEFAULT NULL,
'CustomerID' int(6) DEFAULT NULL,
'SaleDate' datetime NOT NULL DEFAULT CURRENT_TIMESTAMP,
'PayMode' enum('现金','银行卡','支付宝','微信') DEFAULT NULL,
PRIMARY KEY ('SaleID')
) ENGINE=MyISAM DEFAULT CHARSET=utf8
1 row in set (0.00 sec)
```

由例 4-19 可见，使用 SHOW CREATE TABLE 可查看数据表创建的语法，如字段类型、大小、字符集以及各种约束等。

4.3.2　数据表删除

删除数据表就是将已存在的数据表从数据库中删除。值得注意的是，删除数据表的同时，表的定义和表中所有的数据均会被删除。因此，删除操作一定要谨慎。

在 MySQL 中，使用 DROP　TABLE 可以一次删除一个或多个数据表。删除表的语法如下。

```
DROP TABLE [IF EXISTS] table_name_1, table_name_2,…;
```

在删除数据表时，如果表名列表中有当前数据库中不存在的数据表，数据库会报错，命令不能正常执行。但是，如果在命令中添加了"IF EXISTS"子句，则命令会正常执行，但在命令执行后会有警告信息（Warning）。

1. 删除没有被关联的表

【例 4-20】　删除 Sailing 数据库中的 temp 表。

```
mysql> DROP TABLE temp;
Query OK, 0 rows affected (0.00 sec)
```

2. 删除被其他表关联的主表

数据表之间存在外键关联的情况下，如果直接删除主表，结果会显示失败。原因是如果删除主表，会破坏表之间的参照完整性。如果一定要删除，可先删除子表，然后才能删除主表。如果要保留子表中的数据，就先删除表之间的参照完整性，再删除主表。

删除表间的参照完整性约束，请参看后面的参照完整性约束删除操作。

4.3.3　数据表更名

如果数据表的命名需要修改，可利用 RENAME 来修改表名，语法如下。

```
ALTER TABLE <old_table_name> RENAME [TO] <new_ table_name>;
```

【例 4-21】　将表 Sales 更名为 Sale。

```
mysql> ALTER TABLE Sales RENAME Sale;
Query OK, 0 rows affected (0.01 sec)
```

4.4　修改表结构

数据表创建后，可能会因为需求发生变化，而要对表结构进行修改，MySQL 提供了一系列的表结构修改命令。

4.4.1　修改字段的数据类型

修改字段的数据类型，即将该字段的数据类型转换成另一种数据类型。修改数据类型的语法如下。

```
ALTER TABLE < table_name> MODIFY <col_name> <datatype>;
```

【例 4-22】 将 Employees 表中 Gender 字段的数据类型修改为 ENUM，值为男或女。

```
mysql> ALTER TABLE Employees MODIFY Gender ENUM('男','女');
Query OK, 0 rows affected (0.01 sec)
Records: 0  Duplicates: 0  Warnings: 0
```

注意：如果修改时语法没有错误，但数据库仍报错 "ERROR 1291 (HY000): Column 'Gender' has duplicated value '?' in ENUM"，有可能是因为数据表字符集的问题，可修改数据表字符集。

```
mysql>ALTER TABLE Employees CHARSET="utf8";
```

注意：在修改字段类型时，如果数据表中已有数据，而新的字段类型与原字段中的数据发生冲突，系统会报错。因此在修改数据类型时，一定要预先确定是否与数据表中的数据冲突。

4.4.2　修改字段名

如果数据表中的字段名命名不合适，可进行修改。修改字段名的语法如下。

```
ALTER TABLE < table_name> CHANGE <old_col_name> <new_col_name> <datatype>;
```

在修改字段名时，要求提供新字段的类型；如果字段类型不修改，可按原定义类型书写，且数据类型不能空。

【例 4-23】 在 Employees 表中，有一个字段名 TelName 错误，将它修改为 TelNumber，类型不变。

```
mysql> ALTER TABLE Employees CHANGE TelName TelNumber VARCHAR(20);
Query OK, 0 rows affected (0.03 sec)
Records: 0  Duplicates: 0  Warnings: 0
```

即将字段名修改为 TelNumber，数据类型没有变化。

也可使用 CHANGE 修改字段的数据类型，效果与 MODIFY 相同，只需要保持新、旧字段名相同即可。

4.4.3　添加字段

在表创建后，有可能因为业务需求要添加字段，在添加字段时，应该包括字段名、字段类型和所需的完整性约束，语法如下。

```
ALTER TABLE < table_name > ADD <new_col_name> <datatype>
[constraint] [FIRST | AFTER col_name];
```

说明：表中的 FIRST 或 AFTER 为可选项，FIRST 表示追加的字段添加到表的第 1 列，AFTER 表示追加到指定字段的后面，如果省略，则添加字段位于表的最后列。

【例 4-24】 假设数据库中已存在数据表 Orders，Orders 表结构如图 4-2 所示。要在表的开始添加一个字段 "OrderID"，类型为 INT，自动增值，且该字段为主键。

```
mysql> DESC Orders;
+------------+--------+------+-----+---------+-------+
| Field      | Type   | Null | Key | Default | Extra |
+------------+--------+------+-----+---------+-------+
| SupplierID | int(4) | YES  |     | NULL    |       |
| EmployeeID | int(4) | YES  |     | NULL    |       |
| ShipperID  | int(4) | YES  |     | NULL    |       |
+------------+--------+------+-----+---------+-------+
3 rows in set (0.00 sec)
```

图 4-2　Orders 表的结构

```
mysql> ALTER TABLE Orders ADD OrderID INT(6)
    -> PRIMARY KEY AUTO_INCREMENT FIRST;
Query OK, 0 rows affected (0.02 sec)
Records: 0  Duplicates: 0  Warnings: 0
```

【例 4-25】 在 Orders 表的尾部添加一个字段 "ReceiveDate"，类型为 DATE。

```
mysql> ALTER TABLE Orders ADD ReceiveDate DATE;
Query OK, 0 rows affected (0.05 sec)
Records: 0  Duplicates: 0  Warnings: 0
```

如果不指定新字段的位置，则字段将添加到表的尾部。

【例 4-26】 在 Orders 表的 EmployeeID 字段后添加一个字段 "OrderDate"。

```
mysql> ALTER TABLE Orders ADD OrderDate DATE AFTER EmployeeID;
Query OK, 0 rows affected (0.05 sec)
Records: 0  Duplicates: 0  Warnings: 0
```

完成以上 3 个操作后的表结构如图 4-3 所示。

```
mysql> DESC Orders;
+-------------+--------+------+-----+---------+----------------+
| Field       | Type   | Null | Key | Default | Extra          |
+-------------+--------+------+-----+---------+----------------+
| OrderID     | int(6) | NO   | PRI | NULL    | auto_increment |
| SupplierID  | int(4) | YES  |     | NULL    |                |
| EmployeeID  | int(4) | YES  |     | NULL    |                |
| OrderDate   | date   | YES  |     | NULL    |                |
| ShipperID   | int(4) | YES  |     | NULL    |                |
| ReceiveDate | date   | YES  |     | NULL    |                |
+-------------+--------+------+-----+---------+----------------+
6 rows in set (0.00 sec)
```

图 4-3　添加字段后的 Orders 表结构

4.4.4 删除字段

删除字段，即从指定表中将指定字段移出，同时，该字段中的所有数据和约束，以及与其他表之间的约束关系均被移除，语法如下。

```
ALTER TABLE <table_name> DROP <col_name>;
```

【例4-27】 在 Shippers 表中多了一个字段 ID，要将该字段删除。

```
mysql> ALTER TABLE Shippers DROP ID;
Query OK, 0 rows affected (0.03 sec)
Records: 0  Duplicates: 0  Warnings: 0
```

Shippers 表删除 ID 字段前和删除后的表结构如图 4-4 所示。

图 4-4 删除 Shippers 表中的 ID 字段
a) 删除操作前表结构 b) 删除操作后表结构

4.4.5 修改字段排列顺序

对于一个数据表，在创建时，字段的排列顺序就已经确定了，但表结构中字段的排列顺序是可以进行更改的，语法如下。

```
ALTER TABLE <table_name> MODIFY <col_name_1> <datatype> [FIRST | AFTER
<col_name_2>];
```

在调整表中字段顺序时，可以指定字段的调整位置，需要注意，col_name_1 是指要调整位置的字段，数据类型是 col_name_1 的数据类型，不可省略。FIRST 是指将 col_name_1 列调整到数据表的第一列；如果是 AFTER col_name_2，则是将 col_name_1 列调整到 col_name_2 的后面。

【例4-28】 将 Orders 表中的 ShipperID 字段移至表的最后一列。

```
mysql> ALTER TABLE Orders MODIFY ShipperID INT(4) AFTER ReceiveDate;
Query OK, 0 rows affected (0.03 sec)
Records: 0  Duplicates: 0  Warnings: 0
```

调整后的表结构如图 4-5 所示。

```
mysql> DESC Orders;
+------------+---------+------+-----+---------+----------------+
| Field      | Type    | Null | Key | Default | Extra          |
+------------+---------+------+-----+---------+----------------+
| OrderID    | int(6)  | NO   | PRI | NULL    | auto_increment |
| SupplierID | int(4)  | YES  |     | NULL    |                |
| EmployeeID | int(4)  | YES  |     | NULL    |                |
| OrderDate  | date    | YES  |     | NULL    |                |
| ReceiveDate| date    | YES  |     | NULL    |                |
| ShipperID  | int(4)  | YES  |     | NULL    |                |
+------------+---------+------+-----+---------+----------------+
6 rows in set (0.00 sec)
```

图 4-5　调整字段顺序后的 Orders 表

如果要将 ShipperID 字段调整回到表的第 1 列，命令如下。

```
mysql> ALTER TABLE Orders MODIFY ShipperID INT(4) FIRST;
Query OK, 0 rows affected (0.03 sec)
Records: 0  Duplicates: 0  Warnings: 0
```

4.4.6　修改完整性约束

在数据表创建完成后，如果希望对数据表字段的完整性约束进行修改，如添加约束条件或删除约束条件等，MySQL 提供了相关的操作。

1．添加主键约束

如果表已存在，且之前未对表的主键进行约束，可在修改表时添加主键约束，语法如下。

```
ALTER TABLE <table_name> ADD  [CONSTRAINT  <pk_name>]
PRIMARY KEY(col_name_1, col_name_2,…);
```

【例 4-29】 已创建的表 SaleDetails，没有定义主键，添加主键约束，且该表的主键是由 SaleID 和 ProductID 双字段构成联合主键。

```
mysql> ALTER TABLE SaleDetails ADD CONSTRAINT
    ->PRIMARY KEY(SaleID,ProductID);
Query OK, 0 rows affected (0.05 sec)
Records: 0  Duplicates: 0  Warnings: 0
```

查看添加了主键后的 SaleDetails 表的结构，如图 4-6 所示。

```
mysql> DESC SaleDetails;
+-----------+-----------+------+-----+---------+-------+
| Field     | Type      | Null | Key | Default | Extra |
+-----------+-----------+------+-----+---------+-------+
| SaleID    | int(11)   | NO   | PRI | NULL    |       |
| ProductID | int(6)    | NO   | PRI | NULL    |       |
| Quantity  | int(11)   | YES  |     | NULL    |       |
| Discount  | float(4,2)| YES  |     | NULL    |       |
| SalePrice | float(8,2)| YES  |     | NULL    |       |
+-----------+-----------+------+-----+---------+-------+
5 rows in set (0.00 sec)
```

图 4-6　添加双字段主键后的 SaleDetails 表

2．删除主键约束

如果表中主键约束设置有误，可将主键删除，再进行正确的设置。删除主键的语法如下。

```
ALTER TABLE <table_name> DROP PRIMARY KEY;
```

3．添加外键约束

在修改表时添加外键约束的语法如下。

```
ALTER TABLE < table_name > ADD [CONSTRAINT  <fk_name>]
FOREIGN KEY(col_name) REFERENCES  (father_table_name)(col_name);
```

【例 4-30】 SaleDetails 表中的 SaleID 字段与 Sales 表中的 SaleID 字段连接，ProductID 字段与 Products 表中的 ProductID 连接。

```
mysql> ALTER TABLE SaleDetails ADD CONSTRAINT FK_S_S
    ->FOREIGN KEY(SaleID) REFERENCES  Sales(SaleID),
    ->ADD CONSTRAINT FK_S_P
    ->FOREIGN KEY(ProductID) REFERENCES Products(ProductID);
Query OK, 0 rows affected (0.03 sec)
Records: 0 Duplicates: 0 Warnings: 0
```

如果表中有多个外键，最好为每个外键取一个名字，方便对不同的外键进行连接操作。

4. 删除外键约束

当一个表不需要外键约束时，可以将它删除。删除外键约束的语法如下。

```
ALTER TABLE <table_name> DROP FOREIGN KEY <fk_name>;
```

【例 4-31】 将 SaleDetails 表中的外键 FK_S_S 删除。

```
mysql> ALTER TABLE SaleDetails DROP FOREIGN KEY FK_S_S;
Query OK, 0 rows affected (0.03 sec)
Records: 0 Duplicates: 0 Warnings: 0
```

5. 添加非空约束

在创建表时，如果忘记为某些重要字段设置非空约束，可以在修改表时添加非空约束。添加非空约束的语法如下。

```
ALTER TABLE < table_name > MODIFY <col_name> <datatype> NOT NULL;
```

【例 4-32】 设置 Shippers 表的 CompanyName 字段非空。

```
mysql> ALTER TABLE Shippers MODIFY CompanyName VARCHAR(20) NOT NULL;
Query OK, 0 rows affected (0.03 sec)
Records: 0 Duplicates: 0 Warnings: 0
```

注意：MySQL 数据库中的非空约束不能直接删除，但可以通过将 NOT NULL 修改为 NULL 来实现。

6. 添加默认值

默认值约束可以在创建表时添加，同样也可在修改表时添加。修改表时添加默认值约束的语法如下。

```
ALTER TABLE < table_name > ALTER <col_name> SET DEFAULT defaultvalue;
```

【例 4-33】 设置 Customers 表的 Gender 字段的默认值为 "女"。

```
mysql> ALTER TABLE Customers ALTER Gender SET DEFAULT '女';
Query OK, 0 rows affected (0.02 sec)
Records: 0 Duplicates: 0 Warnings: 0
```

7. 删除默认值

在修改表结构时删除字段默认值的语法如下。

```
ALTER TABLE <table_name> ALTER <col_name> DROP DEFAULT;
```

8. 添加唯一约束

唯一约束有两类，一类是列级唯一约束，另一类是表级唯一约束。添加唯一约束的语法如下。

```
ALTER TABLE < table_name > ADD [CONSTRAINT <constraint_name>] UNIQUE
(col_name);
```

【例 4-34】 在 Suppliers 表中，为防止将供应商的联系电话记录错误，可以将 TelNumber 字段的值设置为唯一。

```
mysql> ALTER TABLE Suppliers ADD UNIQUE(TelNumber);
Query OK, 0 rows affected (0.03 sec)
Records: 0  Duplicates: 0  Warnings: 0
```

在表中可能会碰到多个字段组合值唯一的情况，MySQL 提供了多字段唯一约束，语法如下。

```
ALTER TABLE < table_name > ADD [CONSTRAINT <constraint_name>] UNIQUE
(col_ name_1,col_name_2,…);
```

4.5 表数据编辑

表数据编辑，包括插入、更新和删除等。

4.5.1 插入数据

数据表创建后，可在数据表中插入数据，语法如下。

```
INSERT INTO <table_name> (col_name_1,col_name_2,…,col_name_n) VALUES (value_1,
value_2,…,value_n);
```

注意：在插入数据时，如果数据表中的所有字段均要输入值，则可以不指定字段名，但一定要注意输入值的顺序与表中字段列的顺序一致。同时还要注意值的数据类型与字段类型也必须一致。如果字段类型不一致，插入数据会失败，MySQL 会报错误信息。

【例 4-35】 在 Shippers 表中插入数据。

```
mysql> INSERT INTO Shippers VALUES(1,'宏福公司','010-88334458');
Query OK, 1 row affected (0.00 sec)
```

如果只希望插入数据表中部分字段的值，则必须指定要插入的字段列表，同时，值列表的顺序要与字段列表一致。

```
mysql> INSERT INTO Shippers(CompanyName,ShipperID) Values('扬天货运公司
','2');
      Query OK, 1 row affected (0.00 sec)
```

由上例可见，在插入数据时，如果指定要插入的字段列表，其顺序可以与原数据表的顺序不一致，只要值列表与之对应即可。

查看已插入的数据，如图 4-7 所示。

注意：在插入部分数据时，部分数据中一定要包括主键字段和非空字段的值，否则数据不能插入。

如果一次要插入多条数据，语法如下。

```
mysql> SELECT * FROM Shippers;
+----------+-------------+-------------+
| ShipperID | CompanyName | TelNumber   |
+----------+-------------+-------------+
|        1 | 宏福公司    | 010-88334458 |
|        3 | 宏福公司    | 010-88334458 |
|        2 | 扬天货运公司 | NULL         |
+----------+-------------+-------------+
3 rows in set (0.00 sec)
```

图 4-7　插入数据后的 Shippers 表

```
INSERT INTO <table_name> (col_name_1, col_name_2,…,col_name_n)
 VALUES(value_1,value_2,…,value_n),(Value_1,value_2,…,value_n),…,
 (value_1,value_2,…,value_n);
```

即每条记录之间用逗号分隔。

4.5.2　修改数据

在发现表中数据有误时，可进行修改。MySQL 使用 UPDATE 语句修改数据，UPDATE 语句允许 WHERE 子句限定修改数据的条件，语法如下。

```
UPDATE <table_name> SET col_name_1=value_1, col_name_2=value_2,…,
col_name_n=value_n  [WHERE <condition>]
```

【例 4-36】　Shippers 表中 ShipperID 值为 2 的记录，缺少电话号码，将电话号码补齐。

```
mysql> UPDATE Shippers SET TelNumber="020-64384634" WHERE ShipperID=2;
Query OK, 1 rows affected (0.00 sec)
Rows matched: 1 Changed: 1 Warnings: 0
```

注意：在修改数据时，切记指定要修改记录的条件，如果没有条件，则表中所有数据的值均被修改，而且不可逆，因此在修改数据时，一定要谨慎。

4.5.3　删除数据

MySQL 使用 DELETE 语句从数据表中删除数据。在 DELETE 语句中，支持 WHERE 子句限定删除的条件，语法如下。

```
DELETE FROM <table_name> [WHERE <condition>];
```

【例 4-37】　在 Shippers 表中，宏福公司的数据被重复记录，将 ShipperID 为 3 的记录从数据表中删除。

```
      mysql> DELETE FROM Shippers WHERE
ShipperID=3;
      Query OK, 1 row affected (0.00 sec)
```

```
mysql> SELECT * FROM Shippers;
+----------+-------------+-------------+
| ShipperID | CompanyName | TelNumber   |
+----------+-------------+-------------+
|        1 | 宏福公司    | 010-88334458 |
|        2 | 扬天货运公司 | 020-64384634 |
+----------+-------------+-------------+
2 rows in set (0.00 sec)
```

修改完成后的数据表 Shippers，如图 4-8 所示。

图 4-8　删除数据后的 Shippers 表

4.6 工具平台中的数据表

以在已创建好的数据库 Sailing 中创建数据表为例,介绍在 phpMyAdmin 工具平台中实现表的创建、修改和数据插入及修改等操作。

4.6.1 数据表的创建

在 phpMyAdmin 的工具平台中,可以直接在指定数据库中创建数据表。在选定的数据库中单击"新建"按钮,即可在右侧工作区中出现"新建表"的工作界面,指定表的字段数后,将出现指定的字段数;按照表结构顺序,将字段名、字段类型和宽度等依次输入到表中,即可完成数据表的创建。

【例 4-38】 在 Sailing 数据库中创建数据表 Products。

首先,创建数据库 Sailing,选择"排序规则"为"utf8_general_ci"。在数据库中首先创建数据表:Products,表中有 8 个字段,结构参见附录。逐一输入各个字段,并设置相关数据类型及长度,具体操作如图 4-9 所示。

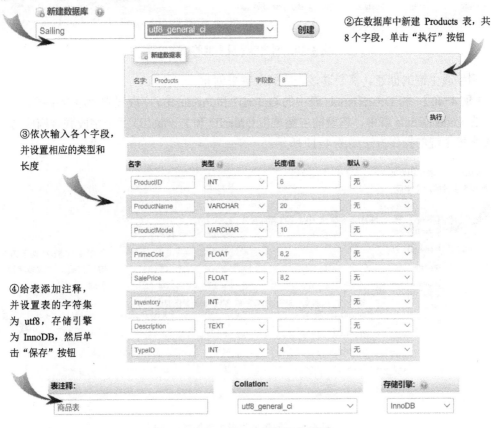

图 4-9 创建 Products 表的操作过程

单击"保存"按钮后,数据表被保存到 Sailing 数据库中,且自动转入 Products 表的结构界面。

1. 创建主键

每个数据表都要有一个主键，在表结构界面可对表的主键进行设置。表的主键有两类：单字段主键和多字段联合主键。

【例4-39】 将 Products 表的 ProductID 字段设置为主键。

Products 表中的 ProductID 字段为主键，即单字段主键，在结构界面单击该字段右侧的主键按钮即可进行主键设置。具体操作如图4-10所示。

图4-10 创建单字段主键的操作过程

多字段主键的创建，需要通过表级的主键来创建。

【例4-40】 将 OrderDetails 表中的 OrderID 和 ProductID 字段设置为组合主键。

在 OrderDetails 表中，该表的主键是由 OrderID 和 ProductID 两个字段联合构成的。要创建多字段主键的操作方法如图4-11所示。

图4-11 创建多字段主键的操作过程

如上操作所示，创建主键后，主键字段右侧的主键按钮为金色，表示主键创建成功。

2．设置自动增值字段

自动增值字段，在数据表中通常会作为主键来使用，创建自动增值的字段，只需要选中该字段右侧的"A_I"列的复选框即可。

3．设置默认值

在定义字段时，可以同时定义字段的默认值。即在定义字段时，在"默认"列单击，在列表中有 4 个选项：无、定义、NULL 和 CURRENT_TIMESTAMP。系统默认的是无，如果字段类型是 DATETIME 时，可选择 CURRENT_TIMESTAMP，自动插入系统时间；如果要指定值，则选择"定义"选项，会在下方出现一个文本框，输入定义值即可。但要注意的是，所提供的默认值的数据类型应与字段类型一致。

4．空值约束

在设计视图下，系统默认的字段是非空约束的，如果允许该字段值为空，可在"空"列选中复选框。

5．唯一约束

如果要对某一个字段或多字段组合设置唯一值，需要在表创建后的结构视图中，选中要设置为唯一值的字段，单击其右侧操作列表中的"唯一"按钮，即可完成设置。也可在字段左侧选中该要设置为唯一值的字段或多个字段，然后，单击下方的"唯一"按钮，即可将该字段或字段组合的取值设置为唯一。

如 Suppliers 表中，如果每个供应商只有一个记录，则可对 CompanyName 字段设置唯一值，可在 Suppliers 表结构视图下，单击 CompanyName 字段右侧操作列的"唯一"按钮，也可选中 CompanyName 字段左侧的复选框，再单击下方"选中项"列表中的"唯一"按钮，在弹出的"确认"对话框中单击"确认"按钮，完成唯一值设定。同时，该字段操作列中的"唯一"按钮变成灰色，且该字段名右侧出现一个金色的钥匙标志。

4.6.2　表结构的修改

在 phpMyAdmin 工具平台中，也可对表结构进行修改。

1．修改字段属性

在表结构界面，选中要修改的字段，单击其右侧操作列中的"修改"按钮，自动切换至修改环境，即可对字段的属性、大小等进行修改，也可修改字段名。

【例 4-41】 修改 Employees 表的 Gender 字段的数据类型为 VARCHAR（2）。

在 Employees 的表结构视图下，选中 Gender 字段，单击"修改"按钮进行修改。具体操作如图 4-12 所示。

单击"保存"按钮，完成修改操作。

2．移动字段排列位置

在表设计完成后，如果对字段的排列顺序不满意，phpMyAdmin 工具提供了调整字段排列顺序的工具。

【例 4-42】 将 Orders 表的 ReceiveDate 字段调整到 ShipperID 字段之前。

调整表中字段的顺序，应该在结构视图中完成，具体操作过程如图 4-13 所示。

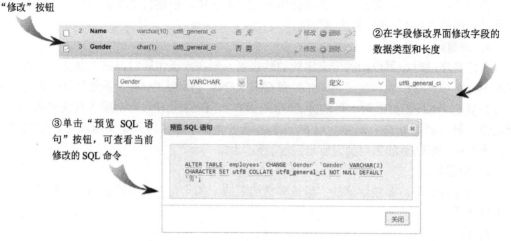

①选中 Gender 字段，单击右侧的"修改"按钮

②在字段修改界面修改字段的数据类型和长度

③单击"预览 SQL 语句"按钮，可查看当前修改的 SQL 命令

图 4-12　修改 Gender 字段数据类型的操作过程

①在左侧结构树中选中 Orders 表，并切换至"结构"视图

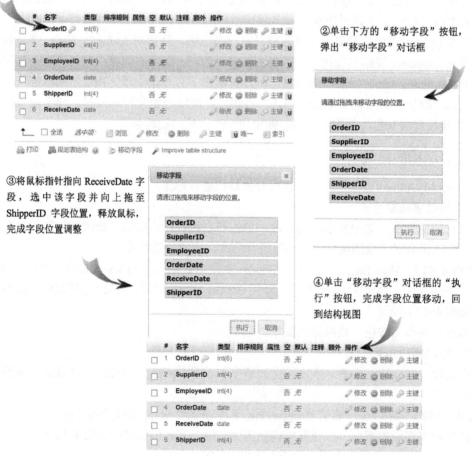

②单击下方的"移动字段"按钮，弹出"移动字段"对话框

③将鼠标指针指向 ReceiveDate 字段，选中该字段并向上拖至 ShipperID 字段位置，释放鼠标，完成字段位置调整

④单击"移动字段"对话框的"执行"按钮，完成字段位置移动，回到结构视图

图 4-13　调整字段顺序的操作过程

4.6.3 数据表的操作

在 phpMyAdmin 工具平台中,要查看当前数据库中的数据表,只需要在左侧的数据库目录树中单击要查看的数据库名,即可在右侧工作区中显示当前数据库的所有数据表及相关信息,如图 4-14 所示。

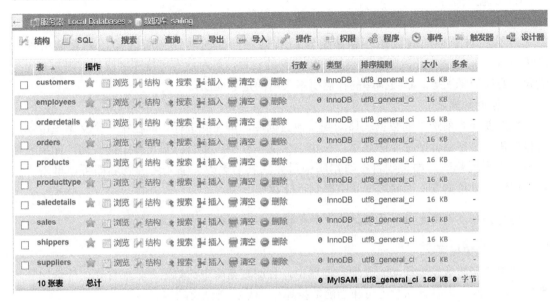

图 4-14 Sailing 数据库中的数据表

在该视图下,可以单击表左侧的复选框,选中该表,也可单击表右侧操作列表中的相关操作,如删除、插入、切换到结构、浏览表数据等操作。

在 phpMyAdmin 的工具平台中,选中某个数据表,单击工作区上方的"操作"按钮,切换到工作表的操作界面,如图 4-15 所示。

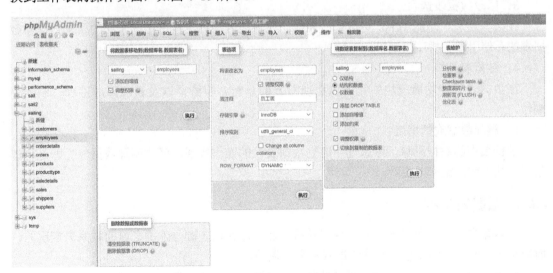

图 4-15 数据表操作界面

在数据表的操作界面，包括5大功能区域。

1）数据表移动。

2）数据表选项设置。

3）复制数据表。

4）数据表维护。

5）删除数据或数据表。

当然，对于不同的数据库存储引擎，数据表操作的功能有所区别，如存储引擎为 MyISAM 时，功能中还包括更改表的排序依据的设置，可对所有可排序字段的排序方式进行设置，升序或降序等。本数据库的存储引擎采用的是 InnoDB。

1. 移动数据表

如果要将当前选中的数据表移动到其他数据库，可在此进行，即在第一个文本框中单击下拉按钮，选中目标数据库的名称，在第二个文本框中设置目标数据库中的表名，如果表名不变即不需要修改，如果到目标数据库中后要求表名更改，输入新的表名即可，单击"执行"按钮，该数据表从当前数据库中移到目标数据库中。

注意：移动数据表后，原数据库中的数据表不再存在。

2. 复制数据表

如果希望将数据表移动到其他数据库中，且原数据库中的数据表依然存在，应该用复制数据表的功能，而且该功能还可在当前数据库中为数据表创建副本。

在复制数据表时，有3个选项，分别如下。

● 仅结构，即只复制当前数据库的表结构，数据不会被复制。

● 结构和数据，会将表的结构和数据一起复制到目标位置，即创建一个表的副本。

● 仅数据，该选项只是将一个表中的数据复制到另一个同结构的表中，要求目标表的结构与当前表相同，否则复制会失败。

3. 修改数据表选项

在数据表选项功能块中，可以更改表名、添加表的注释，也可根据系统的要求，调整数据表的存储引擎、排序规则等。

4. 数据表维护

在数据表维护功能模块中，可以实现对表的分析、检查，以及表的碎片整理、刷新等操作。

5. 删除数据或数据表

数据表中的数据删除，可通过"清空数据表"的操作实现，而"删除数据表"即是将该数据表从当前数据库中删除。

4.6.4 数据表关系

数据库中数据表和数据表之间存在联系，通常是通过主键与外键之前的联系来实现的，而数据表之间的参照完整性也是通过联系来实现的。

在 phpMyAdmin 工具平台中添加外键，必须要具备3个条件。

1）使用 InnoDB 引擎。

2）必须建立索引。

3）父键必须是主键（或唯一值），子键的表中数据必须完全满足外键约束（即父键表中有相应数据）。

这里，以 Sailing 数据库中的 Orders 和 OrderDetails 表之间的关系为例，介绍如何建立数据表之间的连接关系。

1．为外键创建索引

Orders 与 OrderDetails 表之间的联系，是以 Orders 表中的 OrderID 字段作为父键，OrderDetails 表中的 OrderID 字段作为外键，建立的联系。

【例 4-43】 为 OrderDetails 表中的 OrderID 字段创建索引。

对 OrderDetails 表中的 OrderID 字段创建索引，可在表结构视图下进行。具体操作如图 4-16 所示。

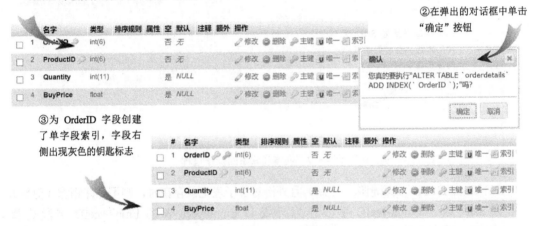

图 4-16　为 OrderID 字段设置索引

2．创建联系

在对外键创建索引后，切换至表结构视图，在字段列表上方出现"关联视图"按钮，单击该按钮，即可进入外键约束的设置界面。在该界面中，可设置外键的名称，如果不设置，系统会自动为其编号；选择外键字段，在数据库列表框中默认选择当前数据库，单击右侧的表列表框的下拉按钮，在下拉列表中选择父表名，如果父表只有一个唯一值字段，则系统会自动显示其字段名，在左侧可设置删除和修改父表数据时外键的约束规则，设置完成后单击"保存"按钮，完成设置。

【例 4-44】 创建 OrderDetails 表与 Orders 表的联系。

具体操作如图 4-17 所示。

ON DELETE、ON UPDATE 各选项说明如下。

● RESTRICT：父表删除（更新）且外键对应子表记录存在时，则不允许删除（更新）。

● CASCADE：父表删除（更新）时，外键对应子表记录同时删除（更新）。

● SET NULL：父表删除（更新）时，外键对应子表记录同时置为 NULL（必须允许为 NULL）。

①切换到 OrderDetails 表的结构视图，单击"关联视图"按钮

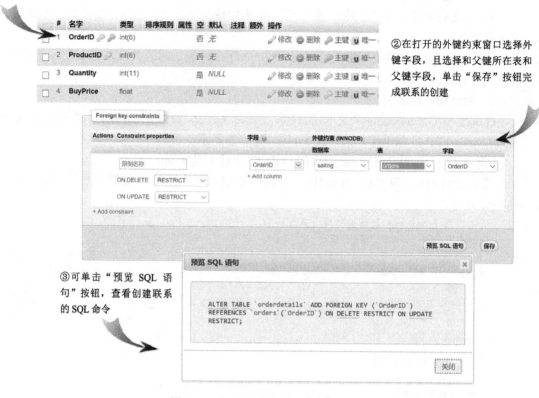

②在打开的外键约束窗口选择外键字段，且选择和父键所在表和父键字段，单击"保存"按钮完成联系的创建

③可单击"预览 SQL 语句"按钮，查看创建联系的 SQL 命令

图 4-17　创建表联系的操作过程

● NO ACTION：父表删除（更新）且外键对应子表记录存在时，则不允许删除（更新）。

如 Sales 表，EmployeeID 字段作为外键与 Employees 表的 EmployeeID 字段连接，CustomerID 字段作为外键与 Customer 表的 CustomerID 字段建立连接，需要为 EmployeeID 字段和 CustomerID 字段创建索引，然后分别与两个表的相关字段建立连接，如图 4-18 所示。

图 4-18　Sales 表的关联关系视图

按照相同的方式，可以对整个 Sailing 数据库中相关数据表进行关联。

3．数据库关联结构

在 phpMyAdmin 工具平台中，单击左侧数据库目录中的 Sailing 数据库，在右侧工作区中将显示整个数据库的列表，在上方的工具行中单击"设计器"按钮，即可查看 Sailing 数据库中数据表之间的关联关系，结果如图 4-19 所示。

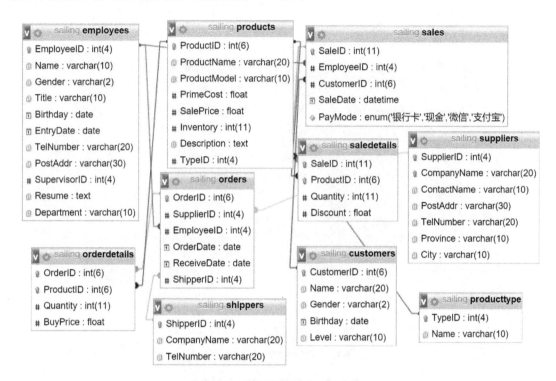

图 4-19 Sailing 数据库的关联关系

4.6.5 输入数据

创建好数据表后，就可以往数据表中输入数据了。在 phpMyAdmin 工具平台中输入数据有两种方式：一种是直接在表中一条一条地插入数据，另一种是直接将数据从其他数据表或文档中导入。

1．插入数据

在 phpMyAdmin 工具平台中插入数据，先在左侧数据库目录中选中要插入数据的数据表，此时右侧工作区为数据表的浏览状态。单击工作区上方的"插入"按钮，即可对数据表进行数据插入。

【例 4-45】 在 Employees 表中插入一条记录。

具体操作过程如图 4-20 所示。

在插入界面逐一将数据输入到相应的字段中，单击"执行"按钮，将输入的数据保存到数据表中，同时，工作区界面切换到 SQL 语句界面，即可显示当前输入字段的 SQL 语句。

图 4-20 在数据表中插入数据操作

在插入数据时，可以一次插入一条记录，单击"执行"按钮保存数据后再插入新的数据；也可在工作区下方选择要插入的记录条数，输入完成后再单击"执行"按钮，将所有记录保存到数据表中。

切换至"浏览"界面，工作区中将显示所有已保存到数据表中的记录，如图 4-21 所示。

	EmployeeID	Name	Gender	Title	Birthday	EntryDate	TelNumber	PostAddr	SupervisorID	Resume	Department
编辑 复制 删除	1	王冰	男	总经理	1976-04-03	2005-07-08	13927832831	北京市朝阳区霞光里32号	NULL	毕业于北京大学，一直从事销售管理和市场营销工作，爱好运动，喜好摄影、书法和排球。	总经理办公室
编辑 复制 删除	2	周军	男	销售部经理	1988-10-03	2010-09-01	13982328742	北京市海淀区万寿寺大街87号	1	毕业于中央财经大学，一直从事市场营销工作，具有多年的销售管理经验。个人爱好书法、摄影等。	销售部

图 4-21 Employees 表中所有已保存的数据

2. 批量导入数据至数据库

向数据库中导入数据有两种方式，一种是将存放在磁盘中的由 MySQL 导出的扩展名为.sql 的数据表导入至数据库中，另一种是将扩展名为.cvs 的数据表中的数据导入现有数据表。

【例 4-46】 将 customers.sql 导入 temp 数据库。

首先，选中目标数据库 temp，在右侧工作区上方单击"导入"选项卡，单击"浏览"按钮，在打开的对话框中选中要导入的文件，具体操作如图 4-22 所示。

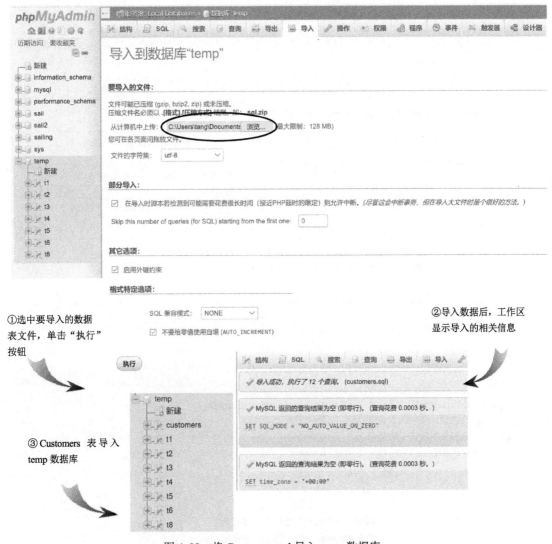

图 4-22　将 Customers.sql 导入 temp 数据库

【例 4-47】 将 Shippers.cvs 导入 temp 数据库。

在"导入"选项卡中，选中要导入的数据文件，数据表中数据被导入数据库中后，MySQL 会自动为数据表命名，而且每列会自动用 col1、col2……命名。可修改被导入的数据表表名、表结构，将字段名、数据类型等按照原表结构进行修改。图 4-23 所示为导入 Shippers.cvs 后在 temp 数据库中进行的相关操作。

①选中 temp 数据库，在"导入"选项卡中，选中 Shippers.cvs 文件，单击
"执行"按钮，将 Shippers 表导入 temp 数据库

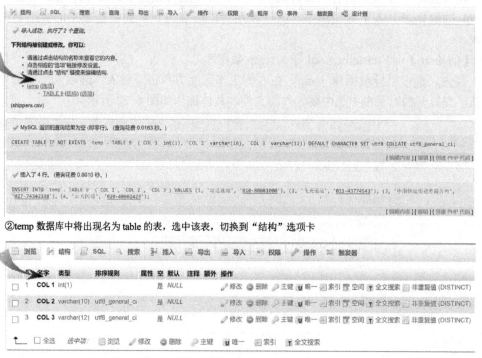

②temp 数据库中将出现名为 table 的表，选中该表，切换到"结构"选项卡

③单击 COL1 字段所在行的"修改"按钮，修改该字段，将字段名修改为
"ShipperID"，字段长度调整为 4，单击"保存"按钮完成修改

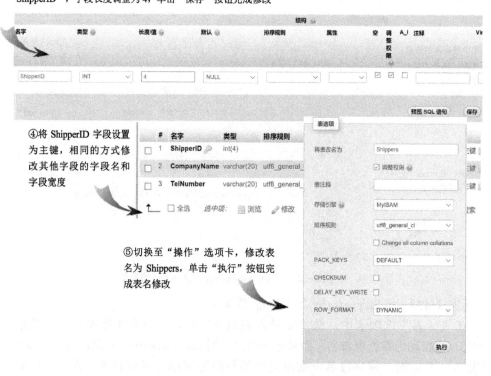

④将 ShipperID 字段设置
为主键，相同的方式修
改其他字段的字段名和
字段宽度

⑤切换至"操作"选项卡，修改表
名为 Shippers，单击"执行"按钮完
成表名修改

图 4-23　将 Shippers.cvs 导入 temp 数据库

习题

1. 单选题

（1）若使用如下 SQL 语句创建一个 student 表：

CREATE TABLE student(NO C(4) NOT NULL，NAME C(8) NOT NULL，SEX C(2)，AGE N(2))

以下 SQL 语句中，能够正常执行的是_____。

    A．INSERT INTO student VALUES ('1001'，'张冰'，男，23)

    B．INSERT INTO student VALUES ('1001'，'张冰'，NULL，NULL)

    C．INSERT INTO student VALUES (NULL，'张冰'，'男'，'23')

    D．INSERT INTO student VALUES ('1001'，NULL，'男'，23)

（2）以下数据类型中，不属于 SQL 中常用数据类型的是_____。

    A．INT   B．VAR   C．TIME   D．CHAR

（3）在数据表中，可以删除字段列的指令是_____。

    A．ALTER TABLE…DELETE

    B．ALTER TABLE…DELETE COLUMN…

    C．ALTER TABLE…DROP…

    D．ALTER TABLE…DROP COLUMN…

（4）SQL 语句中，用于修改表结构的命令是_____。

    A．MODIFY TABLE   B．MODIFY STRUCTURE

    C．ALTER TABLE   D．ALTER STRUCTURE

（5）数据表中，可修改字段数据类型的指令是_____。

    A．ALTER TABLE…ALTER COLUMN

    B．ALTER TABLE…MODIFY COLUMN…

    C．ALTER TABLE…UPDATE…

    D．ALTER TABLE…UPDATE COLUMN…

（6）下列有关数据表的说法，正确的是_____。

    A．一个数据库只能包含一个数据表

    B．一个数据库可以包含多个数据表

    C．一个数据库只能包含两个数据表

    D．一个数据表可以包含多个数据库

（7）在 student 表中执行如下操作：UPDATE student SET NAME='李平' WHERE NO='2001'，该操作的功能是_____。

    A．添加一个姓名叫李平的记录

    B．删除姓名叫李平的记录

    C．返回姓名叫李平的记录

D．更新学号为 2001 的学生姓名为李平

（8）执行如下操作：DELETE FROM student where NO="1001"，该操作的功能是_____。

A．添加一条记录　　　　　　B．删除一条记录

C．修改一条记录　　　　　　D．查询记录

2．填空题

（1）创建数据表的 SQL 命令是_____。

（2）在日期时间类型数据中，要表示年月日，通常用_____表示，表示时分秒，通常用_____表示，时间戳是_____。

（3）创建数据表时，使用_____关键词，使当前建立的表为临时表。

（4）要设置数据表中的一个整型字段的数据为自动增值，可使用的关键字是_____。

（5）删除数据表中字段列的关键字是_____。

（6）在 SQL 中，通常使用_____值来表示当前字段没有值，为空。

（7）要为 student 表添加一个字段"简历"，数据类型为 text，不允许为空，可使用的命令是_____。

（8）若要删除当前数据库中已经存在的表 S，SQL 命令是_____。

3．简答题

（1）MySQL 数据表中字段允许的数据类型有哪些？各自用于存放什么类型的数据？

（2）在 MySQL 数据表中，有哪些约束？各自对数据产生什么影响？

（3）创建一个病房管理数据库，在该数据库下创建如下 4 个表。

字段名	字段类型	约束	备注
科室			
科室编号	INT(2)	主键	
科室名	VARCHAR(20)		
科室地址	VARCHAR(30)		
科室电话	VARCHAR(20)		
科室主任	VARCHAR(10)		
床位			
床位号	CHAR(10)	主键	
病房号	CHAR(10)		
所属科室	INT(2)		来源于科室编号
医生			
工作证号	INT(10)	主键	
姓名	VARCHAR(10)		
性别	ENUM		男、女
职称	VARCHAR(10)		
所属科室	INT(2)		
出生日期	DATE		

字段名	字段类型	约束	备注
病人			
病例号	INT	主键	AUTO_INCREMENT
姓名	VARCHAR(10)		
性别	ENUM		男、女
主管医生	INT(10)		来源于医生的工作证号
床位号	CHAR(10)		来源于床位的床位号

（4）建立科室、床位、医生和病人4个表之间的关联关系。

（5）为4个数据表各输入5条自编数据，注意自编数据应该满足相关数据表结构的所有要求。

第5章 索　引

索引是数据库的一个重要概念，也是 MySQL 数据库的重要对象。索引的目的是为了快速查找到某一个指定字段的值所在的行。如果没有索引，数据库只能从第一条记录开始顺序地查找，直到字段指定值所在的记录，查找效率低下。因此，创建索引是优化数据库查询的一个重要方式。

在本章主要介绍两种方式进行索引操作：命令窗口和工具平台。

学习目标

➢ 了解索引的基本原理和分类

➢ 掌握索引的创建方法

➢ 掌握索引的添加和删除方法

5.1　概述

在关系数据库中，索引是一种独立存在的，对数据库表中一列或多列的值进行排序的一种存储结构。通俗地说，数据库中的索引类似词典的索引，当需要查找某个词语时，首先查找索引，因为索引是有序的，能够快速地找到，当在索引中找到需要查找的词语后，便能快速找到该词语所在的页，以及需要的内容。由于索引比词典要小得多，因此，查找时的效率就会大许多。

索引提供指向存储在表的指定列中的数据值的指针，根据指定的排序顺序对指针排序。数据库使用索引找到特定值，然后通过指针找到包含该值所在的行。

当表中有大量记录时，若要对表进行查询，第一种搜索信息方式是全表搜索，即将所有记录均取出，和查询条件进行对比，返回满足条件的记录，这样做会消耗大量数据库系统时间，并造成大量磁盘 I/O 操作；第二种就是在表中建立索引，在索引中找到符合查询条件的索引值，通过保存在索引中的指针快速找到表中对应的记录。

MySQL 中几乎所有数据类型都可进行索引，但不同存储引擎的索引方式不尽相同，有的存储引擎不一定支持所有的数据类型，相关的规则请查看 MySQL 的帮助手册。

5.1.1　索引的特点

索引提高了数据查询的效率，但索引带来的不都是效率。过多的索引也会造成数据库维护的低效率。

1. 索引的优点

1）通过创建唯一索引，可以保证数据库表中每一行数据的唯一性。

2）可提高数据查询速度，这也是索引创建最主要的原因。

3）创建索引，可以实现数据的参照完整性，即只有创建索引后，字段才能成为外键，才能实现表之间的关联，进而实现参照完整性。

4）在使用分组和排序查询时，索引会提高分组和排序的速度。

2. 索引的缺点

1）创建和维护索引需要耗费时间，随着数据量的增加所耗费的维护时间也会同时增加，并且在对数据表进行数据的插入、修改和删除时，系统同样需要维护相关的索引，这样会造成数据维护的效率低下。

2）索引单独存储在存储设备中，占据存储空间。当数据表打开时，索引也会同时打开，同样会占据内存空间，过多的索引，占用的存储空间有可能超过数据表本身，耗费系统资源。

3. 创建索引的原则

由于索引存在各种优缺点，因此，在创建索引时，应该遵循一些规则以扬长避短。

1）索引并非越多越好，过多的索引，会造成存储空间和内存空间的浪费，使数据维护的效率低下。

2）避免对要经常更新的表建立过多的索引，且索引字段要尽量少。

3）数据量少的表，可以不建立索引，因为较少的数据量，查询速度也很快。

4）在数据表中不同的值较多的字段上建立索引，而值较少的字段上不用建立索引。如 Employees 表中的 Gender 字段，值只有"男"和"女"两个值，没有必要建立索引，如果建立索引，不仅不会提高查询的速度，还会降低数据更新的速度。

5）如果某个字段的值具有唯一性，则尽量采用唯一索引，不仅可以提高查询速度，而且还能检查数据的唯一性。

6）当表的修改（UPDATE、INSERT、DELETE）操作远远大于检索（SELECT）操作时不应该创建索引。

7）在进行频繁分组和排序的字段或字段组合上建立索引或组合索引，能提高效率。

5.1.2 索引的分类

MySQL 索引可以根据不同内容分为如下几种类型。

1. 普通索引和唯一索引

普通索引是 MySQL 中最基本的索引类型，允许在索引的列中插入空值或重复值。

唯一索引要求索引列的值是唯一的，但允许有空值。如果是组合索引，则列的组合必须唯一。

主键是一种特殊的唯一索引，不但要求值唯一，而且非空。

2. 单字段索引和多字段索引

单字段索引，即索引只包含单个字段，一个表允许有多个单字段索引。

多字段索引是指在表的多个字段组合上创建索引，这类索引只有在查询条件中使用了该组合字段的值时，索引才能被使用。

3. 全文索引

全文索引类型为 FULLTEXT，在定义索引的字段上支持值的全文查找，允许在这些索引字段中插入重复值和空值。全文索引可以在 CHAR、VARCHAR 或 TEXT 类型字段上建立。MySQL 中只有 MyISAM 存储引擎支持全文索引。

4．空间索引

空间索引是对空间数据类型的字段建立的索引。MySQL 数据库中，空间索引只能在 MyISAM 存储引擎的数据库中建立。

5.1.3　查询的基本原理

前面简单介绍了索引的特点和分类，本节简单介绍查询的基本原理，帮助读者了解索引在数据库中是如何实现的，是如何快速找到要查找的目标记录，以及索引对于系统资源有何影响。

索引的目的是提高查询的效率，即通过不断地缩小想要获取数据的范围来筛选出最终想要的结果，同时把随机事件变成顺序事件，即索引机制可以总是使用同一种查找方式来锁定数据。

同时，数据库的查询要复杂得多，不仅有等值的查询，同时，还会涉及范围的查询，如 BETWEEN……IN、IN、>、<、>=、<=，以及 LIKE 模糊查询等。

查询是数据库最重要的功能之一，实现数据快速查询的方法如下。

1．顺序查询（Liner Search）

最基本的查询算法是顺序查询，即从第一条记录开始，对比每个条件字段的方法，这种算法在数据量很大时效率极低。

数据结构：有序或无序队列。

复杂度：O(N)。

2．二分法查询（Binary Search）

二分法查询，即是对查询字段的值进行排序，然后在有序数列中进行查询。这里以升序为例，将查询字段值与有序数列的中间值进行比较，如果正好中间值与之相等，则查找结束；如果比中间值小，则在前半序列查找，否则，在在后半序列中查找。

数据结构：有序队列。

复杂度：O(logN)。

3．二叉树查询（Binary-Tree Search）

二叉排序树的特点如下

1）若它的左子树不空，则左子树上所有结点的值均小于它的根结点的值。

2）若它的右子树不空，则右子树上所有结点的值均大于它的根结点的值。

3）它的左、右子树也分别为二叉排序树。

二叉树查询的方法如下。

1）若二叉树是空树，则查找失败。

2）若查找值等于二叉树根结点的数据域之值，则查找成功。

3）若查找值小于二叉树根结点的数据域之值，则搜索左子树，否则，查找右子树。

数据结构：二叉排序树。

时间复杂度：$O(\log_2 N)$。

4．哈希表

首先根据键值和哈希函数创建一个哈希表（散列表），然后根据键值，通过哈希函数，定位查找的记录所在位置。

数据结构：哈希表

时间复杂度：几乎是 O(1)，取决于产生冲突的多少。

5．分块查询

分块查询又称索引顺序查询，它是顺序查询的一种改进方法，其基本特点如下。

1）将 N 个数据元素"按块有序"划分为 m 块（m ≤ N）。

2）每一块中的结点不必有序，但块与块之间必须"按块有序"。即第 1 块中任一元素的关键字都必须小于第 2 块中任一元素的关键字；而第 2 块中任一元素又都必须小于第 3 块中的任一元素。

3）选取各块中的最大关键字构成一个索引表。

分块查询的原理如下。

1）先对索引表进行二分法查询或顺序查询，以确定待查记录在哪一块中。

2）在已确定的块中使用顺序查询。

算法的复杂度：$O(\sqrt{N})$

6．平衡多路树（Balance Tree）

二叉树查询的时间复杂度是 $O(\log_2 N)$，查找的效率取决于树的深度，如果树的深度深，则效率低。若要提高查找效率，则必须要降低树的深度。平衡多路树（也称 B 树）是根据以上思路建立的。

B 树（Balance Tree）又叫作 B-树，B-树的每个结点都是一个二元数组[key, data]，所有结点都可以存储数据。key 为记录的键值，data 表示其他数据。

以一个 key 为数值的表为例，B-树的基本结构如图 5-1 所示。

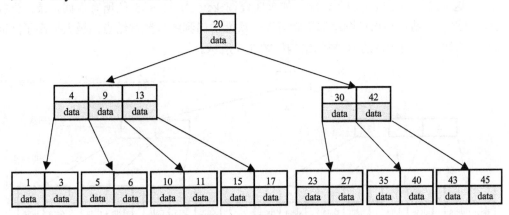

图 5-1　B-树的基本结构

图 5-1 中结点的上方框中为键值 key，下方框中为数据 data。

B-树查询的原理为：首先从根结点进行二分法查询，如果找到则返回对应结点的 data，否则对相应区间的指针指向的结点递归进行查找，直到找到结点或未找到结点返回 NULL 指针。

B-树查询的缺点为：插入与删除新的数据记录会破坏 B-树的性质，因此在插入与删除数据时，需要对树进行一个分裂、合并、转移等操作以保持 B-树性质。另外，B-树查询还会造成 IO 操作频繁，原因是区间查找可能需要返回上层结点重复遍历。

7. B+树（B-树的变形）

B-树有许多变形，其中最常见的是 B+Tree。与 B-Tree 相比，经典 B+Tree 有以下不同点。

1）每个结点的指针上限为 2d 而不是 2d+1。

2）内结点不存储 data，只存储 key。

3）叶子结点不存储指针。

B+树结构如图 5-2 所示。

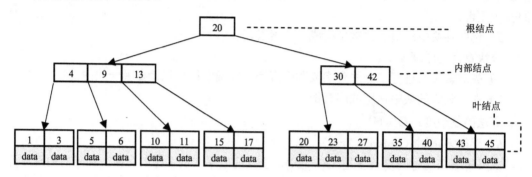

图 5-2　B+树结构

8. 带顺序访问指针的 B+树

MySQL 中的 B+树，是在经典 B+Tree 的基础上进行了优化，增加了顺序访问指针。在 B+Tree 的每个叶子结点增加一个指向相邻叶子结点的指针，就形成了带有顺序访问指针的 B+Tree。这样就提高了区间访问性能：如果要查询 key 为 11～35 的所有数据记录，当找到 11 后，只需顺着结点和指针顺序遍历就可以一次性访问到所有数据结点，极大提高了区间查询效率。带顺序访问指针的 B+树的结构如图 5-3 所示。

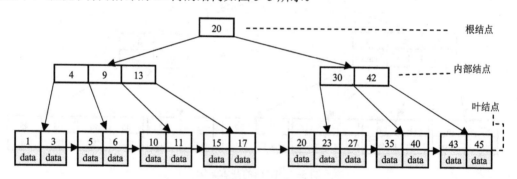

图 5-3　带顺序访问指针的 B+树结构

5.1.4　MySQL 的索引

在 MySQL 中，索引属于存储引擎级别的概念，不同存储引擎对索引的实现方式不同，下面做一个简单的介绍。

1. MyISAM 的索引实现

MyISAM 引擎采用非聚簇索引。索引文件和数据文件分离，索引文件仅保存数据记录的指针地址；叶子结点 data 域存储指向数据记录的指针地址。

MyISAM 索引按照 B+Tree 搜索，如果指定的 key 存在，则取出其 data 域的值，然后以 data 域值，即数据指针地址去读取相应的数据记录。辅助索引和主索引在结构上没有任何区别，只是主索引要求 key 是唯一的，而辅助索引的 key 可以重复。

2. InnoDB 的索引实现

InnoDB 引擎采用聚簇索引。InnoDB 数据和索引文件为一个文件，表数据文件本身就是主索引，相邻的索引连续存储；叶结点 data 域保存了完整的数据记录。

由于 InnoDB 采用聚簇索引结构存储，索引 InnoDB 的数据文件需要按照主键聚集，因此 InnoDB 要求表必须有主键（MyISAM 可以没有）。如果没有指定主键，MySQL 会自动选择一个 AUTO-INCREMENT 字段（6 个字节的长整型）作为主键。InnoDB 的所有辅助索引都以相应记录的主键作为 data 域。

InnoDB 中的记录按照主索引的排列顺序存放在磁盘中，如果采用非自增型字段作为主键，由于每次插入主键的值是随机的，要插入的新记录可能要放在现在记录的中间，这样系统必须要将之前的记录进行移动，才能将新记录插入到正确的位置，降低了数据的插入和更新效率。因此，在使用 InnoDB 存储引擎时，如果没有特别的需要，应该用一个与业务无关的自增字段作为主键。

5.2 创建索引

MySQL 支持多种方法在一个字段或多个字段创建索引，在创建表的定义语句 CREATE TABLE 中指定索引字段，用修改表语句 ALTER TABLE 在已存在的表上创建索引，或用创建索引语句 CREATE INDEX 在已存在的表上添加索引。

5.2.1 创建表时创建索引

创建表时创建索引的语法如下。

```
CREATE TABLE <table_name>( [col_name datatype]
    [UNIQUE | FULLTEXT | SPATIAL] [INDEX | KEY]
[index_name] (col_name [length]…) [ASC | DESC])
```

说明：

1）UNIQUE、FULLTEXT 和 SPATIAL 为可选参数，分别表示唯一索引、全文索引和空间索引。

2）INDEX 和 KEY 为同义词，均表示创建索引。

3）index_name 为索引名，是可选参数，如果没有指定索引名，则默认字段名为索引名。

4）length 为可选参数，表示索引的长度，只有字符串类型才能指定索引长度。

5）ASC 和 DESC，可选项，指定索引值存放的方式，是升序还是降序，默认为 ASC。

1. 创建普通索引

【例 5-1】 创建 Sales 表，并为 EmployeeID 字段创建普通索引。

```
mysql> CREATE TABLE Sales(
    ->SaleID INT PRIMARY KEY AUTO_INCREMENT,
    ->EmployeeID INT(4),
    ->CustomerID INT(6),
    ->SaleDate DATETIME,
    ->PayMode VARCHAR(10),
    ->INDEX(EmployeeID));
Query OK, 0 rows affected (0.03 sec)
```

这里创建的普通索引，没有唯一性的要求，可以用来加速数据的查询，同时，也可作为外键用于创建与主表的关联。

2. 创建唯一索引

唯一索引与普通索引的创建方式相似，不同的是唯一索引要求索引字段的值不能有重复值，而普通索引没有这个要求。

【例 5-2】 创建一个 Student 表，表中有学号、姓名、性别、出生日期和身份证号，表的主键为学号，身份证号为唯一索引。

```
mysql> CREATE TABLE Student(
    -> 学号 CHAR(8) PRIMARY KEY,
    -> 姓名 VARCHAR(10),
    -> 性别 VARCHAR(2),
    -> 出生日期 DATE,
    -> 身份证号 CHAR(18),
    -> UNIQUE INDEX(身份证号));
Query OK, 0 rows affected (0.02 sec)
```

利用 DESC 命令查看已创建的表，结果如图 5-4 所示。

```
+----------+-------------+------+-----+---------+-------+
| Field    | Type        | Null | Key | Default | Extra |
+----------+-------------+------+-----+---------+-------+
| 学号     | char(8)     | NO   | PRI | NULL    |       |
| 姓名     | varchar(10) | YES  |     | NULL    |       |
| 性别     | varchar(2)  | YES  |     | NULL    |       |
| 出生日期 | date        | YES  |     | NULL    |       |
| 身份证号 | char(18)    | YES  | UNI | NULL    |       |
+----------+-------------+------+-----+---------+-------+
5 rows in set (0.02 sec)
```

图 5-4 创建完成的 Student 表

3. 创建组合索引

组合索引即在多个字段上创建一个索引。

【例 5-3】 创建 Sales 表，同时，在表中创建 EmployeeID 和 CustomerID 组合索引，以方便后续查询销售员与顾客的关系。

```
mysql> CREATE TABLE Sales(
    -> SaleID INT PRIMARY KEY AUTO_INCREMENT,
    -> EmployeeID INT(4),
    -> CustomerID INT(6),
    -> PayMode VARCHAR(10),
```

```
     -> INDEX E_CID(EmployeeID,CustomerID));
Query OK, 0 rows affected (0.03 sec)
```

注意： 需要先删除前面已经创建的 Sales 表，这里的创建表命令才能正常执行。

以上代码中创建了一个名为 E_CID 的组合索引，利用 SHOW CREATE 命令，可以查看表的结构。

```
mysql> SHOW CREATE TABLE Sales\G
*************************** 1. row ***************************
      Table: sales
Create Table: CREATE TABLE 'sales' (
  'SaleID' int(11) NOT NULL AUTO_INCREMENT,
  'EmployeeID' int(4) DEFAULT NULL,
  'CustomerID' int(6) DEFAULT NULL,
  'PayMode' varchar(10) DEFAULT NULL,
  PRIMARY KEY ('SaleID'),
  KEY 'E_CID' ('EmployeeID','CustomerID')
) ENGINE=MyISAM DEFAULT CHARSET=utf8
```

本例的索引是由 EmployeeID 和 CustomerID 两个字段构成的组合索引。并不是随便查询哪个字段都能使用该索引的，这里遵循的是"最左前缀"的原则，即索引中首先是按 EmployeeID 排列，如果 EmployeeID 值相同时，再按 CustomerID 的顺序排列。索引可以搜索（EmployeeID，CustomerID）和 EmployeeID，不能使用局部搜索 CustomerID。

5.2.2　在已有表中创建索引

在已有的表中创建索引，可采用 ALTER TABLE 和 CREATE INDEX 两种语句来完成。

1. 使用 ALTER TABLE 语句添加索引

ALTER TABLE 创建索引的语法如下。

```
ALTER TABLE <table_name> ADD [UNIQUE | FULLTEXT | SPATIAL]
[INDEX | KEY] [index_name] (col_name [length]…) [ASC | DESC];
```

该语句是利用 ADD 关键字向表中添加索引。

【例 5-4】 在 Sales 表中为 CustomerID 字段加一个单字段普通索引。

```
mysql> ALTER TABLE Sales ADD INDEX CID(CustomerID);
Query OK, 0 rows affected (0.04 sec)
Records: 0  Duplicates: 0  Warnings: 0
```

本例为 CustomerID 字段添加一个名为 CID 的单字段普通索引。

2. 使用 CREATE INDEX 语句添加索引

CREATE INDEX 语句添加索引的语法如下。

```
CREATE  [UNIQUE | FULLTEXT | SPATIAL] INDEX <index_name>
```

```
ON <table_name> (col_name [length]…) [ASC | DESC];
```

注意：在使用 CREATE INDEX 命令为已有表添加索引时，必须提供索引名。

【例 5-5】 在 Sales 表上为 EmployeeID 字段添加一个普通索引。

```
mysql> CREATE INDEX EID ON Sales(EmployeeID);
Query OK, 0 rows affected (0.02 sec)
Records: 0  Duplicates: 0  Warnings: 0
```

5.2.3 查看索引

查看数据表中索引情况的语法如下。

```
SHOW INDEX FROM <table_name> \G
```

【例 5-6】 查看 Sales 表中的所有索引情况。

```
mysql> SHOW INDEX FROM Sales\G
*************************** 1. row ***************************
        Table: sales
   Non_unique: 0
     Key_name: PRIMARY
 Seq_in_index: 1
  Column_name: SaleID
    Collation: A
  Cardinality: 0
     Sub_part: NULL
       Packed: NULL
         Null:
   Index_type: BTREE
      Comment:
Index_comment:
*************************** 2. row ***************************
        Table: sales
   Non_unique: 1
     Key_name: E_CID
 Seq_in_index: 1
  Column_name: EmployeeID
    Collation: A
  Cardinality: NULL
     Sub_part: NULL
       Packed: NULL
         Null: YES
   Index_type: BTREE
      Comment:
Index_comment:
```

```
*************************** 3. row ***************************
        Table: sales
    Non_unique: 1
     Key_name: E_CID
 Seq_in_index: 2
  Column_name: CustomerID
    Collation: A
  Cardinality: NULL
     Sub_part: NULL
       Packed: NULL
         Null: YES
   Index_type: BTREE
      Comment:
Index_comment:
*************************** 4. row ***************************
        Table: sales
    Non_unique: 1
     Key_name: CID
 Seq_in_index: 1
  Column_name: CustomerID
    Collation: A
  Cardinality: NULL
     Sub_part: NULL
       Packed: NULL
         Null: YES
   Index_type: BTREE
      Comment:
Index_comment:
*************************** 5. row ***************************
        Table: sales
    Non_unique: 1
     Key_name: EID
 Seq_in_index: 1
  Column_name: EmployeeID
    Collation: A
  Cardinality: NULL
     Sub_part: NULL
       Packed: NULL
         Null: YES
   Index_type: BTREE
      Comment:
Index_comment:
```

说明:

1) Table: 表示查看索引的数据表。

2) Non_unique: 表示非唯一索引, 1 表示非唯一索引, 0 表示唯一索引。

3）Key_name：索引的名称。

4）Seq_in_index：本字段在索引中的位置，单列索引该值为 1，组合索引为每个字段在索引中定义的顺序。

5）Column_name：索引的字段。

6）Collation：列以什么方式存储在索引中。在 MySQL 中，有值 A（升序）或 NULL（无分类）两种方式。

7）Cardinality：索引列的唯一值的个数。

8）Sub_part：索引的长度。

9）Packed：指示关键字如何被压缩。如果没有被压缩，则为 NULL。

10）Null：如果列含有 NULL，则为 YES。如果没有，则为 NO。如果是主索引，则为空。

11）Index_type：索引方式，有 BTREE、 FULLTEXT、HASH 和 RTREE。

12）Comment：备注。

13）Index_comment：索引的备注。

5.3 删除索引

删除索引有两种方法：ALTER TABLE 或 DROP INDEX 语句，两者功能相同。

1. 使用 ALTER TABLE 语句删除索引

ALTER TABLE 删除索引的语法如下。

```
ALTER TABLE <table_name> DROP INDEX <index_name>;
```

【例 5-7】 删除 Sales 表中的 E_CID 组合索引。

```
mysql> ALTER TABLE Sales DROP INDEX E_CID;
Query OK, 0 rows affected (0.04 sec)
Records: 0  Duplicates: 0  Warnings: 0
```

注意：在删除索引时，有 AUTO_INCREMNET 约束的字段的唯一索引是不能被删除的。

2. 使用 DROP INDEX 语句删除索引

DROP INDEX 语句删除索引的语法如下。

```
DROP INDEX <index_name> ON <table_name>;
```

【例 5-8】 删除 Sales 表中的 CustomerID 字段上的索引 CID。

```
mysql> DROP INDEX CID ON Sales;
Query OK, 0 rows affected (0.03 sec)
Records: 0  Duplicates: 0  Warnings: 0
```

查看完成删除后的 Sales 表的索引情况。

```
mysql> SHOW INDEX FROM Sales\G
*************************** 1. row ***************************
        Table: sales
   Non_unique: 0
     Key_name: PRIMARY
 Seq_in_index: 1
  Column_name: SaleID
    Collation: A
  Cardinality: 0
     Sub_part: NULL
       Packed: NULL
         Null:
   Index_type: BTREE
      Comment:
Index_comment:
*************************** 2. row ***************************
        Table: sales
   Non_unique: 1
     Key_name: EID
 Seq_in_index: 1
  Column_name: EmployeeID
    Collation: A
  Cardinality: NULL
     Sub_part: NULL
       Packed: NULL
         Null: YES
   Index_type: BTREE
      Comment:
Index_comment:
2 rows in set (0.00 sec)
```

5.4 工具平台中的索引

在 phpMyAdmin 工具平台中，也可对数据表的索引进行相应的操作，如创建或删除索引等。

5.4.1 索引的创建

在平台中创建索引，有两种情况，单字段索引或复合索引。创建索引的方法也有两种：一种是在表结构中利用操作列表中的不同索引方式来创建索引，另一种是利用"+索引"按钮，在打开的索引列表中创建索引。

1. 在表结构中创建索引

在表结构左侧选中要添加索引的字段，然后设置相应的索引。

单字段索引可以直接在字段列表中单击该字段右侧操作列表中的"唯一"或"索引"按钮；也可选中字段后，单击字段列表下方"选中项"中的"唯一"或"索引"按钮来创建。而多字段组合索引，只能先在字段列表中选中要设置索引的所有字段，然后在字段列表下方"选中项"中单击"唯一"或"索引"按钮来创建。

【例 5-9】 在 Sales 表中为 CustomerID 字段创建普通索引。

选中 CustomerID 字段，然后单击"索引"按钮，即可创建索引。具体操作如图 5-5 所示。

①在 Sales 表结构下，选中 CustomerID 字段

②单击字段右侧操作列中的"索引"按钮或下方"选中项"中的"索引"按钮

③单击"确定"按钮，在字段右侧出现灰色的钥匙标志，表示索引已建立

图 5-5 在 Sales 表中为 CustomerID 创建普通索引

如果要创建唯一索引，则应该单击操作列表中的"唯一"按钮。如果数据表中有记录，唯一索引无法创建成功时，则需要查看数据表中的数据是否存在重复值。

在表结构界面，可以看到各个字段所有创建索引的方式：唯一、索引（即普通索引）、全文索引和空间索引。如果一个字段的某种索引方式不能创建，则该字段后面的索引按钮是灰色，表示该索引在本字段中不可用。

2. 利用"+索引"创建索引

在 phpMyAdmin 工具平台中，要查看当前数据表所拥有的索引或创建索引，可利用"+索引"来完成。即单击表结构下方的"+索引"按钮，即可显示当前表中的所有索引。

【例 5-10】 在 Sales 表中为 PayMode 字段创建普通索引。

打开表的索引列表，在索引列表下方有"在第　个字段创建索引"的选项，设置要创建索引的字段数，单击"执行"按钮，即可开始索引的创建。具体操作如图 5-6 所示。

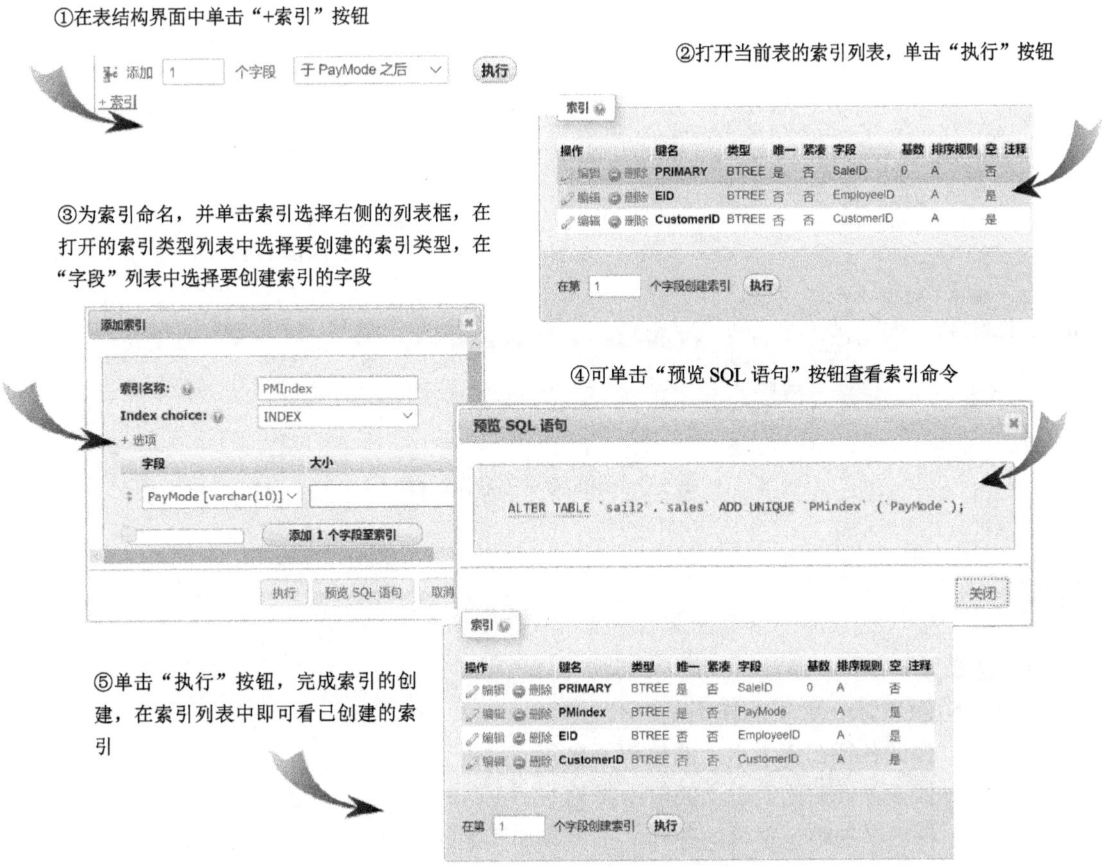

①在表结构界面中单击"+索引"按钮

②打开当前表的索引列表，单击"执行"按钮

③为索引命名，并单击索引选择右侧的列表框，在打开的索引类型列表中选择要创建的索引类型，在"字段"列表中选择要创建索引的字段

④可单击"预览 SQL 语句"按钮查看索引命令

⑤单击"执行"按钮，完成索引的创建，在索引列表中即可看已创建的索引

图 5-6　在 Sales 表为 PayMode 创建索引

注意：在创建索引时，索引列表下方的"在第　个字段创建索引"选项的含义是在本索引中有几个字段，如果要创建双字段组合索引，则应在文本框中输入 2，在"添加索引"对话框的"字段"列表中就会出现两个文本框，即可根据要创建索引的字段排序选择字段顺序，然后单击"执行"按钮，即可创建索引。

5.4.2　索引的删除

在工具平台中，要删除本数据表中创建的某个索引，可通过"+索引"按钮来实现。

【例 5-11】 删除 Sales 表中为 PayMode 字段建立的名为 **PMIndex** 的普通索引。

要删除表中的某个索引，在该表的结构视图下，单击"+索引"按钮，在打开的索引列表中，单击要删除索引左侧的"删除"按钮，即可将该索引删除。具体操作如图 5-7 所示。

在索引列表中，也可通过"编辑"按钮，对指定的索引进行编辑，如修改索引字段、更改索引方式和索引名等操作。具体的操作方式与创建相似，这里不再赘述。

①打开索引列表

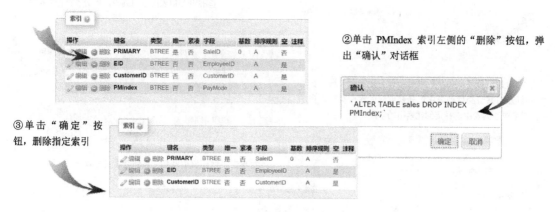

②单击 PMIndex 索引左侧的"删除"按钮，弹出"确认"对话框

③单击"确定"按钮，删除指定索引

图 5-7　删除索引的操作过程

习题

1. 选择题

（1）UNIQUE 唯一索引的作用是_____。

　　A. 保证各行在该索引上的值都不重复

　　B. 保证各行在该索引上的值不得为 NULL

　　C. 保证参加唯一索引的各列，不得参加其他的索引

　　D. 保证唯一索引不能被删除

（2）为数据表创建索引的目的是_____。

　　A. 提高查询的检索性能　　　　　　B. 为数据归类

　　C. 创建唯一索引　　　　　　　　　D. 创建主键

（3）能够查看索引的语句是_____。

　　A. SHOW INDEXS

　　B. SHOW TABLE INDEXS

　　C. SHOW INDEX FROM <table_name>

　　D. 以上都是

（4）SQL 中，唯一索引的关键字是_____。

　　A. FULLTEXT INDEX　　　　　　B. ONLY INDEX

　　C. UNIQUE INDEX　　　　　　　D. INDEX

（5）以下不属于 MySQL 索引类型的是_____。

　　A. 主键索引　　　　　　　　　　　B. 唯一索引

　　C. 全文索引　　　　　　　　　　　D. 非空值索引

（6）能够在已创建好的表上创建索引的是_____。

　　A. CREATE TABLE　　　　　　　B. ALTER TABLE

C．UPDATE TABLE　　　　　　　　D．REINDEX TABLE

（7）在 student 表中，要将学号 ID 字段设置为主键索引，以下选项中正确的是_____。

A．CREATE INDEX AA SELECT ID FROM student

B．ALTER TABLE student ADD PRIMARY KEY(ID)

C．CREATE INDEX AA ON student(ID)

D．以上都不对

（8）删除索引的语句是_____。

A．DELETE INDEXS

B．DROP TABLE INDEXS

C．DROP INDEX index_name ON table_name

D．以上都不对

2．填空题

（1）创建表时创建索引的语句是_____；创建唯一索引时，使用的关键字是_____。

（2）查看索引的语句是_____。

（3）删除索引的两个方法是_____和_____。

（4）索引的分类包括_____。

（5）MySQL 中，索引属于存储引擎级别的概念，MyISAM 的索引实现属于_____，InnoDB 的索引实现属于_____。

（6）二分查找的搜索原理是_____。

（7）在平台中添加索引时，有两种不同的情况，分别是_____和_____。

（8）在已有的表上创建索引，可采用_____和_____两种方式。

3．简答题

（1）简述索引的优缺点。

（2）请列出 MySQL 的索引类别。

（3）创建索引的必要性和作用分别是什么？

（4）在数据库中创建索引时需要注意的问题有哪些？

4．操作题

在 Sailing 数据库中创建索引：

（1）在 Orders 表上为 ShipperID 字段创建名为 SIDidx 的普通索引。

（2）在 Employees 表上为 Name 字段创建名为 Nidx 的普通索引。

（3）在 Sales 表上为 EmployeeID 和 CustomerID 字段创建名为 E_Cidx 的组合索引。

（4）在 Suppliers 表上为 ContactName 字段创建名为 Contactidx 的普通索引，为 CompanyName 字段创建名为 Uniqidx 的唯一索引。

（5）删除 Suppliers 表上名为 Contactidx 的普通索引。

第6章　结构化查询语言 SQL

查询是数据库管理系统中最重要的操作之一，通过查询，可以快速得到数据表中的信息和统计结果，也可对数据进行筛选，然后将结果数据展示出来等。

数据的查询是利用 SELECT 语句来完成的。

学习目标：

➢ 掌握 MySQL 的运算符与函数的运用

➢ 学会使用 SQL 命令实现简单查询和条件查询

➢ 学会使用 SQL 命令实现排序查询和总计查询

➢ 学会使用 SQL 命令完成子查询和合并查询

➢ 学会使用 SQL 命令完成数据操纵

➢ 了解在工具平台中的查询设计

6.1　运算符

运算符不仅在各类运算中存在，在 SQL 语句中也使用，用以构建查询的各种条件。常用的运算符包括四类：算术运算符、比较运算符、逻辑运算符和位运算符。

6.1.1　算术运算符

算术运算符用于完成各种算术运算，可连接的对象包括数值型常量、数值型对象标识符、返回值为数值型数据的函数。它的运算结果仍为数值型数据。

算术运算符功能及示例如表 6-1 所示。

表 6-1　算术运算符功能及示例

运　算　符	功　　能	示例	值
+	加	-4+2	-2
-	减	4-2	2
*	乘	16*2	32
/	除	16/2 16/0	8 NULL
%	模运算（求余数）	87 % 9 87 % -9 -87 % 9 -87 % -9 87 % 0	6 6 -6 -6 NULL

注意： 不同运算符的优先级不同，*，/的优先级高于+和-，+，-的优先级高于%，括号（）的优先级最高，在写表达式时要注意优先级的问题。

【例 6-1】 查看算术运算符的优先级。

在 MySQL 的命令窗口，可用 SELECT 语句去查看各个表达式的值。这里，分别用 4 个表达式去体验算术运算符的优先级。运算过程和运算结果如图 6-1 所示。

```
mysql> SELECT 6+8/2%3,(6+8/2)%3,(6+8)/2%3,(6+8)/(2%3);
+---------+-----------+-----------+-------------+
| 6+8/2%3 | (6+8/2)%3 | (6+8)/2%3 | (6+8)/(2%3) |
+---------+-----------+-----------+-------------+
| 7.0000  |  1.0000   |  1.0000   |   7.0000    |
+---------+-----------+-----------+-------------+
1 row in set (0.00 sec)
```

图 6-1 算术运算符优先级示例

6.1.2 比较运算符

比较运算符用于比较运算，运算结果是 1、0 或 NULL，在查询中常用于查询条件的设置。这里，1 表示 True，0 表示 False，NULL 表示不可比较。

比较运算符功能及示例如表 6-2 所示。

表 6-2 比较运算符功能及示例

运 算 符	功 能	表达式示例	表 达 式 值
<	小于	25*4>120	0
>	大于	"a">"A"	0
=	等于	"abc"="Abc" NULL=NULL	1 NULL
<=>	安全等于	"abc"<=>"Abc" NULL<=>NULL	1 1
<>（!=）	不等于	4<>5	1
<=	小于等于	3*3<=8	0
>=	大于等于	8%3>1	1
IS NULL	左侧的表达式值为空	" " IS NULL	0
IS NOT NULL	左侧的表达式值不为空	" " IS NOT NULL	1
LEAST	返回多个参数中最小的值	LEAST(1,2,3,5)	1
GREATEST	返回多个参数中最大的值	GREATEST(1,2,3,5)	5
IN	判断左侧的表达式的值是否在右侧的值列表中	"中" IN ("大","中","小") 20 In (10,20,30)	1 1
NOT IN	判断左侧的表达式的值是否不在右侧的值列表中	"中" NOT IN ("大","中","小") 20 NOT IN (10,20,30)	0 0
BETWEEN…AND	判断左侧的表达式的值是否在指定的范围内（闭区间）	"B" BETWEEN "a" AND "z" 54 BETWEEN 60 AND 78 "54" Between "30" AND "78"	1 0 1
LIKE	判断左侧的表达式的值是否符合右侧指定的模式符。如果符合，返回真，否则为假	"abc" Like "abcde" "123" Like "%2%" "n1" Like "N_"	0 1 1
REGEXP	正则表达式匹配		

1. 等于运算符（=）

等于（=）用于判断数字、字符串和表达式的值是否相等，相等返回 1，否则返回 0。在进行判断时，MySQL 会把数字字符串（如"2"）转换成数值进行比较。

【例 6-2】 利用"="比较运算符对数值、字符等数据进行比较。

分别用"="等于运算符对数值、字符等数据进行运算，运算过程和运算结果如图 6-2 所示。

```
mysql> SELECT 1=0,'2'=2,2=2,'0.02'=0,'B'='b',1+2=3,NULL=NULL,''=NULL;
+-----+-------+-----+----------+---------+-------+-----------+---------+
| 1=0 | '2'=2 | 2=2 | '0.02'=0 | 'B'='b' | 1+2=3 | NULL=NULL | ''=NULL |
+-----+-------+-----+----------+---------+-------+-----------+---------+
|   0 |     1 |   1 |        0 |       1 |     1 |      NULL |    NULL |
+-----+-------+-----+----------+---------+-------+-----------+---------+
1 row in set (0.00 sec)
```

图 6-2　等于运算符（=）操作示例

由图 6-2 所示，在进行等于运算时，字母不区分大小写，在等号运算符一侧是字符串，另一侧是数值数据时，MySQL 会将字符串转换成数值进行比较。等于运算符不支持 NULL 的比较。

由此，可得出如下运算规则。

1）若有一个或两个参数为 NULL 时，比较结果为 NULL。

2）若同一个比较运算中的两个参数都是字符串，则按字符串进行比较，字母不区分大小写。

3）若两个参数均为整数，则按整数比较。

4）若一个数值字符串和数值进行相等比较时，MySQL 会自动将字符串转换为数值。

2．安全等于运算符（<=>）

安全等于运算符（<=>）与等于运算符（=）均是执行相同的比较操作，它们的区别是 <=> 运算符可以用于判断 NULL，即运算符两侧的参数均为 NULL 时，返回值为 1，而不是 NULL；若 1 个参数为 NULL 时，返回值为 0，而不是 NULL。

【例 6-3】 利用"<=>"运算符对数值、字符等数据进行比较运算。

利用安全等于运算符，对数值和字符等数据进行比较运算，运算过程和结果如图 6-3 所示。

```
mysql> SELECT 1<=>0,'2'<=>2,2<=>2,'0.02'<=>0,'B'<=>'b',1+2<=>3,NULL<=>NULL,''<=>NULL;
+-------+---------+-------+------------+-----------+---------+-------------+-----------+
| 1<=>0 | '2'<=>2 | 2<=>2 | '0.02'<=>0 | 'B'<=>'b' | 1+2<=>3 | NULL<=>NULL | ''<=>NULL |
+-------+---------+-------+------------+-----------+---------+-------------+-----------+
|     0 |       1 |     1 |          0 |         1 |       1 |           1 |         0 |
+-------+---------+-------+------------+-----------+---------+-------------+-----------+
1 row in set (0.00 sec)
```

图 6-3　安全等于运算符（<=>）操作示例

3．不等于运算符（<>或!=）

不等于运算符（<>或!=）用于判断数字、字符串、表达式是否不相等。如果不等，返回 1，否则返回 0。如果两个参数中有一个 NULL 或两个都为 NULL 时，返回 NULL。

运算的相关规则与等于运算符（=）相同。

4．小于等于运算符（<=）

小于等于运算符（<=）用于判断运算符左侧的参数是否小于或等于右侧的参数，如果小于或等于，返回 1，否则，返回 0。如果两个参数中有一个 NULL 或两个都为 NULL 时，返回 NULL。

【例 6-4】 利用小于等于运算符对数值和字符等数据进行比较运算。

利用小于等于运算符，对数值和字符等数据进行比较运算，运算过程和结果如图 6-4 所示。

```
mysql> SELECT 'good'<='god','12'<='2','12'<=2,12<=2,(2+2)<=(1+3),NULL<=NULL;
+----------------+-----------+----------+--------+---------------+-----------+
| 'good'<='god'  | '12'<='2' | '12'<=2  | 12<=2  | (2+2)<=(1+3)  | NULL<=NULL |
+----------------+-----------+----------+--------+---------------+-----------+
|             0  |         1 |       0  |     0  |            1  |      NULL |
+----------------+-----------+----------+--------+---------------+-----------+
```

图 6-4　小于等于运算符操作示例

由图 6-4 可知，字符串进行比较时，从第一个不同的字符开始比较，如 "good" 与 "god" 比较，"o" 大于 "d"，因此返回值为 0。字符串 "12" 与字符串 "2" 进行比较时，由于两个参数都是字符，因此，系统按字符进行比较，"1" 小于 "2"，因此返回值为 1。在表达式 "'12'<=2" 的比较时，由于右侧参数是数值，因此 MySQL 将左侧的数字字符串转换成数值进行比较，这样是 12 与 2 进行比较，所以返回值为 0。

5．小于运算符（<）

小于运算符（<）用于判断运算符左侧的参数是否小于右侧的参数，如果小于，返回 1，否则，返回 0。如果两个参数中有一个 NULL 或两个都为 NULL 时，返回 NULL。

小于运算符（<）的运算规则与小于等于运算符（<=）相同，这里不再赘述。

6．大于等于运算符（>=）

大于等于运算符（>=）用于判断运算符左侧的参数是否大于或等于右侧的参数，如果大于或等于，返回 1，否则，返回 0。如果两个参数中有一个 NULL 或两个都为 NULL 时，返回 NULL。

7．大于运算符（>）

大于运算符（>）用于判断运算符左侧的参数是否大于右侧的参数，如果大于，返回 1，否则，返回 0。如果两个参数中有一个 NULL 或两个都为 NULL 时，返回 NULL。

8．IS NULL（ISNULL）、IS NOT NULL 运算符

IS NULL 和 ISNULL 用于判断参数的值是否为 NULL，如果是 NULL，则返回 1，否则，返回 0。IS NOT NULL 用于判断参数的值是否不为 NULL，如果不是 NULL，则返回 1，否则，返回 0。

【例 6-5】 空运算符操作测试。

利用空运算符，对常量 NULL、空字符串等进行运算，运算过程和结果如图 6-5 所示。

```
mysql> SELECT NULL IS NULL, ISNULL(NULL), ISNULL(1), ISNULL(''), '' IS NOT NULL;
+--------------+--------------+-----------+------------+----------------+
| NULL IS NULL | ISNULL(NULL) | ISNULL(1) | ISNULL('') | '' IS NOT NULL |
+--------------+--------------+-----------+------------+----------------+
|            1 |            1 |         0 |          0 |              1 |
+--------------+--------------+-----------+------------+----------------+
```

图 6-5　空判断运算符操作示例

IS NULL 与 ISNULL 的功能是完全相同的，只是格式不同。

注意： 空字符串（长度为 0 的字符串）实质还是一个字符串，不意味着就是空。

9．LEAST 运算符

LEAST 运算符返回右侧参数列表中最小的值。如果参数中存在 NULL 值，则返回

NULL，语法如下。

注意：要求参数列表中至少有两个参数，如果只有 1 个参数，系统报错。当参数是数值时，返回其中最小的数值；当参数是字符串时，返回字母表中顺序最靠前的字符。

【例6-6】 LEAST 运算符操作测试。

利用 LEAST 运算符，对数值、字符串等数据进行比较运算，运算过程和结果如图 6-6 所示。

```
mysql> SELECT LEAST(-1,1,2),LEAST('1',2,4),LEAST('AB','c','1'),LEAST('AB','C','GOOD'),LEAST(1,NULL,'A');
```

LEAST(-1,1,2)	LEAST('1',2,4)	LEAST('AB','c','1')	LEAST('AB','C','GOOD')	LEAST(1,NULL,'A')
-1	1	1	AB	NULL

图 6-6 LEAST 运算符的操作示例

10. GREATEST 运算符

GREATEST 运算符返回右侧参数列表中最大的值。如果参数中存在 NULL 值，则返回 NULL，语法如下。

注意：要求参数列表中至少有两个参数，如果只有 1 个参数，系统报错。

GREATEST 运算符与 LEAST 运算符的运算规则相似，只是一个返回最大值，另一个返回最小值。

11. IN 和 NOT IN 运算符

IN 运算符用来判断操作数是否是 IN 参数列表中的一个值，如果是，返回 1，否则，返回 0。不过，操作数或参数列表中含有 NULL 时，则情况不同，如果操作数为 NULL 时，不论右侧的参数列表中是什么，均返回 NULL；但如果右侧参数列表中包含 NULL，且左侧操作数不为 NULL，如果参数列表中包含操作数，返回 1，其他的时候均返回 NULL。

NOT IN 运算符用来判断操作数是否不在参数列表中，如果不在，返回 1，否则，返回 0。同样，如果操作数或参数列表中含有 NULL 时，情况则不同，如果操作数为 NULL 时，不论右侧的参数列表中是什么，均返回 NULL；若右侧参数列表中包含 NULL，且左侧操作数不为 NULL 时，如果参数列表中包含操作数，返回 1，否则，返回 NULL。

【例6-7】 IN 和 NOT IN 运算符操作测试。

利用 IN 和 NOT IN 运算符判断参数是否为列表中的一员，运算过程和结果如图 6-7 所示。

```
mysql> SELECT 1 IN(1,3,'ABC'),'1' IN(1,3,'ABC'),NULL IN(1,2,NULL),1 IN(1,2,NULL),'A' IN('ABC','EF','AC'),'A' NOT IN('ABC','EF','AC');
```

1 IN(1,3,'ABC')	'1' IN(1,3,'ABC')	NULL IN(1,2,NULL)	1 IN(1,2,NULL)	'A' IN('ABC','EF','AC')	'A' NOT IN('ABC','EF','AC')
1	1	NULL	1	0	1

图 6-7 IN 和 NOT IN 运算符操作示例

12. BETWEEN…AND 运算符

BETWEEN…AND 用于判断一个数是否在某一个区间内。如果在，返回 1，否则，返回 0，语法如下。

```
expr BETWEEN min AND max
```

【例 6-8】 BETWEEN…AND 运算符操作示例。

利用 BETWEEN…AND 运算符，对数值、字符和日期数据是否在给定的范围内进行判断，运算过程和结果如图 6-8 所示。

```
mysql> SELECT 5 BETWEEN 1 AND 10,1 BETWEEN 1 AND 10,12 BETWEEN 1 AND 10,'b' BETWEEN 'A' AND 'C','xf' BETWEEN 'x' AND 'z';
```

5 BETWEEN 1 AND 10	1 BETWEEN 1 AND 10	12 BETWEEN 1 AND 10	'b' BETWEEN 'A' AND 'C'	'xf' BETWEEN 'x' AND 'z'
1	1	0	1	1

图 6-8　BETWEEN…AND 运算符的操作示例

如图 6-8 可知，在判断时，字符不区分大小写；在比较时，包括上下限。在进行字符串比较时，只对第一个字符进行判断。

13. LIKE 运算符

LIKE 运算符用于匹配字符串。如果左侧的操作数满足右侧的匹配条件，返回 1，否则返回 0。若左侧的操作数或右侧的匹配条件中有一个为 NULL 时，则返回 NULL 值。

LIKE 运算符支持的通配符如下。

1）%：匹配零个或任意多个字符。

2）_：匹配一个字符。

【例 6-9】 LIKE 运算符和通配符操作测试。

利用 LIKE 运算符，对字符串进行匹配运算，并对通配符%和_进行测试，操作过程和结果如图 6-9 所示。

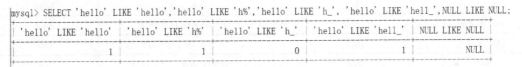

```
mysql> SELECT 'hello' LIKE 'hello','hello' LIKE 'h%','hello' LIKE 'h_', 'hello' LIKE 'hell_',NULL LIKE NULL;
```

'hello' LIKE 'hello'	'hello' LIKE 'h%'	'hello' LIKE 'h_'	'hello' LIKE 'hell_'	NULL LIKE NULL
1	1	0	1	NULL

图 6-9　LIKE 运算符的操作示例

14. REGEXP 运算符

REGEXP 运算符用于匹配字符串，如果运算符左侧的操作数满足右侧的匹配条件，返回 1，否则返回 0。若左侧的操作数或右侧的匹配条件中有一个为 NULL 时，则返回 NULL 值。

REGEXP 运算符支持的通配符如下。

1）^：匹配以该字符后面的字符开头的字符串。

2）$：匹配以该字符后面的字符结尾的字符串。

3）.：匹配任何一个单字符。

4）[...]：匹配在方括号内的任何字符，如"[abc]"匹配"a""b"或"c"。还可用"-"

表示范围，如"[a-z]"匹配任何字符，"[0-9]"则匹配任何数字。

5）*：匹配零个或任意多个字符，如"a*"，在"*"之前必须有字符。

6）+：与"*"用法相似，匹配任意多个字符，在"+"之前必须有字符。与"*"不同的是，"*"前面的字符可以出现零次或任意多次，而"+"前面的字符至少要出现一次。

【例6-10】 REGEXP 运算符操作示例。

利用 REGEXP 运算符，对字符串及各种通配符进行测试，操作过程和结果如图 6-10 所示。

```
mysql> SELECT 'hello' REGEXP '^h','hello' REGEXP 'o$','hello' REGEXP '.ello','hello' REGEXP 'h[a-f]llo','hello' REGEXP 'h*';
+-------------------+--------------------+-----------------------+--------------------------+-------------------+
| 'hello' REGEXP '^h' | 'hello' REGEXP 'o$' | 'hello' REGEXP '.ello' | 'hello' REGEXP 'h[a-f]llo' | 'hello' REGEXP 'h*' |
+-------------------+--------------------+-----------------------+--------------------------+-------------------+
|                 1 |                  1 |                     1 |                        1 |                 1 |
+-------------------+--------------------+-----------------------+--------------------------+-------------------+

mysql> SELECT "hello" REGEXP "x*","hello" REGEXP "X+","123" REGEXP "[A-Z]*","123" REGEXP "[A-Z]+","123" REGEXP "[0-9]+";
+-------------------+--------------------+-----------------------+--------------------------+---------------------+
| "hello" REGEXP "x*" | "hello" REGEXP "X+" | "123" REGEXP "[A-Z]*" | "123" REGEXP "[A-Z]+" | "123" REGEXP "[0-9]+" |
+-------------------+--------------------+-----------------------+--------------------------+---------------------+
|                 1 |                  0 |                     1 |                        0 |                   1 |
+-------------------+--------------------+-----------------------+--------------------------+---------------------+
```

图 6-10　REGEXP 运算符的操作示例

6.1.3　逻辑运算符

逻辑运算符用于逻辑运算。在 MySQL 中，它的运算结果均为 True、False 和 NULL。在 MySQL 中，True 用 1 表示，False 用 0 表示。

逻辑运算符功能及示例如表 6-3 所示。

表 6-3　逻辑运算符功能及示例

运　算　符	功　　能	表达式示例	表 达 式 值
Not 或 !	非	Not 3+4=7	False
And 或 &&	与	"A">"a" And 1+3*6>15	False
Or 或 ||	或	"A">"a" Or 1+3*6>15	True
Xor	异或	"A">"a" Xor 1+3*6>15	True

1. 逻辑非运算符（NOT 或!）

逻辑非是单目运算，有两种运算符 NOT 和!，也称取反运算。当操作数非 0 时，结果为 0；当操作数为 0 时，结果为 1。当操作数是 NULL 时，结果仍为 NULL。

【例6-11】 逻辑非运算符操作示例。

逻辑非运算符的运算过程和结果如图 6-11 所示。

```
mysql> SELECT NOT 3,NOT 1,NOT 0,!NULL,!0,!2+3,NOT 2+3;
+-------+-------+-------+-------+----+------+--------+
| NOT 3 | NOT 1 | NOT 0 | !NULL | !0 | !2+3 | NOT 2+3 |
+-------+-------+-------+-------+----+------+--------+
|     0 |     0 |     1 | NULL  |  1 |    3 |      0 |
+-------+-------+-------+-------+----+------+--------+
```

图 6-11　逻辑非运算符的操作示例

由图 6-11 可见，NOT 与！的非运算功能相同，都是取反运算，但还是有一些区别，即 NOT 与！的运算优先级不同，！的运算优先级高于+，因此，"！2+3"表达式中是先进行 "！2"运算，结果为 0，再进行"0+3"运算，因此结果为 3；但 NOT 的优先级低于+，所以 "NOT 2+3"表达式是先进行"2+3"运算得 5，再运算"NOT 5"，所以结果为 0。

注意：NOT 运算符需要与操作数之间间隔一个空格，而！运算符可以与操作数直接相联。

2. 逻辑与运算符（AND 或 &&）

逻辑与运算符有两种运算符 AND 和&&，是双目运算。当两个操作数都为非 0 值时，结果为 1，否则，结果为 0。当其中一个或两个操作数是 NULL 时，结果为 NULL。

【**例 6-12**】 逻辑与运算符操作示例。

逻辑与运算符的运算过程和结果如图 6-12 所示。

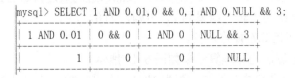

```
mysql> SELECT 1 AND 0.01,0 && 0,1 AND 0,NULL && 3;
+-----------+--------+---------+----------+
| 1 AND 0.01 | 0 && 0 | 1 AND 0 | NULL && 3 |
+-----------+--------+---------+----------+
|          1 |      0 |       0 |      NULL |
+-----------+--------+---------+----------+
```

图 6-12　逻辑与运算符的操作示例

由图 6-12 可知，AND 和&&运算符的功能相同。在写表达式时，要注意操作数与运算符中间要有间隔。

3. 逻辑或运算符（OR 或 ||）

逻辑或运算也有两种运算符：OR 或||。或运算中，只要有一个参数为非 0，结果即为 1，当两个参数都为 0 时，结果为 0。当其中一个或两个参数为 NULL 时，结果为 NULL。

OR 与||两个运算符的功能完全相同。

4. 逻辑异或运算符（XOR）

逻辑异或运算，是双目运算，当两个操作数中有一个操作数非 0，一个为 0 时，结果为 1；当两个都非 0 或两个都为 0 时，结果为 0。操作数中有 NULL 值时，结果为 NULL。

【**例 6-13**】 逻辑异或运算符操作示例。

逻辑异或运算符的运算过程和结果如图 6-13 所示。

```
mysql> SELECT .5 XOR 0,3 XOR 5,1 XOR 0,0 XOR 0,NULL XOR 1,NULL XOR NULL;
+---------+---------+---------+---------+-----------+--------------+
| .5 XOR 0 | 3 XOR 5 | 1 XOR 0 | 0 XOR 0 | NULL XOR 1 | NULL XOR NULL |
+---------+---------+---------+---------+-----------+--------------+
|        1 |       0 |       1 |       0 |      NULL |         NULL |
+---------+---------+---------+---------+-----------+--------------+
```

图 6-13　逻辑异或运算符的操作示例

6.1.4　位运算符

位运算主要用于二进制操作数的运算，主要包括按位或、按位与、按位异或、按位左移、按位右移以及按位取反操作。

位运算符功能及示例如表 6-4 所示。

表 6-4   位运算符功能及示例

运 算 符	功 能	表 达 式 示 例	表 达 式 值
|	按位或	9 | 5	13
&	按位与	9 & 5	1
^	按位异或	9 ^ 5	12
<<	按位左移	15 << 2	60
>>	按位右移	15 >> 2	3
~	按位取反	5 & ~1	4

1. 按位或运算符（|）

按位或运算，即将参加运算的两个操作数，按照二进制数逐位进行逻辑或运算。对应的二进制位有一个或两个都为 1 时，结果为 1，否则，为 0。

【例 6-14】 按位或运算符操作示例。

按位或运算符的运算过程和运算结果如图 6-14 所示。

由图 6-14 可知，十进制数 9 的二进制为 1001，十进制数 4 的二进制为 100，"9 | 4"的二进制结果为 1101（十进制 13）；十进制数 2 的二进制为 10，"13 | 2"的二进制结果为 1111，转换为十进制数即 15。

2. 按位与运算（&）

按位与运算，即将参加运算的两个操作数，按二进制数逐位进行逻辑与运算。对应的二进制位两个都为 1 时，结果为 1，否则，为 0。

【例 6-15】 按位与运算符操作示例。

按位与运算符的运算过程和运算结果如图 6-15 所示。

```
mysql> SELECT 1 | 0, 15 | 15,5 | 2,9 | 4 | 2;
+-----+-------+-----+---------+
| 1 | 0 | 15 | 15 | 5 | 2 | 9 | 4 | 2 |
+-----+-------+-----+---------+
|   1 |    15 |   7 |      15 |
+-----+-------+-----+---------+
```

```
mysql> SELECT 1 & 0, 15 & 15, 5 & 2,9 & 4 & 2;
+-------+---------+-------+-----------+
| 1 & 0 | 15 & 15 | 5 & 2 | 9 & 4 & 2 |
+-------+---------+-------+-----------+
|     0 |      15 |     0 |         0 |
+-------+---------+-------+-----------+
```

图 6-14   按位或运算符的操作示例　　　　图 6-15   按位与运算符的操作示例

由图 6-15 可知，十进制数 15 的二进制为 1111，"1111 & 1111"，结果仍然为 1111，因此结果为 15；5 的二进制为 101，2 的二进制为 010，因此，"101 & 010"的运算结果为 000，转换为十进制即为 0 ；十进制数 9 的二进制为 1001，十进制数 4 的二进制为 0100，"1001 & 0100"的运算结果为 0000；十进制数 2 的二进制为 10，"00 & 10"，二进制的结果为 00，转换为十进制数即 0。

3. 按位异或运算符（^）

按位异或运算，即将参加运算的两个操作数，按二进制数逐位进行逻辑异或运算。对应的二进制位一个为 1 另一个为 0 时，结果为 1，否则，为 0。

【例 6-16】 按位异或运算符操作示例。

按位异或运算符的运算过程和运算结果如图 6-16 所示。

```
mysql> SELECT 1 ^ 0, 15 ^ 15, 5 ^ 2,9 ^ 4 ^ 2;
+-------+---------+-------+-----------+
| 1 ^ 0 | 15 ^ 15 | 5 ^ 2 | 9 ^ 4 ^ 2 |
+-------+---------+-------+-----------+
|     1 |       0 |     7 |        15 |
+-------+---------+-------+-----------+
```

图 6-16　按位异或运算符的操作示例

由图 6-16 可知，十进制数 9 的二进制为 1001，十进制数 4 的二进制为 0100，"1001 ^ 0100"的二进制结果为 1101（十进制数 13）；十进制数 2 的二进制为 0010，"1101 ^ 0010"，二进制的结果为 1111，转换为十进制数即 15。

4. 按位左移运算符（<<）

按位左移运算，即将操作数的二进制数的所有位向左位移指定的位数。当左移后超过数的示数范围时，左侧的高位数值移出并自动丢弃，右侧的低位用 0 补齐。左移 1 位实质是对数值乘以 2。

【例 6-17】　按位左移运算符的操作示例。

按位左移运算符的运算过程和运算结果如图 6-17 所示。

```
mysql> SELECT 2 << 2, 2<<10, 2<<20, 2<<30, 2<<62, 2 << 63;
+--------+-------+---------+------------+---------------------+---------+
| 2 << 2 | 2<<10 | 2<<20   | 2<<30      | 2<<62               | 2 << 63 |
+--------+-------+---------+------------+---------------------+---------+
|      8 |  2048 | 2097152 | 2147483648 | 9223372036854775808 |       0 |
+--------+-------+---------+------------+---------------------+---------+
```

图 6-17　按位左移运算符的操作示例

由图 6-17 所知，在示数范围内，左移指定位数，即将数值位向左移动，右侧补 0，如十进制数 2 的二进制数为 10，"2 << 2"即将 2 左移 2 位，即结果的二进制数为 1000，即在其右侧补两个 0，转换为十进制数即为 8。"2 <<63"，当左移 63 位时，由于默认的无符号数的数值位为 64 位二进制，数值位中的 1 已经移出，因此结果为 0。

5. 按位右移运算符（>>）

按位右移运算，即将操作数的二进制值的所有位向右位移指定的位数。右移的位数超过示数范围时，低位的数值位也将丢失，左侧高位由 0 补齐。

【例 6-18】　按位右移运算符操作示例。

按位右移运算符的运算过程和运算结果如图 6-18 所示。

```
mysql> SELECT 64>>1, 64>>2, 2>>1, 2>>2, 3>>1, 3>>2;
+-------+-------+------+------+------+------+
| 64>>1 | 64>>2 | 2>>1 | 2>>2 | 3>>1 | 3>>2 |
+-------+-------+------+------+------+------+
|    32 |    16 |    1 |    0 |    1 |    0 |
+-------+-------+------+------+------+------+
```

图 6-18　按位右移运算符的操作示例

由图 6-18 所知，右移一位，右侧的数值位丢失 1 位，左侧高位补 0。如十进制数 3 的二进制数为 11，右移一位时，最低位的 1 丢失，结果为二进制 1，右移两位时，结果为二进制数 0。

6. 按位取反运算符（~）

按位取反运算符，即对操作数对应的二进制数位按位取反，即 1 变成 0，0 变成 1。

【例 6-19】 按位取反运算符操作示例。

按位取反运算符的运算过程和运算结果如图 6-19 所示。

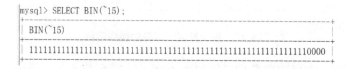

图 6-19　按位取反运算符的操作示例

为了能够清晰地了解按位取反运算，这里使用了 BIN()函数，即将数值转换为二进制数输出。

由图 6-19 所知，15 的二进制数为 1111，按位取反，因为位运算时整数是由 64 位无符号数构成的，在 4 个 1 前面还有 60 个 0，按位取反后，前 60 个 0 变成 1，后 4 个 1 变成 0。

6.1.5　运算符的优先级

运算符的优先级决定了表达式中运算的先后顺序，如表 6-5 所示。

表 6-5　运算符的运算优先级

优先级	运算符
低	=（赋值运算符）
	OR，‖
	XOR
	&&，AND
	NOT
	BETWEEN
	=（比较运算符），<=>，>=，>，<=，<，<>，!=，IS，LIKE，REGEXP，IN
	|
	&
	<<，>>
	-，+
	*，/，%
	^
	-（负号），~
高	!

在表达式中，MySQL 按照运算优先级的顺序由高到低进行运算，运算优先级相同时，从左至右进行运算，括号可改变优先级的顺序。在写表达式时，最好用括号来明确标识表达式的运算优先级，这样能提高代码的可读性。

6.2　MySQL 常用函数

MySQL 提供了很多功能强大的函数，可极大地提高用户对数据库的管理效率。在使用过程中，函数名称不区分大小写。根据函数的数据类型，将常用函数分为数值函数、字符串函数、日期时间函数、条件判断函数、系统信息函数和加密函数等。本节将对一部分常用函数进行介绍，如果需要了解更多的函数，请查阅帮助或系统手册。

6.2.1 数值函数

数值函数主要用来处理数值数据。通常函数的参数为数值型数据，函数的返回值也为数值型数据。

常用的数值函数功能及示例如表 6-6 所示。

表 6-6 常用数值函数功能及示例

函　数	功　能	示　例	函 数 值
ABS(x)	求绝对值	ABS(−12.5)	12.5
EXP(x)	e 指数	EXP(2.5)	12.1825
POW(x,y) POWER(x,y)	返回 x 的 y 次方的值，两个函数的功能相同	POW(2,2) POWER(3,3)	4 27
CEIL(x)	返回一个不小于自变量的整数；返回值转换为 BIGINT 数据类型	CEIL(8.7) CEIL(−8.4)	9 −8
CEILING(x)	与 CEIL()函数功能相同，返回一个不小于自变量的整数	CEILING(8.7) CEILING(−8.4)	9 −8
FLOOR(x)	返回一个不大于自变量的整数，返回值转换为 BIGINT 数据类型	FLOOR(8.7) FLOOR(−8.4)	8 −9
ROUND(x)	对自变量四舍五入，返回最接近自变量的整数	ROUND(8.7) ROUND(−8.4)	9 −8
ROUND(x,n)	四舍五入函数。第二个参数的取值为非负整数，用于确定所保留的小数位数	ROUND(12.674,0) ROUND(12.674,2)	13 12.67
MOD(x1,x2)	返回 x1 除以 x2 的余数，当 x2 为 0 时，返回 NULL；对于小数参数，将返回除法运算后的精确余数	MOD(10,3) MOD(10.5,3) MOD(1,0)	1 1.5 NULL
LOG(x)	返回 x 的自然对数	LOG(3.5)	1.253
LOG10(x)	返回 x 的基数为 10 的对数	LOG10(3.5)	0.544
RAND(x)	产生 0~1 之间的随机数。自变量可缺省，如果缺省自变量，每次产生的随机数是不同的，若指定自变量，可产生重复的随机数，不同的参数产生的随机数序列是不一样的	RAND(2) RAND()	0~1 的随机数
SIGN(x)	符号函数。当自变量的值为正时，返回 1；自变量的值为 0 时，返回 0；自变量的值为负时，返回-1	SIGN(5) SIGN(0) SIGN(−5.6)	1 0 −1
SQRT(x)	平方根。自变量非负	SQRT(6)	2.449
PI()	返回π的值	PI()	3.141593

注意：x 可以是数值型常量、数值型变量、返回数值型数据的函数和数学表达式。

6.2.2 字符串函数

字符串函数主要用于处理数据库中的字符串数据，MySQL 中字符串函数主要包括计算字符串长度函数、字符串合并函数、字符串比较函数、查找指定字符串位置函数等。

常用的字符串函数功能及示例如表 6-7 所示。

表 6-7　常用字符串函数功能及示例

函　　数	功　　能	示　　例	函　数　值
LEFT(str,n)	求左子串函数。从表达式左侧开始取 n 个字符，每个汉字也作为 1 个字符	LEFT("北京",1) LEFT("MySQL",2)	北 My
RIGHT(str,n)	求右子串函数。从表达式右侧开始取 n 个字符，每个汉字也作为 1 个字符	RIGHT("2018-07-22",3) RIGHT(1234.56,3)	-22 .56
MID(str,m[,n])	求子串函数。从表达式中截取字符，m、n 是数值表达式，由 m 值决定从表达式值的第几个字符开始截取，由 n 值决定截取几个字符。n 默认，表示从第 m 个字符开始截取到尾部	MID("中央财经大学",3,2) MID("中央财经大学",3)	财经 财经大学
SUBSTRING(str,m[,n])	与 MID()函数相同，取子串函数。从表达式中截取字符，m、n 是数值表达式，由 m 值决定从表达式值的第几个字符开始截取，由 n 值决定截取几个字符。n 默认，表示从第 m 个字符开始截取到尾部	SUBSTRING("中央财经大学",3,2) SUBSTRING("中央财经大学",3)	财经 财经大学
LENGTH(str)	返回字符串字节的长度。一个汉字占 2 个字节，一个数字或字符占 1 个字节。使用 utf8 的一种变长字符编码字符集时，一个汉字占 3 个字节	LENGTH("#2013-7-22#") LENGTH("中央财经大学") LENGTH(True)	11 12 1
CHAR_LENGTH(str)	返回字符串中字符的个数。多字节字符也算一个字符	CHAR_LENGTH("#2013-7-22#") CHAR_LENGTH("中央财经大学")	11 6
CONCAT(str1,str2,…)	把所有字符串连接起来，返回连接后的字符串。当参数中有一个 NULL 时，返回 NULL	CONCAT(" 好 好 学 习 ","MySQL")	好 好 学 习MySQL
UPPER(str)	将字符串中小写字母转换为大写字母函数	UPPER("MySQL") UPPER("学习 abc")	MYSQL 学习 ABC
LOWER(str)	将字符串中大写字母转换为小写字母函数	LOWER("MySQL")	mysql
SPACE(n)	生成空格函数。返回指定个数的空格符号	LENGTH(SPACE(2))	2
INSTR(C1,C2)	查找子字符串函数。在 C1 中查找 C2 的位置，即 C2 是 C1 的子串，则返回 C2 在 C1 中的起始位置，否则返回 0	INSTR("One Dream","Dr") INSTR("One Dream","Dor")	5 0
TRIM(str)	删除字符串首尾空格函数	TRIM("□AA□□BB ")	AA□□BB
RTRIM(str)	删除字符串尾部空格函数	RTRIM("□数据库")	□数据库
LTRIM(str)	删除字符串首部空格函数	LTRIM("□数据库□")	数据库□
REPEAT(str,n)	字符重复函数。将字符串的第一个字符重复 n 次，生成一个新字符串	REPEAT("你好",3)	你好你好你好
REPLACE(str,from_str,to_str)	把 str 中的 from_str 字符替换成 to_str，并返回替换后的字符串	REPLACE("this is test","t" ,"T")	This is TesT
INSERT(str,pos,len,newstr)	将字符串 str 中起始位置于 pos，长度为 len 的子串用 newstr 替换。当 pos 的长度超过 str 时，函数返回原来的字符串；其中任何一个参数为 NULL，则返回 NULL	INSERT("中财大学",2,1, "央财经")	中央财经大学
STRCMP(str1,str2)	比较两个参数的大小，当两个参数相同时，函数返回 0，当 str1<str2 时，返回-1，其他则返回 1	STRCMP("MySQL","mysql") STRCMP("hello","hi") STRCMP("一","二")	0 -1 1
REVERSE(str)	将字符串 str 逆序输出	REVERSE("MySQL")	LQSyM
LPAD(str,len,padstr)	在 str 字符串的前面补充字符串 padstr，当 len 的长度小于 str 时，str 将会缩短至 len 长度，如果补充后长度还没有达到指定长度，将重复补充	LPAD("Hello ",12,"World") LPAD("Hello ",8,"World")	WorldWHello□ WoHello□
RPAD(str,len,padstr)	在 str 字符串的后面补充字符串 padstr，当 len 的长度小于 str 时，str 将会缩短至 len 长度，如果补充后长度还没有达到指定长度，将重复补充	RPAD("Hello□",12,"World") RPAD("Hello□",8,"World")	Hello□WorldW Hello□Wo
ELT(n,str1,str2,…)	返回字符串列表中的第 n 个字符串，当指定的位置超过字符串个数时，返回 NULL	ELT(2,"1st","2st","3st") ELT(4,"1st","2st","3st")	2st NULL
FIELD(str,str1,str2,…)	返回字符串 str 在字符串列表中第一次出现的位置序号，如果在字符串列表中找不到 str，返回 0，如果 str 是 NULL，返回 0 字符串查找时，MySQL 忽略字符串后面的空格，但前面的空格依然有效	FIELD("1st","1st","2st","3st") FIELD("Hi","1st","2st","3st") FIELD("□1st","1st","2st","3st") FIELD("1st□","1st","2st","3st")	1 0 0 1

注意："□"表示空格，后文同。这里的 str 可以是字符串常量、返回字符串的函数或表达式。

6.2.3　日期时间函数

日期时间函数主要用于处理数据库中的日期时间数据。一般的日期函数，除了使用 DATE 类型参数外，还可使用 DATETIME 和 TIMESTAMP 类型参数，但 DATETIME 和 TIMESTAMP 类型的数据中时间数据将被忽略；一般的时间函数，参数类型是 TIME 类型，但也接受 TIMESTAMP 类型参数，但日期部分会被忽略。

常用的日期时间函数功能及示例如表 6-8 所示。

表 6-8　常用的日期时间型函数功能及示例

函　　数	功　　能	示　　例	函　数　值
NOW( ) SYSDATE( )	日期时间函数。返回系统当前日期和时间，含年、月、日、时、分、秒，无参函数。返回格式有两种 YYYY-MM-DD HH:MM:SS 和 YYYYMMDDHHMMSS	NOW() NOW()+0 SYSDATE() SYSDATE()+0	2018-07-29 10:28:46 20180729103103 2018-07-29 10:28:46 20180729103103
CURDATE() CURRENT_DATE	日期函数。返回系统当前日期，含年、月、日，无参函数。返回格式有两种 YYYY-MM-DD 和 YYYYMMDD	CURDATE() CURDATE()+0 CURRENT_DATE CURRENT_DATE+0	2018-07-29 20180729 2018-07-29 20180729
CURTIME() CURRENT_TIME	时间函数。返回系统当前时间，无参函数。返回格式有 HH-MM-SS 和 HHMMSS	CURTIME() CURTIME()+0 CURRENT_TIME CURRENT_TIME+0	10:49:06 104906 10:49:06 104906
DAY(date) DAYOFMONTH(date)	返回日期参数所在月中的日索引。返回日期表达式中的日在当月的索引日，当参数所表示的日期没有意义时，返回 NULL	DAY(CURDATE()) DAYOFMONTH(CURDATE())	29 29
DAYOFYEAR(date)	返回日期参数所在年中对应的索引日。当参数表示的日期参数没有实际意义时，返回空值	DAYOFYEAR(CURDATE()) DAYOFYEAR('2018-2-30')	210 NULL
MONTH(date)	返回日期参数所在的月份	MONTH(CURDATE())	7
MONTHNAME(date)	求月份函数。返回日期表达式中的月值	MONTHNAME(CURDATE())	July
YEAR(date)	求年份函数。返回日期表达式中的年值	YEAR(CURDATE())	2018
WEEKDAY(date)	求星期函数。返回日期表达式中的这一天是一周中的第几天。函数值取值范围是 0~6，系统默认星期一是 0，周日是 6	WEEKDAY(CURDATE())	6
DAYOFWEEK(date)	求星期函数。返回日期表达式中的这一天是一周中的第几天。函数值取值范围是 1~7，系统默认星期日是一周中的第 1 天	DAYOFWEEK(CURDATE())	1
DAYNAME(date)	返回日期参数对应的工作日名称	DAYNAME(CURDATE())	Sunday
QUARTER(date)	返回日期参数所在的季度数	QUARTER(CURDATE())	3
HOUR(time)	求小时函数。返回时间表达式中的小时值	HOUR(CURTIME())	10
MINUTE(time)	求分钟函数。返回时间表达式中的分钟值	MINUTE(CURTIME())	49

（续）

函　数	功　能	示　例	函　数　值
SECOND(time)	求秒函数。返回时间表达式中的秒值	SECOND(CURTIME())	6
PERIOD_ADD(date,n)	对日期增加指定的月份，返回增加月份数后的日期。参数 date 需要的格式是：YYMM 或 YYYYMM，函数返回的格式为 YYYYMM	PERIOD_ADD(1807,10) PERIOD_ADD(201807,10)	201905 201905
PERIOD_DIFF(date1,date2)	返回两个日期之间的月份差。包含两个参数，参数格式有：YYMM 或 YYYYMM，如果 date1 小于 date2，返回值为负	PERIOD_DIFF(201807,201709)	10
SEC_TO_TIME (seconds)	把参数转换成时间，参数是用数字表示的秒数	SEC_TO_TIME (137)	00:02:17
TIME_TO_SEC(time)	把时间参数转换成秒数，与 SEC_TO_TIME 函数相反	TIME_TO_SEC('00:02:17')	137
DATEDIFF(date1,date2)	求时间间隔函数。返回值为日期 2 减去日期 1 的值。日期 2 大于日期 1，得正值，否则得负值	DATEDIFF('2017-10-1',CURDATE()) DATEDIFF('2018-10-1',CURDATE())	-301 64

注意： 以上的时间均是以系统时间 "2018-07-29 10:49:06" 为时间标准。

6.2.4　系统信息函数

除了前面介绍的常用函数外，MySQL 还提供了一些系统函数用于对数据库信息的查询和管理。

常用的系统信息函数功能及示例如表 6-9 所示。

表 6-9　常用的系统信息函数功能及示例

函　数	功　能	示　例	函　数　值
VERSION()	返回当前数据库的 MySQL 版本号	VERSION()	5.7.14
CONNECTION_ID()	返回 MySQL 服务器当前连接的次数，每个连接都有各自唯一的 ID，返回值会与登录的次数不同而不同	CONNECTION_ID()	12
DATABASE() SCHEMA()	返回当前数据库的名称	DATABASE() SCHEMA()	sailing sailing
USER() CURRENT_USER() SESSION_USER()	返回当前被 MySQL 服务器验证的用户名和主机名组合。一般情况下返回的值都相同	USER() CURRENT_USER() SESSION_USER()	root@localhost root@localhost root@localhost

注意： 以上示例是在 Sailing 数据库中进行的，用户名为 root。

6.3　简单查询

查询的实质是按照查询语句的要求，将数据从指定数据表中查找出来，组成一个动态表。

在 MySQL 数据库中，查询操作是通过 SELECT 语句来实现的。查询语句的语法如下。

```
SELECT
[DISTINCT | DISTINCTROW | col_name | *]
FROM <table_name>
```

```
WHERE <condition>
[GROUP BY <groupfieldlist>]
[HAVING <condition>]
[ORDER BY <col_name> [ASC | DESC]]
[LIMIT [<offset>,] row_count];
```

说明：

1）[DISTINCT | DISTINCTROW | col_name | *]：*代表所有字段；DISTINCT 和 DISTINCTROW 意义相同，即去掉查询结果中相同的行。

2）table_name：本次查询的数据所在的表，如果查询涉及多个表，则表和表之间用逗号分隔。

3）WHERE <condition>：引导查询条件，条件表达式的值为非 0 时，查询执行。

4）[GROUP BY <groupfieldlist>]：分组条件，对查询的结果进行分组，用于总计查询。

5）[HAVING <condition>}：用于限定分组后的查询结果。本语句只能在 GROUP BY 子句后使用，对分组的结果进行限定。

6）[ORDER BY <col_name> [ASC | DESC]]：对查询结果按指定列进行排序，ASC 为升序，DESC 为降序。排序方式可省略，省略表示升序排列。

7）[LIMIT [<offset>,] row_count]：用于限制查询结果的返回。offset 是可选项，代表的是查询时的偏移量，row_count 是执行返回的记录数。

注意：SELECT 语句中各个子句均可省略，当只有 SELECT 语句时，可进行表达式运算。每个 SELECT 语句都以分号 (;)结束。

在 SELECT 语句中，有很多的子句和可选参数，用于对查询结果进行限定。下文将从简单查询开始，介绍 SELECT 语句的功能。

6.3.1 单表查询

单表查询是从一张表数据中查询所需的数据。

1. 查看所有字段

从一个表中查看所有的字段和所有记录，可用*通配符来指定所有列，语法如下。

```
SELECT * FROM <table_name>;
```

【例 6-20】 查询 Suppliers 表中的所有记录。

要查看数据表中的所有数据信息，可在 SELECT 命令后用*表示所有的字段，命令和运行结果如图 6-20 所示。

```
mysql> SELECT * FROM Suppliers;
+-----------+----------------+-------------+---------------------------+-------------+----------+------+
| SupplierID| CompanyName    | ContactName | PostAddr                  | TelNumber   | Province | City |
+-----------+----------------+-------------+---------------------------+-------------+----------+------+
|         1 | 吉祥商贸有限公司 | 王冰        | 北京市海淀区学院南路25号    | 010-63243488| 北京     | 北京 |
|         2 | 万新科技有限公司 | 张春海      | 重庆市沙坪坝区沙正街67号    | 023-76342743| 重庆     | 重庆 |
|         3 | 武汉东湖商贸公司 | 李海        | 湖北省武汉市武昌区八一路123号| 027-63742324| 湖北     | 武汉 |
|         4 | 越奥商贸公司    | 周海娜      | 广州市番禺区大学城外环西路2号| 020-72346348| 广东     | 广州 |
|         5 | 沪通科技公司    | 朱天明      | 上海市宝山区上大路32号      | 020-49897838| 上海     | 上海 |
|         6 | 杭新商贸公司    | 王艳        | 杭州市西湖区浙大路18号      | 0571-64873242| 浙江    | 杭州 |
+-----------+----------------+-------------+---------------------------+-------------+----------+------+
```

图 6-20 查询 Suppliers 表的记录

2．查看指定字段

查找指定的字段，即将要查看的字段列在 SELECT 后面，语法如下。

```
SELECT <col1> [,<col2>,…] FROM < table_name >;
```

【例 6-21】 查询 Shippers 表中的 ShipperID 和 CompanyName 两个字段的记录信息。

查看 Shippers 表中指定字段的记录信息，命令和运行结果如图 6-21 所示。

```
mysql> SELECT ShipperID,CompanyName FROM Shippers;
+-----------+------------------+
| ShipperID | CompanyName      |
+-----------+------------------+
|         1 | 运达速运          |
|         2 | 飞天速运          |
|         3 | 中南快运实业有限公司 |
|         4 | 云天闪送          |
+-----------+------------------+
```

图 6-21　查看 Shippers 表的部分字段

3．指定别名

在查看表中的数据时，也可对表中的字段取别名，语法如下。

```
SELECT <col1> AS ALIAS,… FROM <table_name>;
```

【例 6-22】 为 Shippers 表中的字段取中文别名。

为 ShipperID 字段取别名为运货商号，CompanyName 字段取别名为公司名称，命令和运算结果如图 6-22 所示。

```
mysql> SELECT ShipperID AS 运货商号,CompanyName AS 公司名称 FROM Shippers;
+----------+------------------+
| 运货商号  | 公司名称          |
+----------+------------------+
|        1 | 运达速运          |
|        2 | 飞天速运          |
|        3 | 中南快运实业有限公司 |
|        4 | 云天闪送          |
+----------+------------------+
```

图 6-22　为 Shippers 表的部分字段取别名

在查看数据时，可以为字段名取一个别名，以方便用户查看数据。这样，既解决了字段名用西文方便命令和编程操作，又符合查看数据时中文用户的使用习惯。

6.3.2　取消重复数据查询

在查看数据时，尤其是数据表中的部分字段值可能会出现较多的重复值，输出时会由于重复值的存在而影响数据的展示，可利用 DISTINCT 或 DISTINCTROW 来消除重复记录。

【例 6-23】 查看 Employees 表中员工所在部门的名称。

查看公司所有的部门名称，命令和运行结果如图 6-23 所示。

```
mysql> SELECT DISTINCT Department AS 部门名称 FROM Employees;
+-----------+
| 部门名称   |
+-----------+
| 总经理办公室 |
| 销售部     |
| 业务部     |
| 财务部     |
+-----------+
```

图 6-23　查看 Employees 表的部分字段

在 Employees 表中共有 9 条记录，来自 4 个部门，因此，一个部门如果有多名员工，那该部门名称会出现多次，在查询时可利用 DISTINCT 消除输出记录中的重复记录。

6.4 条件查询

数据库中包含大量的数据，常常需要根据要求对满足条件的数据进行筛选。在 SELECT 命令中设定查询条件，查找满足条件的记录，这就是关系运行中的选择运算。SELECT 命令中用于完成选择记录（查询条件）的命令子句，语法如下。

```
WHERE <condition>
```

6.4.1 带条件表达式的查询

条件通常是由关系表达式或逻辑表达式构成的。

【例 6-24】 查找销售价格低于 20 元的商品编号、商品名称、销售价格和库存量。

查看销售价格低于 20 元的商品相关信息，命令和运行结果如图 6-24 所示。

```
mysql> SELECT ProductID,ProductName,SalePrice,Inventory FROM Products WHERE SalePrice<20;
+-----------+-------------+-----------+-----------+
| ProductID | ProductName | SalePrice | Inventory |
+-----------+-------------+-----------+-----------+
|        15 | LG竹盐牙膏   |      14.2 |       300 |
|        20 | 茶清洗洁精   |      11.2 |       300 |
|        38 | 特级酱油     |        13 |        98 |
+-----------+-------------+-----------+-----------+
```

图 6-24 查询销售价格低于 20 元的商品信息

此例，查询的条件是 SalePrice<20，由 WHERE 关键字引导。在 SELECT 后，列出要查询的字段名称列表，字段名称的列表可按照输出的需要排列，系统没有要求。

【例 6-25】 查询 10 月份出生的员工姓名和生日。

查询 10 月份出生的员工相关信息，命令和运行结果如图 6-25 所示。

```
mysql> SELECT NAME AS 姓名,BirthDay AS 出生日期 FROM Employees WHERE MONTH(BirthDay)=10;
+------+------------+
| 姓名 | 出生日期   |
+------+------------+
| 周军 | 1988-10-03 |
+------+------------+
```

图 6-25 查询 10 月份出生的员工姓名和生日

本例利用 MONTH()函数将 BirthDay 字段中的月份计算出来，再判断是否等于 10，如果等于 10，则符合查询条件。在输出时，使用了别名，即将 Name 用姓名作为别名，而 BirthDay 用出生日期来表示。

6.4.2 BETWEEN…AND 条件

BETWEEN…AND 用来查询某个范围内的值，有两个参数，范围值包含上下限，如果某条记录使条件值为真，则返回该记录。

【例 6-26】 查询所有年龄在 20～30 岁之间的员工姓名和年龄。

查询年龄在 20～30 岁之间的员工相关信息，命令和运行结果如图 6-26 所示。

```
mysql> SELECT NAME AS 姓名,YEAR(CURDATE())-YEAR(BirthDay) AS 年龄
    ->  FROM Employees
    ->  WHERE YEAR(CURDATE())-YEAR(BirthDay) BETWEEN 20 AND 30;
+--------+------+
| 姓名   | 年龄 |
+--------+------+
| 周军   |  30  |
| 杨过   |  26  |
| 李海洋 |  30  |
| 云飞   |  28  |
| 楚丽   |  28  |
| 万娅   |  28  |
+--------+------+
```

图 6-26 查询年龄在 20～30 岁之间的员工姓名和年龄

本例对于年龄的计算采用的方式是跨 1 年即满 1 岁的方法。用 YEAR(CURDATE())表达式计算当前的年份，用 YEAR(BirthDay)计算员工出生时的年份，两个年份相减，即为员工的年龄。因此，BETWEEN 20 AND 30 则表示年龄范围在 20～30 岁之间，包括 20 和 30 岁。

年龄的计算还可用表达式：FLOOR(DATEDIFF(CURDATE(),Birthday)/365)，即用 DATEDIFF()函数计算当前日期和出生日期的差值，然后再除以 365，再利用 FLOOR()函数返回不大于自变量的整数，即得到的是员工的周岁年龄。如果按此方式计算，结果如图 6-27 所示。

```
mysql> SELECT NAME AS 姓名,FLOOR(DATEDIFF(CURDATE(),Birthday)/365) AS 年龄
    ->  FROM Employees
    ->  WHERE FLOOR(DATEDIFF(CURDATE(),Birthday)/365) BETWEEN 20 AND 30;
+--------+------+
| 姓名   | 年龄 |
+--------+------+
| 周军   |  29  |
| 杨过   |  26  |
| 李海洋 |  29  |
| 云飞   |  28  |
| 楚丽   |  28  |
| 万娅   |  27  |
+--------+------+
```

图 6-27 查询周岁年龄在 20～30 岁之间的员工姓名和年龄

【例 6-27】 查询年龄在 20～30 岁之间的女员工的姓名、年龄。

查询年龄在 20～30 岁之间的女员工相关信息的命令和运行结果，如图 6-28 所示。

```
mysql> SELECT NAME AS 姓名,FLOOR(DATEDIFF(CURDATE(),Birthday)/365) AS 年龄,Gender AS 性别
    ->  FROM Employees
    ->  WHERE FLOOR(DATEDIFF(CURDATE(),Birthday)/365) BETWEEN 20 AND 30 AND Gender="女";
+--------+------+------+
| 姓名   | 年龄 | 性别 |
+--------+------+------+
| 楚丽   |  28  |  女  |
| 万娅   |  27  |  女  |
+--------+------+------+
```

图 6-28 查询周岁年龄在 20～30 岁之间的女员工的姓名、年龄

这里条件由两个关系表达式构成，要同时满足年龄在 20～30，且性别为"女"的所有员工记录，两个关系表达式之间用逻辑运算符 AND 连接。

6.4.3　IS NULL 条件

IS NULL 条件通常可用于查询数据表中某个字段的值为空的记录。

【例 6-28】　查询没有填写简历的员工编号、姓名和所在部门名称。

查询没有填写简历的员工相关信息，命令和运行结果如图 6-29 所示。

```
mysql> SELECT EmployeeID  员工编号,Name 姓名,Department 部门 FROM Employees WHERE Resume IS NULL;
```

员工编号	姓名	部门
3	杨过	销售部
4	李海洋	销售部
6	云飞	业务部
7	黄海娜	财务部
10	万娅	业务部

图 6-29　查询没有填写简历的员工信息

判断一个字段是否为空，可用 IS NULL 来完成。注意，在给字段取别名时，也可省略 AS 关键字，直接在字段名后跟别名。

如果要查询已填写了简历的员工信息，可用如下语句。

```
SELECT EmployeeID  员工编号,Name 姓名,Department 部门 FROM Employees WHERE Resume IS NOT NULL;
```

即 Resume 字段的值非空，就表明该员工的简历字段中填写了信息。

6.4.4　IN 查询

IN 子句用于判断表达式的值是否在一个值列表中。

【例 6-29】　查询北京、上海、广州 3 个城市的供应商信息。

查找指定城市的供应商相关信息，命令和运行结果如图 6-30 所示。

```
mysql> SELECT * FROM Suppliers WHERE City IN("北京","上海","广州");
```

SupplierID	CompanyName	ContactName	PostAddr	TelNumber	Province	City
1	吉祥商贸有限公司	王冰	北京市海淀区学院南路25号	010-63243488	北京	北京
4	越奥商贸公司	周海娜	广州市番禺区大学城外环西路2号	020-72346348	广东	广州
5	沪通科技公司	朱天明	上海市宝山区上大路32号	020-49897838	上海	上海

图 6-30　查询 3 个城市的供应商相关信息

IN("北京","上海","广州")，即只要供应商记录中 City 字段的值是 3 个城市中的一个，则表达式为真。

这里，IN 子句也可用 OR 运算符连接的逻辑表达式来替换。SELECT 命令也可写为

```
SELECT * FROM Suppliers WHERE City="北京" OR City="上海" OR City="广州";
```

在查询时，若条件是指定列表之外的某些记录，可以使用 NOT IN 来实现。

【例 6-30】　查询出生月份不在 4、7、9、10、12 这几个月的员工编号、姓名和出生日期。

查找出生月份不在指定月份的员工相关信息，命令和运行结果如图 6-31 所示。

```
mysql> SELECT EmployeeID 员工编号,Name 姓名,BirthDay 出生日期 FROM Employees
    -> WHERE MONTH(BirthDay) NOT IN(4,7,9,10,12);
+----------+--------+------------+
| 员工编号  | 姓名   | 出生日期    |
+----------+--------+------------+
|       5  | 朱春月 | 1985-06-03 |
|       6  | 云飞   | 1990-05-02 |
|      10  | 万娅   | 1990-08-10 |
+----------+--------+------------+
```

图 6-31　查询出生日期在指定月份之外的员工信息

出生月份用 MONTH(BirthDay)表达式来进行计算，只有出生月份不在 IN 列表的记录才能被显示出来。

6.4.5　LIKE 条件

在查找记录时，常常会对字段的部分信息进行检索，如要查找所有姓"李"的或姓名中有"李"字的员工信息，就不能使用传统的比较运算符来实现，而采用 LIKE 关键字，利用通配符进行匹配查找。

LIKE 关键字支持的通配符包括"%"和"_"，其中"%"通配符，匹配任意多个字符或 0 个字符，"_"通配符，匹配任意一个字符。

【例 6-31】　查找姓名中有"海"字的员工编号、姓名和职务。

查找姓名中有"海"字的员工相关信息，命令和运行结果如图 6-32 所示。

```
mysql> SELECT EmployeeID 员工编号,Name 姓名,Title 职务 FROM Employees WHERE Name LIKE "%海%";
+----------+--------+----------+
| 员工编号  | 姓名   | 职务     |
+----------+--------+----------+
|       4  | 李海洋 | 销售员   |
|       7  | 黄海娜 | 财务经理 |
+----------+--------+----------+
```

图 6-32　姓名中含"海"字的员工信息

Name LIKE "%海%"，即姓名中只要含有"海"字，则该员工的信息都会被显示出来。如果要查询姓"李"的员工，则条件可写为"Name LIKE "李%""；若是要查找李姓，且名字只有两个字的员工，则条件应写为"Name LIKE "李_""。当然，姓"李"的员工的判定条件也可使用 LEFT(Name,1)="李"。

【例 6-32】　查找爱好书法或排球的员工信息。

查找爱好书法或排球的员工信息，命令和运行结果如图 6-33 所示。

```
mysql> SELECT Name 姓名,Resume 履历 FROM Employees WHERE Resume LIKE "%排球%" OR Resume LIKE "%书法%";
+--------+-----------------------------------------------------------------------------+
| 姓名   | 履历                                                                         |
+--------+-----------------------------------------------------------------------------+
| 王冰   | 毕业于北京大学，一直从事销售管理和市场营销工作，爱好运动，喜好摄影、书法和排球。       |
| 周军   | 毕业于中央财经大学，一直从事市场营销工作，具有多年的销售管理经验。个人爱好书法、摄影等。|
+--------+-----------------------------------------------------------------------------+
```

图 6-33　爱好书法或排球的员工信息

在 Resume 字段中，如果有"书法"或"排球"，则说明该员工有此爱好，Resume 字段中的文字内容较多，要查询信息的位置也无法确定，因此，只能用 LIKE 关键字来实现。

6.5 排序查询

在查询数据时，经常希望查询的结果按照指定的顺序进行排列，以方便数据的查看。MySQL 可以通过 ORDER BY 子句来实现输出记录的排序，语法如下。

```
ORDER BY <col1> [ASC|DESC] [,<col2> [ASC|DESC]…]
```

排序方式 ASC 表示升序，DESC 表示降序。可省略，默认为升序。

6.5.1 单字段排序查询

在查看数据时，常常希望查找出来的数据按照一定的顺序进行排列。在 MySQL 中，使用 ORDER BY 子句来实现。

【例 6-33】 按年龄从小到大输出员工的编号、姓名、出生日期和所属部门。

按年龄升序查看员工的相关信息，命令和运行结果如图 6-34 所示。

```
mysql> SELECT EmployeeID 员工编号,Name 姓名,BirthDay 出生日期,Department 所属部门
    -> FROM Employees
    -> ORDER BY BirthDay DESC;
+----------+--------+------------+--------------+
| 员工编号 | 姓名   | 出生日期   | 所属部门     |
+----------+--------+------------+--------------+
|        3 | 杨过   | 1992-07-02 | 销售部       |
|       10 | 万娅   | 1990-08-10 | 业务部       |
|        6 | 云飞   | 1990-05-02 | 业务部       |
|        8 | 楚丽   | 1990-04-09 | 财务部       |
|        2 | 周军   | 1988-10-03 | 销售部       |
|        4 | 李海洋 | 1988-09-03 | 销售部       |
|        7 | 黄海娜 | 1986-09-27 | 财务部       |
|        5 | 朱春月 | 1985-06-03 | 业务部       |
|        1 | 王冰   | 1976-04-03 | 总经理办公室 |
+----------+--------+------------+--------------+
```

图 6-34　年龄由小到大输出员工信息

注意：对于年龄而言，出生得越早，年龄越大，反之，年龄越小。因此，年龄由小到大的排列，即是 BirthDay 字段的值由大到小的排列顺序，因此，本例按 BirthDay 字段降序进行排列。

【例 6-34】 按姓名的拼音顺序升序输出员工信息。

如果希望姓名升序排列，则可采用的排序子句为 ORDER BY Name，命令和运行结果如图 6-35 所示。

```
mysql> SELECT EmployeeID 员工编号,Name 姓名,BirthDay 出生日期,Department 所属部门
    -> FROM Employees
    -> ORDER BY Name ASC;
+----------+--------+------------+--------------+
| 员工编号 | 姓名   | 出生日期   | 所属部门     |
+----------+--------+------------+--------------+
|       10 | 万娅   | 1990-08-10 | 业务部       |
|        6 | 云飞   | 1990-05-02 | 业务部       |
|        2 | 周军   | 1988-10-03 | 销售部       |
|        5 | 朱春月 | 1985-06-03 | 业务部       |
|        4 | 李海洋 | 1988-09-03 | 销售部       |
|        3 | 杨过   | 1992-07-02 | 销售部       |
|        8 | 楚丽   | 1990-04-09 | 财务部       |
|        1 | 王冰   | 1976-04-03 | 总经理办公室 |
|        7 | 黄海娜 | 1986-09-27 | 财务部       |
+----------+--------+------------+--------------+
```

图 6-35　按姓名的拼音顺序升序输出员工信息

从图 6-35 可知，并没有按汉字的拼音升序排列，原因是在 MySQL 数据库中使用 UTF-8 编码进行排序会出现不按照中文拼音的顺序排序，如果希望姓名按拼音顺序排列，需要将 Name 字段的排序方式设置成按拼音顺序排列，即将 Name 字段的编码重新设定为 GBK 或者 GB2312，即用 CONVERT()函数来实现，修改命令后的结果如图 6-36 所示。

```
mysql> SELECT EmployeeID 员工编号,Name 姓名,BirthDay 出生日期,Department 所属部门
    -> FROM Employees
    -> ORDER BY CONVERT(Name USING gbk);
+----------+----------+------------+--------------+
| 员工编号 | 姓名     | 出生日期   | 所属部门     |
+----------+----------+------------+--------------+
|        8 | 楚丽     | 1990-04-09 | 财务部       |
|        7 | 黄海娜   | 1986-09-27 | 财务部       |
|        4 | 李海洋   | 1988-09-03 | 销售部       |
|       10 | 万娅     | 1990-08-10 | 业务部       |
|        1 | 王冰     | 1976-04-03 | 总经理办公室 |
|        3 | 杨过     | 1992-07-02 | 销售部       |
|        6 | 云飞     | 1990-05-02 | 业务部       |
|        2 | 周军     | 1988-10-03 | 销售部       |
|        5 | 朱春月   | 1985-06-03 | 业务部       |
+----------+----------+------------+--------------+
```

图 6-36　重新设置 Name 字段汉字编码后的升序输出员工信息

6.5.2　多字段排序查询

在排序输出时，常常希望按照多个字段进行排序。在多字段排序时，先按第一排序字段排序输出，第一排序字段相同时，再按第二排序字段排序，依次类推。

【例 6-35】 按员工性别排列，性别相同时，按姓名升序输出员工信息。

按员工性别升序排列，再按姓名升序排列，命令和运行结果如图 6-37 所示。

```
mysql> SELECT EmployeeID 员工编号,Name 姓名,Gender 性别,BirthDay 出生日期,Department 所属部门
    -> FROM Employees
    -> ORDER BY Gender,CONVERT(Name USING gb2312);
+----------+----------+------+------------+--------------+
| 员工编号 | 姓名     | 性别 | 出生日期   | 所属部门     |
+----------+----------+------+------------+--------------+
|        8 | 楚丽     | 女   | 1990-04-09 | 财务部       |
|        7 | 黄海娜   | 女   | 1986-09-27 | 财务部       |
|       10 | 万娅     | 女   | 1990-08-10 | 业务部       |
|        5 | 朱春月   | 女   | 1985-06-03 | 业务部       |
|        4 | 李海洋   | 男   | 1988-09-03 | 销售部       |
|        1 | 王冰     | 男   | 1976-04-03 | 总经理办公室 |
|        3 | 杨过     | 男   | 1992-07-02 | 销售部       |
|        6 | 云飞     | 男   | 1990-05-02 | 业务部       |
|        2 | 周军     | 男   | 1988-10-03 | 销售部       |
+----------+----------+------+------------+--------------+
```

图 6-37　按性别及姓名升序输出员工信息

在 ORDER BY 子句中，排序字段通常采用字段名作为排序字段，但 MySQL 也支持用输出字段列表中的字段序号来代替字段名输出。注意：这里的序号是指在输出列表中的顺序号，而非数据表中的字段顺序号。如图 6-37 中的查询命令，可更改为

```
SELECT EmployeeID 员工编号,Name 姓名,Gender 性别,BirthDay 出生日期,
Department 所属部门 FROM Employees ORDER BY 3,CONVERT(Name USING gb2312);
```

如果排序字段是汉字，需要重新设置其字符集，就不能用输出列表中的字段序号替代排序字段名。在 MySQL 中，排序也支持用别名作为排序字段，上面的语句可改写为

```
SELECT EmployeeID 员工编号,CONVERT(Name USING gbk) 姓名,Gender 性
别,BirthDay 出生日期,Department 所属部门 FROM Employees ORDER BY 3,姓名;
```

6.6 限制查询结果记录条数

在数据查询时，若相同条件的数据很多，就会影响数据返回的速度，或影响查看。MySQL 在 SELECT 语句中，通过 LIMIT 子句限制查询结果的返回记录数，语法如下。

```
LIMIT [offset,] rows | rows OFFSET offset
```

LIMIT 子句可用于强制 SELECT 语句返回指定的记录数。LIMIT 可有一个或两个数字参数，但参数必须是一个整数常量。如果给定两个参数，第一个参数指定第一个返回记录行的偏移量，第二个参数指定返回记录行的最大数目。初始记录行的偏移量是 0（而不是 1），第 2 条记录的偏移量是 1。如果只有一个参数，则表示输出从第一条记录开始，输出指定条记录。

【例 6-36】 查询销售价格最高的前 5 种商品的编号、名称及价格。

查询销售价格在前 5 的商品信息，命令和运行结果如图 6-38 所示。

```
mysql> SELECT ProductID 商品编号,ProductName 商品名称,SalePrice 销售价格
    -> FROM Products
    -> ORDER BY SalePrice DESC
    -> LIMIT 5;
```

商品编号	商品名称	销售价格
26	佳能单反相机	8689
10	Apple iPhone X	7200
2	HDR 智能网络液晶平板电视机	4300
9	vivoNEX 零界全面屏	4230
6	529升对开门冰箱	4230

图 6-38 销售价格在前 5 的商品信息

本例中 LIMIT 5 即输出前 5 条记录，等价于 LIMIT 0,5 子句。

【例 6-37】 查询员工中年龄第二大的员工基本信息。

查找年龄第二大员工的相关信息，命令和和运行结果如图 6-39 所示。

```
mysql> SELECT EmployeeID 员工编号,Name 姓名,Gender 性别,Birthday 出生日期,Department 所属部门
    -> FROM Employees
    -> ORDER BY Birthday
    -> LIMIT 1,1;
```

员工编号	姓名	性别	出生日期	所属部门
5	朱春月	女	1985-06-03	业务部

图 6-39 年龄第二大的员工基本信息

本例的 LIMIT 1,1 中，第一个 1，即位置偏移量为 1，即从第 2 条记录开始；第二个 1，记录行数，表示返回 1 条记录。

6.7 总计查询

总计查询是对数据按照某个或多个字段进行分组，在 MySQL 中，用 GROUP BY 关键

字对数据进行分组，语法如下。

```
[GROUP BY <col>] [HAVING <condition>]
```

字段值为进行分组的依据，HAVING <condition>用于对分组的计算结果进行限定。

6.7.1 总计函数

通常，人们对于数据库中数据的使用，不仅仅包括对原始数据的查看，还包括对数据库中的数据进行统计计算。MySQL 提供了一组总计函数，包括：计算满足条件的记录条数、计算某个数值型字段的总和、最大值、最小值和平均值等。MySQL 的总计函数如表 6-10 所示。

表 6-10　总计函数

函　　数	功　　能
AVG()	返回某字段列的平均值
COUNT()	返回某字段列的行数
MAX()	返回某字段列的最大值
MIN()	返回某字段列的最小值
SUM()	返回某字段列的合计值

总计函数与之前介绍的函数不同，它是对数据表中的列数据进行总计。

1. 求平均值 AVG()

AVG()函数通过计算返回指定字段数据的平均值。

【例 6-38】　统计商品类别编号为 2 的商品平均库存。

统计指定类别的商品平均库存，命令和运行结果如图 6-40 所示。

```
mysql> SELECT AVG(Inventory) AS 平均库存 FROM Products WHERE TypeID=2;
+-----------+
| 平均库存  |
+-----------+
| 101.0000  |
+-----------+
```

图 6-40　统计商品类别编号为 2 的商品平均库存

在对指定字段进行纵向的均值计算时，如果某条记录的对应字段值为空，则该记录的值不参加统计。

2. 统计记录条数 COUNT()

COUNT()函数用于统计数据表中包含的记录行数。在使用 COUNT()函数进行计数时，自变量有以下两种。

1）COUNT(*)：计算表中总的记录条数。

2）COUNT(col)：按指定字段对数据表的记录条数进行总计，如果某条记录该字段值为空，则此记录不被统计在内。

【例 6-39】　统计员工的总人数。

统计员工总人数，命令和运行结果如图 6-41 所示。

```
mysql> SELECT COUNT(*) AS 员工人数 FROM Employees;
+--------+
| 员工人数 |
+--------+
|      9 |
+--------+
```

图 6-41　统计员工总人数

本例使用"*"作为 COUNT()函数的参数，计算的是整个 Employees 表的记录条数，也就是员工的总人数。除了使用"*"作为参数，还可以使用表中的非空字段进行统计，一般使用表的关键字段作为 COUNT()函数的参数，以保证统计结果的正确性。

如果在使用 COUNT()函数对员工人数进行统计时，选用了 Resume 字段作为参数，统计结果如图 6-42 所示。

```
mysql> SELECT COUNT(Resume) AS 员工人数 FROM Employees;
+--------+
| 员工人数 |
+--------+
|      4 |
+--------+
```

图 6-42　利用 Resume 字段为参数统计员工总人数

为什么结果不是 9 而是 4 呢？原因是什么？请分析。

3．求最大值 MAX()

MAX()函数返回指定字段列中的最大值。

【例 6-40】　查询 Products 表中的最高销售价格。

查询 Products 表中的最高销售价格，命令和运行结果如图 6-43 所示。

```
mysql> SELECT MAX(SalePrice) AS 最高售价 FROM Products;
+--------+
| 最高售价 |
+--------+
|   8689 |
+--------+
```

图 6-43　最高销售价格

4．求最小值 MIN()

MIN()函数返回指定字段列中的最小值。

【例 6-41】　查询 Products 表中最低库存量。

查询 Products 表中最低库存量，命令和运行结果如图 6-44 所示。

```
mysql> SELECT MIN(Inventory) AS 最小库存量 FROM Products;
+----------+
| 最小库存量 |
+----------+
|       50 |
+----------+
```

图 6-44　最低库存量

5. 求和 SUM()

SUM()函数返回指定列中的数值和。这里，列可以是一个字段，也可以是含字段的表达式。

【例 6-42】 统计 Products 表中商品类别编号为 1 的商品总额。

查询 Products 表中的编号为 1 的商品总额，命令和运行结果如图 6-45 所示。

```
mysql> SELECT SUM(PrimeCost*Inventory) 商品总额 FROM Products WHERE TypeID=1;
+-----------+
| 商品总额  |
+-----------+
| 1950500   |
+-----------+
```

图 6-45　商品类别编号为 1 的商品总额

商品的成本价格乘以库存数量，即为商品的库存成本（例 6-42 中为商品总额）。要计算类别编号为 1 的商品总库存成本，即可用 SUM()函数来进行计算。

6.7.2　分组查询

在数据查询时，除了对指定数据进行总计计算外，人们常常希望对数据表中的数据进行分类总计，GROUP BY 关键字支持的分组查询就可以完成这样的要求。

【例 6-43】 统计各个部门的员工人数。

统计各部门的员工人数，命令和运行结果如图 6-46 所示。

```
mysql> SELECT Department 部门名称,COUNT(*) 员工人数 FROM Employees GROUP BY Department;
+--------------+----------+
| 部门名称     | 员工人数 |
+--------------+----------+
| 业务部        | 3        |
| 总经理办公室  | 1        |
| 财务部        | 2        |
| 销售部        | 3        |
+--------------+----------+
```

图 6-46　各部门员工人数

注意： GROUP BY 后面可以是字段名，同时 MySQL 也支持别名或输出字段列表中的顺序号。图 6-46 中的语句可更改为

```
SELECT Department 部门名称,COUNT(*) 员工人数 FROM Employees
GROUP BY 部门名称;
```

或

```
SELECT Department 部门名称,COUNT(*) 员工人数 FROM Employees
GROUP BY 1;
```

一般情况下，建议使用字段名，这样可增加语句的可读性。

【例 6-44】 按商品类别编号统计各类商品的总库存量、最高售价和最低售价。

按商品类别统计各类商品的库存量、最高售价和最低售价，命令和运行结果如图 6-47 所示。

```
mysql> SELECT TypeID 类别编号,COUNT(*) 库存数量,MAX(SalePrice)最高售价,ROUND(MIN(SalePrice),2) 最低售价
    -> FROM Products
    -> GROUP BY TypeID;
+----------+----------+----------+----------+
| 类别编号 | 库存数量 | 最高售价 | 最低售价 |
+----------+----------+----------+----------+
|        1 |        6 |     4300 |  2678.00 |
|        2 |        4 |     7200 |   869.00 |
|        3 |        9 |     8689 |   123.00 |
|        4 |        9 |      128 |    11.20 |
|        6 |       12 |      163 |    13.00 |
+----------+----------+----------+----------+
```

图 6-47 按商品类别编号分组统计商品的库存总量等

注意：在计算最低售价时，SalePrice 字段有小数，由于小数是非精确数，在输出时，会出现很长的小数位数，因此，这里使用了 ROUND()函数，四舍五入，保留 2 位小数，以使输出结果的小数位数为两位。

在分组查询时，还可对多字段进行分组。

【例 6-45】 统计各部门男女员工的人数。

统计各部门男女员工的人数，命令和运行结果如图 6-48 所示。

```
mysql> SELECT Department 所属部门,Gender 性别,count(*) 人数
    -> FROM Employees
    -> GROUP BY Department,Gender;
+------------+------+------+
| 所属部门   | 性别 | 人数 |
+------------+------+------+
| 业务部     | 女   |    2 |
| 业务部     | 男   |    1 |
| 总经理办公室 | 男 |    1 |
| 财务部     | 女   |    2 |
| 销售部     | 男   |    3 |
+------------+------+------+
```

图 6-48 各部门男女员工人数统计

如果在分组的同时，要按所属部门进行排序，命令和运行结果如图 6-49 所示。

```
mysql> SELECT Department 所属部门,Gender 性别,count(*) 人数
    -> FROM Employees
    -> GROUP BY Department,Gender
    -> ORDER BY CONVERT(Department USING gbk);
+------------+------+------+
| 所属部门   | 性别 | 人数 |
+------------+------+------+
| 财务部     | 女   |    2 |
| 销售部     | 男   |    3 |
| 业务部     | 男   |    1 |
| 业务部     | 女   |    2 |
| 总经理办公室 | 男 |    1 |
+------------+------+------+
```

图 6-49 各部门男女员工人数统计并排序

【例 6-46】 统计每个订单的金额。

在 OrderDetails 表中，要统计每个订单的金额，命令和运行结果如图 6-50 所示。

在 OrderDetails 表中，有订单的编号、商品编号、订购数量和买入价格等，要统计每个订单的总金额，则必须要按订单编号进行分组，每种商品的买入价，是订购数量与买入价的乘积，要计算总的订单金额，只需要按订单编号分组，对各种商品的买入价求和即可得到。

```
mysql> SELECT OrderID 订单编号,ROUND(SUM(Quantity*BuyPrice),2) 订单金额
    -> FROM OrderDetails
    -> GROUP BY OrderID;
+----------+-----------+
| 订单编号 | 订单金额  |
+----------+-----------+
|        1 | 165900.00 |
|        2 |   9366.00 |
|        3 | 295610.00 |
|        4 |   7530.00 |
|        5 |  25600.00 |
|        6 |    785.00 |
|        7 |   2940.00 |
```

图 6-50　统计每个订单的金额

6.7.3　分组结果的条件限制

在进行分组查询时，为了快速地找到有用信息，往往需要对分组查询结果的输出信息进行筛选限制。在 MySQL 中，使用 HAVING 子句来实现。

【例 6-47】 查询订单金额在 1000 元以下的订单编号与订单金额。

查询订单金额在 1000 元以下的订单编号和订单金额，命令和运行结果如图 6-51 所示。

```
mysql> SELECT OrderID 订单编号,ROUND(SUM(Quantity*BuyPrice),2) 订单金额
    -> FROM OrderDetails
    -> GROUP BY OrderID
    -> HAVING SUM(Quantity*BuyPrice)<1000;
+----------+----------+
| 订单编号 | 订单金额 |
+----------+----------+
|        6 |   785.00 |
+----------+----------+
```

图 6-51　查询订单金额在 1000 元以下的订单编号和订单金额

在 MySQL 中，限定条件的表达式，可用总计函数表达式。同时，也支持别名进行条件限制，命令和运行结果如图 6-52 所示。

```
mysql> SELECT OrderID 订单编号,ROUND(SUM(Quantity*BuyPrice),2) 订单金额
    -> FROM OrderDetails
    -> GROUP BY OrderID
    -> HAVING 订单金额<1000;
+----------+----------+
| 订单编号 | 订单金额 |
+----------+----------+
|        6 |   785.00 |
+----------+----------+
```

图 6-52　别名查询订单金额在 1000 元以下的订单编号和订单金额

注意：在 SELECT 语句中，WHERE 的条件筛选是记录级的；而 HAVING 所设置的条件筛选是针对分组总计的结果进行限制的，一定不要混淆不清。

6.8　连接查询

由于关系型数据库的特点，数据表中只存放一个实体信息，而数据之间的联系，则

需依靠连接来实现。连接，是关系型数据库的主要特点。连接查询，即是将两张表连接成一张大表的操作过程，是关系型数据库中最主要的查询，主要包括交叉连接、内连接和外连接等。通过连接，可以实现数据库中多个表的数据查询，也是数据库查询中使用最多的查询。

6.8.1 交叉连接

交叉连接（CROSS JOIN）也称笛卡儿积，即把左表的每一条记录与右表中的每一条记录连接，构成一个含有所有可能记录的大表。交叉连接会产生很多没有意义的数据，造成系统资源的浪费，尤其是表中记录数比较多时。因此，在实际应用中很少采用交叉连接。

交叉连接有两种形式：显式的和隐式的。显示的交叉连接，用 CROSS JOIN 连接两张表。隐式的交叉连接，没有 CROSS JOIN，直接用逗号连接符连接两个表。

语法为：

```
SELECT * FROM <table1> CROSS JOIN <table2>;
```

或

```
SELECT * FROM <table1> , <table2>;
```

【例 6-48】 交叉连接 Sales 和 SaleDetails 表。

将两张表进行连接，以 Sales 表作为左表，SaleDetails 表作为右表，命令如下：

```
mysql> SELECT * FROM Sales CROSS JOIN SaleDetails;
```

或

```
mysql> SELECT * FROM Sales , SaleDetails;
```

查询结果有 408 条记录，在 Sales 表中有 12 条记录，SaleDetails 表中有 34 条记录，将两个表进行交叉连接，结果有 12×34=408 条记录。

6.8.2 内连接

内连接（INNER JOIN）使用比较运算符，连接中对列数据进行比较，然后将满足连接条件的记录组成新的表。也就是说，只有满足连接条件的记录才会出现在查询结果集中。

内连接有两种：显式的和隐式的，均返回连接表中符合连接条件和查询条件的数据行。（所谓的连接表就是数据库在做查询形成的中间表）。

显式的内连接，一般称为内连接，使用 INNER JOIN 子句，形成的中间表为两个表经过 ON 条件过滤后的笛卡儿积。隐式的内连接，不使用 INNER JOIN 子句，形成的中间表为两个表的笛卡儿积，再采用 WHERE 引导连接条件对连接后的记录进行筛选。

1. 等值或不等值连接

等值连接是指在连接两个表时，利用"="比较运算符将两个表中连接字段的值相等的记录输出在结果集中。

不等值连接，即在连接两表时，连接的比较运算符有：<>（!=）、>、<、>=、<=等。连接条件中的字段名即称为连接字段。连接的语法如下。

<table1>.<col1> <比较运算符> <table2>.<col2>

连接字段的数据类型不一定要一致，但一定要可比较。

【例6-49】 查询订单编号为1的订单信息和商品购买情况。

查询订单编号为1的订单信息和商品购买情况，命令和运行结果如图6-53所示。

```
mysql> SELECT Orders.OrderID 订单编号,SupplierID 供应商编号,EmployeeID 员工编号,OrderDate 采购日期,
    -> ProductID 商品编号,Quantity 数量,BuyPrice 进货价格
    -> FROM Orders INNER JOIN OrderDetails ON Orders.OrderID=OrderDetails.OrderID
    -> WHERE Orders.OrderID=1;
+----------+------------+----------+------------+----------+--------+----------+
| 订单编号 | 供应商编号 | 员工编号 | 采购日期   | 商品编号 | 数量   | 进货价格 |
+----------+------------+----------+------------+----------+--------+----------+
|        1 |          1 |        5 | 2018-03-04 |        1 |     20 |     2980 |
|        1 |          1 |        5 | 2018-03-04 |        2 |     10 |     3500 |
|        1 |          1 |        5 | 2018-03-04 |        6 |     15 |     3600 |
|        1 |          1 |        5 | 2018-03-04 |        8 |     10 |     1730 |
+----------+------------+----------+------------+----------+--------+----------+
```

图6-53 查询订单编号为1的订单相关信息（一）

注意： 在连接Orders和OrderDetails两张表时，连接字段为OrderID，由于两张表中都有OrderID字段，因此在SELECT命令中，一定要指定OrderID所属的表。由于本例完成的是等值连接，因此，对于OrderID字段，来自Orders表还是OrderDetails表是没有影响的。因此，输出列表中的OrderID字段和Where条件中的OrderID字段，既可用 Orders.OrderID，也可用OrderDetails.OrderID。

连接查询是两张表之间的连接运算，如果查询的数据涉及多张表时，实质是先将两张表连接后，再去与第三张表连接，依次类推。

【例6-50】 查询订单编号为1的订单的供应商名称、员工姓名、商品名称等信息。

查询订单编号为1的订单相关信息，命令和运行结果如图6-54所示。

```
mysql> SELECT Orders.OrderID 订单编号,CompanyName 供应商名称,Name 员工姓名,OrderDate 采购日期,
    -> ProductName 商品名称,Quantity 数量,BuyPrice 进货价格
    -> FROM Orders INNER JOIN OrderDetails INNER JOIN Employees INNER JOIN Products INNER JOIN Suppliers
    -> ON Orders.OrderID=OrderDetails.OrderID AND Orders.EmployeeID=Employees.EmployeeID
    -> AND OrderDetails.ProductID=Products.ProductID AND Orders.SupplierID=Suppliers.SupplierID
    -> WHERE Orders.OrderID=1;
+----------+----------------+----------+------------+------------------------------+--------+----------+
| 订单编号 | 供应商名称     | 员工姓名 | 采购日期   | 商品名称                     | 数量   | 进货价格 |
+----------+----------------+----------+------------+------------------------------+--------+----------+
|        1 | 吉祥商贸有限公司 | 朱春月  | 2018-03-04 | 高清智能网络液晶电视机       |     20 |     2980 |
|        1 | 吉祥商贸有限公司 | 朱春月  | 2018-03-04 | HDR 智能网络液晶平板电视机   |     10 |     3500 |
|        1 | 吉祥商贸有限公司 | 朱春月  | 2018-03-04 | 529升对开门冰箱              |     15 |     3600 |
|        1 | 吉祥商贸有限公司 | 朱春月  | 2018-03-04 | 全面屏智能手机               |     10 |     1730 |
+----------+----------------+----------+------------+------------------------------+--------+----------+
```

图6-54 查询订单编号为1的订单相关信息（二）

在多表连接查询时，在INNER JOIN中INNER可省略，用JOIN替代。在多表查询时，如果表名太长，为了写命令简单，也可为表取别名，表取别名的语法如下。

<table_name> [AS] <table_ailas>

图 6-54 中的命令可修改为如图 6-55 所示。

```
mysql> SELECT A.OrderID 订单编号,CompanyName 供应商名称,Name 员工姓名,OrderDate 采购日期,
    -> ProductName 商品名称,Quantity 数量,BuyPrice 进货价格
    -> FROM Orders AS A JOIN OrderDetails AS B JOIN Employees AS C JOIN Products AS D JOIN Suppliers AS E
    -> ON A.OrderID=B.OrderID AND A.EmployeeID=C.EmployeeID
    -> AND B.ProductID=D.ProductID AND A.SupplierID=E.SupplierID
    -> WHERE A.OrderID=1;
```

订单编号	供应商名称	员工姓名	采购日期	商品名称	数量	进货价格
1	吉祥商贸有限公司	朱春月	2018-03-04	高清智能网络液晶电视机	20	2980
1	吉祥商贸有限公司	朱春月	2018-03-04	HDR 智能网络液晶平板电视机	10	3500
1	吉祥商贸有限公司	朱春月	2018-03-04	529升对开门冰箱	15	3600
1	吉祥商贸有限公司	朱春月	2018-03-04	全面屏智能手机	10	1730

图 6-55　利用别名进行多表查询

注意：如果在命令中使用了别名，那么在整个语句中都必须使用表的别名，不能混合使用。

【例 6-51】 查询每位员工的销售金额。

查询每位员工的销售金额，命令和运行结果如图 6-56 所示。

```
mysql> SELECT Name 员工姓名,ROUND(SUM(Quantity*SalePrice*(1-Discount)),2) 销售金额
    -> FROM Employees JOIN Sales JOIN SaleDetails JOIN Products
    -> ON Employees.EmployeeID=Sales.EmployeeID AND Sales.SaleID=SaleDetails.SaleID
    -> AND SaleDetails.ProductID=Products.ProductID
    -> GROUP BY Employees.EmployeeID;
```

员工姓名	销售金额
杨过	134.79
李海洋	810.70

图 6-56　查询每位员工的销售金额

如果采用隐式的内连接格式，例 6-51 的命令可修改为如图 6-57 所示。

```
mysql> SELECT Name 员工姓名,ROUND(SUM(Quantity*SalePrice*(1-Discount))) 销售金额
    -> FROM Employees A, Sales B, SaleDetails C, Products D
    -> WHERE A.EmployeeID=B.EmployeeID AND B.SaleID=C.SaleID AND C.ProductID=D.ProductID
    -> GROUP BY A.EmployeeID;
```

员工姓名	销售金额
杨过	135
李海洋	811

图 6-57　利用隐式内连接查询员工的销售金额

2. 自连接

如果某个表与自身进行连接，此种连接称为自连接。在使用自连接时，由于连接的两个表同名，此时，必须为表取别名，否则，系统会报错。

【例 6-52】 查询每位员工的基本信息及直属上级姓名。

在 Employees 表中，有一个字段 SupervisorID，此字段中放置的是该员工的直属上级的员工编号，现在要查询每位员工的基本信息和直属上级的姓名，可通过自连接来实现。

查询每位员工及直属上级的信息，命令和运行结果如图 6-58 所示。

```
mysql> SELECT A.EmployeeID 员工编号,A.Name 员工姓名,A.Gender 性别,A.Department 所属部门,B.Name 上级姓名
    -> FROM Employees A INNER JOIN Employees B
    -> ON A.SupervisorID=B.EmployeeID;
```

员工编号	员工姓名	性别	所属部门	上级姓名
2	周军	男	销售部	王冰
3	杨过	男	销售部	周军
4	李海洋	男	销售部	周军
5	朱春月	女	业务部	王冰
6	云飞	男	业务部	朱春月
7	黄海娜	女	财务部	王冰
8	楚丽	女	财务部	黄海娜
10	万娅	女	业务部	朱春月

图 6-58　查询员工基本信息与直属上级姓名

注意： 员工王冰的信息丢失，是因为王冰没有直属领导，因此在使用内连接时，没有在 B 表中找到与之匹配的记录，因此结果集中该记录丢失。

3. 自然连接

自然连接（NATURAL JOIN），只有当两个表的连接字段名相同时才能使用自然连接，否则返回的是笛卡儿集。

【例 6-53】 查询订单的供应商名称。

查询订单的供应商名称，命令和运行结果如图 6-59 所示。

```
mysql> SELECT Orders.OrderID 订单编号,OrderDate 采购日期,CompanyName 供应商名称
    -> FROM Orders NATURAL JOIN Suppliers;
```

订单编号	采购日期	供应商名称
1	2018-03-04	吉祥商贸有限公司
2	2018-03-09	万新科技有限公司
3	2018-04-02	武汉东湖商贸公司
4	2018-05-08	越奥商贸公司
5	2018-06-03	沪通科技公司
6	2018-06-20	武汉东湖商贸公司
7	2018-07-03	越奥商贸公司
8	2018-07-17	万新科技有限公司
9	2018-07-25	越奥商贸公司
10	2018-08-01	武汉东湖商贸公司

图 6-59　查询订单的供应商名称

由此例可见，在进行自然连接时，不需要指定连接条件，系统会自动根据表中相同的字段名来进行等值连接。

6.8.3　外连接查询

在数据查询时，内连接查询要求多表之间通过连接字段值匹配来实现连接，不匹配的数据将会丢失。但有时也会需要那些与连接表没有匹配记录的数据，而内查询是无法实现的，因此，MySQL 提供了外连接查询。在外连接查询的过程中，不仅将匹配的记录发送到结果集中，而且将不匹配的记录也发送到结果集中。

外连接根据连接表的顺序，又分为左外连接和右外连接。

外连接的语法如下。

```
SELECT * FROM <table1> LEFT [OUTER] JOIN | RIGHT [OUTER] JOIN
ON <table1>.<col1> <比较运算符> <table2>.<col2>;
```

1. 左外连接

左外连接（LEFT JOIN 或 LEFT OUTER JOIN），也称左连接。左连接以左表为基表，将返回左表中的所有记录及与之匹配的右表记录行，如果左表的某条记录在右表中没有匹配记录，则在相关联的结果集行中右表的对应字段列设置空值。

【例 6-54】 查询所有供应商的基本情况，以及与他们交易的订单号，如图 6-60 所示。

```
mysql> SELECT Suppliers.SupplierID 供应商编号,CompanyName 供应商名称,OrderID 订单编号
    -> FROM Suppliers LEFT OUTER JOIN Orders ON Suppliers.SupplierID=Orders.SupplierID;
```

供应商编号	供应商名称	订单编号
2	万新科技有限公司	2
2	万新科技有限公司	8
1	吉祥商贸有限公司	1
6	杭新商贸公司	NULL
3	武汉东湖商贸公司	3
3	武汉东湖商贸公司	6
3	武汉东湖商贸公司	10
5	沪通科技公司	5
4	越奥商贸公司	4
4	越奥商贸公司	7
4	越奥商贸公司	9

图 6-60　查询所有供应商基本信息与订单编号

由例 6-54 可知，查询结果集中，供应商编号为 6 的供应商没有交易，因此，对应的订单编号为 NULL。

【例 6-55】 查询所有员工的基本信息及其直属上级姓名。

在例 6-52 中，采用内连接的自连接查询员工基本信息及其直属上级姓名时，发现公司的总经理王冰的信息丢失，原因是王冰没有直属上级，所以结果集中没有该记录。本例采用左连接实现查询，命令和运行结果如图 6-61 所示。

```
mysql> SELECT A.EmployeeID 员工编号,A.Name 员工姓名,A.Gender 性别,A.Department 所属部门,B.Name 上级姓名
    -> FROM Employees A LEFT OUTER JOIN Employees B
    -> ON A.SupervisorID=B.EmployeeID;
```

员工编号	员工姓名	性别	所属部门	上级姓名
1	王冰	男	总经理办公室	NULL
2	周军	男	销售部	王冰
3	杨过	男	销售部	周军
4	李海洋	男	销售部	周军
5	朱春月	女	业务部	王冰
6	云飞	男	业务部	朱春月
7	黄海娜	女	财务部	王冰
8	楚丽	女	财务部	黄海娜
10	万娅	女	业务部	朱春月

图 6-61　查询所有员工基本信息及其直属姓名

2. 右外连接

右外连接（RIGHT JOIN 或 RIGHT OUTER JOIN），也称右连接。右连接以右表为基表，将返回右表中的所有记录及与之匹配的左表记录行，如果右表的某条记录在左表中没有匹配行，则在相关联的结果集行中左表的对应字段列设置空值。

【例 6-56】 查询没有销售过的商品。

在 Products 表中有所有商品的信息，在 SaleDetails 表中有销售过的商品编号，如果以 SaleDetails 表作为左表，与 Products 表进行右连接，没有销售过的商品，在左表中就找不到与 Products 表中的商品匹配的记录，则 SaleDetails 表中的 ProductID 字段被设置为 NULL，因此，只要查询该字段值为 NULL，则表示该商品没有被销售过。具体命令和和运行结果如图 6-62 所示。

```
mysql> SELECT Products.ProductID 商品编号,ProductName 商品名称
    -> FROM SaleDetails RIGHT OUTER JOIN Products
    -> ON SaleDetails.ProductID=Products.ProductID
    -> WHERE SaleDetails.ProductID IS NULL;
```

商品编号	商品名称
4	壁挂式空调
5	变频风冷无霜三门冰箱
7	智慧徕卡双摄全面屏游戏手机
10	Apple iPhone X
11	华为 HUAWEI 畅享8e青春
13	三色球 3合1洗衣凝珠
17	清风抽纸
18	心相印卫生纸
22	Apple Watch
23	TP-LINK
24	小米路由器
30	风味榴莲饼
31	蒙牛
32	三元
33	蒙牛特仑苏
37	海天味极鲜
38	特级酱油
40	辣白菜拉

图 6-62　查询没有销售过的商品

在使用外连接查询时，如果基表中的所有记录在匹配表中都能找到记录与之匹配，则外连接查询的结果集与内连接是相同的。

6.9　子查询

子查询是指一个查询语句嵌套在另一个查询语句内部的查询。在 SELECT 语句中，先计算子查询，子查询的结果作为外层查询的条件。子查询中常用的操作符有 ANY（SOME）、ALL、IN、EXISTS。

查询子句可以嵌套在 SELECT、UPDATE 和 DELETE 语句中，且可以多层嵌套。子查询也支持比较运算符。

6.9.1　带 ANY、SOME 关键字的子查询

ANY 和 SOME 关键字是同义词，表示 ANY 后面的结果是否至少有一条记录与 ANY 前面的值匹配。允许创建一个表达式对子查询的返回值列表进行比较，只要满足内层子查询中的一个比较条件，则返回 True，如果均不匹配，则返回 False。

【例 6-57】查询比财务部某位员工入职晚的员工的基本信息。

按照问题的要求，要先查询财务部员工的入职日期，这里查出两个日期：2010-8-9 和 2012-8-5，在外查询中，只要将每个员工的入职日期与财务部入职最晚的员工的入职日期进行比较，只要大于其中一个，即匹配条件。具体命令及运算结果如图 6-63 所示。

```
mysql> SELECT EmployeeID 员工编号,Name 姓名,Gender 性别,Department 所属部门 FROM Employees
    -> WHERE EntryDate >ANY(SELECT EntryDate FROM Employees WHERE Department="财务部");
```

员工编号	姓名	性别	所属部门
2	周军	男	销售部
6	云飞	男	业务部
8	楚丽	女	财务部
10	万娅	女	业务部

图 6-63　查询比财务部某位员工入职晚的员工信息

由图 6-63 可知，财务部有两位员工，黄海娜是 2010-8-9 日入职，楚丽是 2012-8-5 日入职，在结果集中，楚丽出现，是因为她入职比黄海娜晚。如果希望查询的结果中只包含其他部门的而不包括财务部的，应该如何实现呢？

6.9.2 带 ALL 关键字的子查询

ALL 关键字与 ANY（SOME）不同，ALL 要求满足所有内层查询的条件。

【例 6-58】 查询比财务部所有员工都要入职晚的员工信息。

在子查询中查出财务部所有员工的入职日期，将此作为查询条件，将所有员工的入职日期与子查询中的所有结果进行比较，输出小于所有的财务部员工的入职日期的数据，具体的命令和运行结果如图 6-64 所示。

```
mysql> SELECT EmployeeID 员工编号,Name 姓名,Gender 性别 FROM Employees
    -> WHERE EntryDate >ALL(SELECT EntryDate FROM Employees WHERE Department="财务部");
+----------+--------+--------+
| 员工编号 | 姓名   | 性别   |
+----------+--------+--------+
|        6 | 云飞   | 男     |
|       10 | 万娅   | 女     |
+----------+--------+--------+
```

图 6-64 查询比财务部所有员工入职晚的员工信息

在 ALL 关键字引导的查询条件中，要求员工的入职日期要大于子查询中的两个日期，此时条件才能匹配，因此，楚丽和周军两位员工的入职日期均未符合大于子查询中两个日期的条件，因此结果集中没有这两条记录。

6.9.3 带 EXISTS 关键字的子查询

EXISTS 是存在的意思，是子查询中常用的操作符之一。在子查询中主要用来判断某个值是否存在，如判断某个表中是否含有某些值。如果子查询中有返回结果，则 EXISTS 的结果为 True，外查询执行，否则，外查询不执行。

与 EXISTS 相反的就是 NOT EXISTS，用来判断不存在某些值。

【例 6-59】 查询供应商编号为 1 的供应商，如果与公司有订单业务，则输出该供应商的信息。

在子查询中查询与供应商编号为 1 的供应商是否与公司有相关订单信息，如果有，则返回供应商编号，如果没有，则返回 NULL；以此作为查询条件，如果非 NULL，则查询供应商编号为 1 的供应商信息，具体命令与运行结果如图 6-65 所示。

```
mysql> SELECT * FROM Suppliers
    -> WHERE SupplierID=1 AND EXISTS(SELECT SupplierID FROM Orders WHERE SupplierID=1);
+-----------+----------------+-------------+----------------------+--------------+----------+------+
| SupplierID| CompanyName    | ContactName | PostAddr             | TelNumber    | Province | City |
+-----------+----------------+-------------+----------------------+--------------+----------+------+
|         1 | 吉祥商贸有限公司 | 王冰       | 北京市海淀区学院南路25号 | 010-63243488 | 北京     | 北京 |
+-----------+----------------+-------------+----------------------+--------------+----------+------+
```

图 6-65 查询供应商编号为 1 的供应商信息

在子查询中，由于供应商编号为 1 的供应商与公司有订单往来，因此，子查询中返回结果 SupplierID=1，有一条记录，外查询能够执行。

【例 6-60】 查询供应商编号为 6 的供应商，如果与公司有订单业务，则输出该供应商的信息。

在子查询中查出所有与供应商编号为 6 的供应商相关的订单信息，作为查询条件，查询供应商编号为 6 的相关信息，具体命令与运行结果如图 6-66 所示。

```
mysql> SELECT * FROM Suppliers
    -> WHERE SupplierID=6 AND EXISTS(SELECT * FROM Orders WHERE SupplierID=6);
Empty set (0.00 sec)
```

图 6-66　查询供应商编号为 6 的供应商信息

由图 6-66 可知，编号为 6 的供应商与公司目前没有订单往来，因此，子查询的结果为空集，外查询不能执行，所以查询结果为空集。

注意：子查询的结果，可以是一列或多列，这对查询是没有影响的，因为 EXISTS 只是要判断子查询中是否存在记录，而不关心具体的记录形式。

NOT EXISTS 与 EXISTS 正好相反，如果子查询的结果集为空时，返回 True，外查询执行；如果子查询的结果集非空，则返回 False，外查询不执行。

6.9.4　带 IN 关键字的子查询

IN 表示在之中，利用 IN 子句引导的子查询，通常返回一个值列表；IN 子句前面的表达式或字段的值如果在子查询列表中存在，则返回 True，否则，返回 False。

NOT IN 与 IN 相反，如果表达式或字段值在子查询的列表中不存在，则返回 True，否则返回 False。

【例 6-61】 查询与公司有订单往来的供应商信息。

在子查询中查出所有与公司有订单的供应商编号，作为查询条件，在 Suppliers 表中查询供应商的相关信息，具体的命令与运行结果如图 6-67 所示。

```
mysql> SELECT * FROM Suppliers
    -> WHERE SupplierID IN(SELECT SupplierID FROM Orders);
+------------+----------------+-------------+---------------------------+-------------+----------+-------+
| SupplierID | CompanyName    | ContactName | PostAddr                  | TelNumber   | Province | City  |
+------------+----------------+-------------+---------------------------+-------------+----------+-------+
|          1 | 吉祥商贸有限公司 | 王冰        | 北京市海淀区学院南路25号    | 010-63243488 | 北京     | 北京  |
|          2 | 万新科技有限公司 | 张春海      | 重庆市沙坪坝区沙正街67号    | 023-76342743 | 重庆     | 重庆  |
|          3 | 武汉东湖商贸公司 | 李海        | 湖北省武汉市武昌区八一路123号 | 027-63742324 | 湖北     | 武汉  |
|          4 | 越奥商贸公司    | 周海娜      | 广州市番禺区大学城外环西路2号 | 020-72346348 | 广东     | 广州  |
|          5 | 沪通科技公司    | 朱天明      | 上海市宝山区上大路32号      | 020-49897838 | 上海     | 上海  |
+------------+----------------+-------------+---------------------------+-------------+----------+-------+
```

图 6-67　与公司有订单往来的供应商信息

在子查询中将与公司有订单往来的所有供应商编号查询出来，即子查询的结果集为与公司有订单往来的供应商编号。外查询中，只需要将所有供应商的编号在子查询结果集中的编号进行比较，若存在，则表示该供应商与公司有订单往来，输出相关信息；不存在，则表示无订单往来，不输出相关信息。

【例 6-62】 查询与公司没有订单往来的供应商信息。

在子查询中查出所有与公司有订单往来的供应商编号，外查询中利用此列表作为查询条件，去查询与公司没有往来的供应商信息，具体命令与运行结果如图 6-68 所示。

```
mysql> SELECT * FROM Suppliers
    -> WHERE SupplierID NOT IN(SELECT SupplierID FROM Orders);
+------------+-------------+-------------+---------------------------+--------------+----------+------+
| SupplierID | CompanyName | ContactName | PostAddr                  | TelNumber    | Province | City |
+------------+-------------+-------------+---------------------------+--------------+----------+------+
|          6 | 杭新商贸公司 | 王艳        | 杭州市西湖区浙大路18号      | 0571-64873242| 浙江     | 杭州  |
+------------+-------------+-------------+---------------------------+--------------+----------+------+
```

图 6-68　与公司没有订单往来的供应商信息（一）

子查询也可通过连接查询来实现，具体命令与运行结果如图 6-69 所示。

```
mysql> SELECT Suppliers.*
    -> FROM Suppliers LEFT JOIN Orders ON Suppliers.SupplierID=Orders.SupplierID
    -> WHERE Orders.SupplierID IS NULL;
+------------+-------------+-------------+---------------------------+--------------+----------+------+
| SupplierID | CompanyName | ContactName | PostAddr                  | TelNumber    | Province | City |
+------------+-------------+-------------+---------------------------+--------------+----------+------+
|          6 | 杭新商贸公司 | 王艳        | 杭州市西湖区浙大路18号      | 0571-64873242| 浙江     | 杭州  |
+------------+-------------+-------------+---------------------------+--------------+----------+------+
```

图 6-69　与公司没有订单往来的供应商信息（二）

比较图 6-68 与图 6-69 中的命令，嵌套的子查询可读性更高。

注意： 因为 IN 或 NOT IN 子句，都是在子查询的结果集中进行值比较，因此，关键字之前的表达式或字段与子查询的结果集要可比。

6.9.5　带比较运算符的子查询

除了前文中在 ALL 和 ANY（SOME）中使用了比较运算符外，子查询也支持直接与比较运算符的连接，比较运算符有>、<、>=、<=、=和!=等。

【例 6-63】 查询与黄海娜同年入职员工的基本信息。

子查询查出黄海娜的入职年份，以此作为条件，在外查询中以内查询作为条件，查出所有与黄海娜同年入职的员工相关信息，具体命令与运行结果如图 6-70 所示。

```
mysql> SELECT EmployeeID 员工编号,Name 姓名,Gender 性别,Department 所属部门
    -> FROM Employees WHERE YEAR(EntryDate)=
    -> (SELECT YEAR(EntryDate) FROM Employees WHERE Name="黄海娜");
+----------+--------+------+----------+
| 员工编号  | 姓名   | 性别  | 所属部门  |
+----------+--------+------+----------+
|        2 | 周军   | 男    | 销售部    |
|        7 | 黄海娜  | 女    | 财务部    |
+----------+--------+------+----------+
```

图 6-70　与黄海娜同年入职的员工信息

如果只是希望看到与黄海娜同年入职的员工信息，而不希望在结果集中保留黄海娜的信息，可修改命令，结果如图 6-71 所示。

```
mysql> SELECT EmployeeID 员工编号,Name 姓名,Gender 性别,Department 所属部门
    -> FROM Employees WHERE Name!="黄海娜" AND YEAR(EntryDate)=
    -> (SELECT YEAR(EntryDate) FROM Employees WHERE Name="黄海娜");
+----------+------+--------+----------+
| 员工编号 | 姓名 | 性别   | 所属部门 |
+----------+------+--------+----------+
|        2 | 周军 | 男     | 销售部   |
+----------+------+--------+----------+
```

图 6-71　与黄海娜同年入职的员工信息（不包括黄海娜）

此查询能否用连接查询来实现？请思考。

如例 6-58 的查询，要实现该查询目标，也可用比较运算符和总计函数来实现。

【例 6-64】 查询比财务部所有员工都要入职晚的员工信息。

在子查询中，查出财务部最晚入职员工的入职日期，以此作为条件，查询所有员工的相关信息，具体命令和运行结果如图 6-72 所示。

```
mysql> SELECT EmployeeID 员工编号,Name 姓名,Gender 性别,Department 所属部门 FROM Employees
    -> WHERE EntryDate>(SELECT MAX(EntryDate) FROM Employees WHERE Department="财务部");
+----------+------+--------+----------+
| 员工编号 | 姓名 | 性别   | 所属部门 |
+----------+------+--------+----------+
|        6 | 云飞 | 男     | 业务部   |
|       10 | 万娅 | 女     | 业务部   |
+----------+------+--------+----------+
```

图 6-72　比财务部所有员工入职都晚的员工信息

在子查询中利用总计函数计算出财务部的员工中最晚的入职日期，再用每个员工的入职日期与之相比较，即可实现查询目标。

【例 6-65】 查询所有库存量高于平均库存的商品信息。

在子查询中查出整个商品的平均库存，并以此为查询条件，查询所有库存高于平均库存的相关商品信息，具体命令和运行结果如图 6-73 所示。

```
mysql> SELECT ProductID 商品编号,ProductName 商品名称,Inventory 库存量 FROM Products
    -> WHERE Inventory>(SELECT AVG(Inventory) FROM Products);
+----------+------------------------+--------+
| 商品编号 | 商品名称               | 库存量 |
+----------+------------------------+--------+
|        4 | 壁挂式空调             |    150 |
|       12 | 洗衣凝珠               |    189 |
|       13 | 三色球 3合1洗衣凝珠    |    200 |
|       14 | 清扬洗发水             |    146 |
|       15 | LG竹盐牙膏             |    300 |
|       16 | 双锌备长炭深洁牙膏     |    400 |
|       17 | 清风抽纸               |    250 |
|       18 | 心相印卫生纸           |    200 |
|       19 | 海飞丝洗发水           |    230 |
|       20 | 茶清洗洁精             |    300 |
|       29 | 乐事薯片               |    200 |
|       30 | 风味榴莲饼             |    150 |
|       32 | 三元                   |    160 |
+----------+------------------------+--------+
```

图 6-73　所有库存量高于平均库存的商品信息

在子查询中，利用总计函数 AVG()计算商品的平均库存，在外查询中，用每个商品的库存量与平均库存进行比较，如果超过平均库存，该记录输出。

【例 6-66】 查询员工云飞所签订单的总金额。

在子查询中查出员工云飞的员工编号，以此作为条件，查询该员工编号所签订单的总金额，具体命令和运行结果如图 6-74 所示。

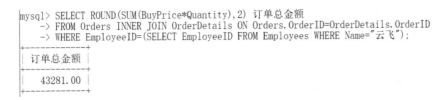

```
mysql> SELECT ROUND(SUM(BuyPrice*Quantity),2) 订单总金额
    -> FROM Orders INNER JOIN OrderDetails ON Orders.OrderID=OrderDetails.OrderID
    -> WHERE EmployeeID=(SELECT EmployeeID FROM Employees WHERE Name="云飞");
+------------+
| 订单总金额  |
+------------+
|  43281.00  |
+------------+
```

图 6-74 查询员工云飞所签订单的总金额

在子查询中，查出云飞的员工号；在外查询中，将 Orders 表与 OrderDetails 表连接，而 Orders 表中有 EmployeeID 字段，外查询 WHERE 引导的条件中，EmployeeID 字段的值等于子查询的结果，则表明该订单是云飞所签订单，即可进入结果中间集，最后对所有满足条件的订单金额进行汇总，得到最后的结果。

【例 6-67】 查询员工云飞所签各个订单的金额。

子查询中查出云飞的员工编号，以此为条件，查询员工云飞所签各个订单的金额情况，在外查询中可利用多字段分组总计，具体命令和运行结果如图 6-75 所示。

```
mysql> SELECT Orders.OrderID 订单编号,ROUND(SUM(BuyPrice*Quantity),2) 订单总金额
    -> FROM Orders INNER JOIN OrderDetails ON Orders.OrderID=OrderDetails.OrderID
    -> WHERE EmployeeID=(SELECT EmployeeID FROM Employees WHERE Name="云飞")
    -> GROUP BY Orders.OrderID;
+----------+------------+
| 订单编号  | 订单总金额  |
+----------+------------+
|       2  |   9366.00  |
|       4  |   7530.00  |
|       5  |  25600.00  |
|       6  |    785.00  |
+----------+------------+
```

图 6-75 查询员工云飞所签各个订单的金额

6.10 合并查询结果

每个 SELECT 语句将产生一个结果集，如果希望把多个 SELECT 语句的查询结果合并在一起，构成一个集合，MySQL 可利用 UNION 关键字来实现，能够实现多个查询结果集合并，但前提是所有结果集对应的列的数据类型必须相同。

各个 SELECT 语句之间用 UNION 或 UNION ALL 关键字分隔。如果省略 ALL，执行的时候将删除重复记录，所有返回行都是唯一的；保留关键字 ALL，将不删除重复行，同样也不对结果进行排序。合并查询语法如下：

```
SELECT <col1>,…FROM <table1>
UNION [ALL]
SELECT <col1>,…FROM <table2>
```

【例 6-68】 查询所有销售价格大于 5000 和低于 20 的商品信息。

用两个查询分别查询出销售价格大于 5000 和低于 20 的商品信息，再用 UNION 命令将查询结果并在一起，具体命令和运行结果如图 6-76 所示。

```
mysql> SELECT ProductID 商品编号,ProductName 商品名称,SalePrice 销售价格 FROM Products WHERE SalePrice>5000
    -> UNION
    -> SELECT ProductID 商品编号,ProductName 商品名称,SalePrice 销售价格 FROM Products WHERE SalePrice<20;
+----------+----------------+------------+
| 商品编号  | 商品名称        | 销售价格    |
+----------+----------------+------------+
|       10 | Apple iPhone X  |       7200 |
|       26 | 佳能单反相机     |       8689 |
|       15 | LG竹盐牙膏       |       14.2 |
|       20 | 茶清洗洁精       |       11.2 |
|       38 | 特级酱油        |         13 |
+----------+----------------+------------+
```

图 6-76　查询所有销售价格大于 5000 和低于 20 的商品信息

第一个 SELECT 语句，查询出所有销售价格高于 5000 的商品信息，第二个 SELECT 语句中，查询出所有销售价格低于 20 的商品信息，然后将两个结果集合并。

本例由于两个子集没有重合的数据，因此，ALL 关键字对查询结果没有影响。

【例 6-69】　查询所有 1990 年出生的员工信息和所有 4 月份出生的员工信息。

用两个查询分别查询出 1990 出生的员工信息和所有 4 月份出生的员工信息，再用 UNION 命令将查询结果并在一起，具体命令和运行结果如图 6-77 所示。

```
mysql> SELECT EmployeeID,Name,Gender,Birthday FROM Employees WHERE YEAR(BirthDay)=1990
    -> UNION ALL
    -> SELECT EmployeeID,Name,Gender,Birthday FROM Employees WHERE MONTH(BirthDay)=4;
+------------+------+--------+------------+
| EmployeeID | Name | Gender | Birthday   |
+------------+------+--------+------------+
|          6 | 云飞 | 男     | 1990-05-02 |
|          8 | 楚丽 | 女     | 1990-04-09 |
|         10 | 万娅 | 女     | 1990-08-10 |
|          1 | 王冰 | 男     | 1976-04-03 |
|          8 | 楚丽 | 女     | 1990-04-09 |
+------------+------+--------+------------+
```

图 6-77　查询所有 1990 年出生的员工信息和所有 4 月份出生的员工信息（UNION ALL）

由于员工楚丽出生在 1990 年 4 月，因此，在第一个 SELECT 语句中，出生于 1990 年的结果集中有楚丽，在第二个 SELECT 语句中，4 月份出生的员工中也有楚丽，因此，结果集中楚丽出现两次。

如果不希望结果集中出现重复记录，可取消 ALL 关键字，则结果集中将不出现重复记录，具体命令与运行结果如图 6-78 所示。

```
mysql> SELECT EmployeeID,Name,Gender,Birthday FROM Employees WHERE YEAR(BirthDay)=1990
    -> UNION
    -> SELECT EmployeeID,Name,Gender,Birthday FROM Employees WHERE MONTH(BirthDay)=4;
+------------+------+--------+------------+
| EmployeeID | Name | Gender | Birthday   |
+------------+------+--------+------------+
|          6 | 云飞 | 男     | 1990-05-02 |
|          8 | 楚丽 | 女     | 1990-04-09 |
|         10 | 万娅 | 女     | 1990-08-10 |
|          1 | 王冰 | 男     | 1976-04-03 |
+------------+------+--------+------------+
```

图 6-78　查询所有 1990 年出生的员工信息和所有 4 月份出生的员工信息（UNION）

6.11　数据操作

在 SQL 语言中，除 SELECT 查询语句外，还有数据操作语言（DML，Data Manipulation Language），主要包括对数据表中数据的插入、删除和修改等操作。在第 4 章中介绍了数据的基本插入、删除等，本节将系统地介绍 MySQL 的数据操作语言。

6.11.1 插入数据

使用数据库时，常常需要往数据库中插入数据，MySQL 中使用 INSERT 语句向数据库中插入新的数据记录。可以插入完整记录、记录的一部分、多条记录以及另一个查询的结果。

1. 为所有字段插入一条或多条记录

使用基本的 INSERT INTO 语句向指定数据表中插入新记录，语法如下。

```
INSERT [INTO] table_name VALUES(value_list1) [,(value_list2),…];
```

注意：插入的数据列表的顺序必须与数据表字段列表顺序相同，除数值型数据外，其他数据均需要用引号括起来。

【例 6-70】 向 Customers 表中插入一条新记录。

```
mysql> INSERT INTO Customers VALUES(9,"李苹","女","1989-3-9","VIP");
Query OK, 1 row affected (0.02 sec)
```

如果要插入多条数据，只需要按照字段的列顺序，将多条数据按照字段列表顺序罗列，每条记录都用括号括起。

【例 6-71】 向 Customers 表中插入两条新记录。

```
mysql> INSERT INTO Customers VALUES(10,"赵军","男","1972-7-8","贵宾"),
(11,"孙海平","男","1958-9-21","VIP");
Query OK, 2 rows affected (0.00 sec)
```

2. 为指定字段插入数据

为指定字段插入数据，需要在被插入数据表名后用括号将要插入数据的字段罗列出来，这里的字段顺序可以与原数据表不一致。需要注意的是，值列表的顺序一定要与字段列表顺序相同，否则，会导致插入数据的错误，如果字段的类型不匹配，还会导致插入语句不能正常运行。为指定字段插入数据的语法如下。

```
INSERT [INTO] table_name(col_list) VALUES(value_list1) [,(value_list2),…];
```

【例 6-72】 为 Customers 表添加一条新记录，记录中缺省 Level 值。

```
mysql> INSERT INTO Customers(CustomerID,Name,Gender,BirthDay)
    -> VALUES (12,"吴向天","男","1974-8-18");
Query OK, 1 row affected (0.01 sec)
```

注意：在插入部分字段的值时，一定要注意，缺少的字段在数据表中是否允许为空，插入的数据是否受到约束规则的限制等。

3. 用 INSERT…SET 语句插入数据

INSERT…SET 语句是通过 SET 对指定字段插入值，语法如下。

```
INSERT [INTO] <table_name> SET col1=value1 [,col2=value2,…]
```

【例 6-73】 为 Customers 表添加一条新记录，记录中缺省 Level 值。

```
mysql> INSERT INTO Customers SET CustomerID=13,Name="郑心怡",
    -> BirthDay="1978-5-8",Gender="女";
Query OK, 1 row affected (0.01 sec)
```

4. 用 INSERT…SELECT 语句插入数据

使用 INSERT…SELECT 语句可以快速地从一个或多个表中提取数据，然后向另一个表中插入多行，这种插入方式可称为数据复制，语法如下。

```
INSERT [INTO] <table_name1>(column_list)
SELECT (column_list) FROM <table_name2>WHERE <conditon>
```

其中，<table_name1>为待插入数据的表；column_list 为要插入的字段列表，<table_name2>为数据来源的表。

【例 6-74】 创建一个体检表，表中含字段：员工编号、姓名、性别和体检时间。然后将 Employees 表中的相关信息插入到体检表中。

首先，在数据库中按要求创建一个名为"体检"的数据表，然后，将 Employees 表中的 EmployeeID、Name、Gender 字段的值插入到体检表中，具体命令和运行结果如图 6-79 所示。

```
mysql> CREATE TABLE 体检(员工编号 INT(4),姓名 VARCHAR(10),性别 VARCHAR(2),体检时间 VARCHAR(10));
Query OK, 0 rows affected (0.05 sec)

mysql> INSERT INTO 体检(员工编号,姓名,性别)
    -> SELECT EmployeeID,Name,Gender FROM Employees;
Query OK, 9 rows affected (0.00 sec)
Records: 9  Duplicates: 0  Warnings: 0

mysql> SELECT * FROM 体检;
+----------+--------+--------+----------+
| 员工编号  | 姓名   | 性别   | 体检时间 |
+----------+--------+--------+----------+
|        1 | 王冰   | 男     | NULL     |
|        2 | 周军   | 男     | NULL     |
|        3 | 杨过   | 男     | NULL     |
|        4 | 李海洋 | 男     | NULL     |
|        5 | 朱春月 | 女     | NULL     |
|        6 | 云飞   | 男     | NULL     |
|        7 | 黄海娜 | 女     | NULL     |
|        8 | 楚丽   | 女     | NULL     |
|       10 | 万娅   | 女     | NULL     |
+----------+--------+--------+----------+
```

图 6-79　创建一个含员工信息的体检表

6.11.2　修改数据

UPDATE 语句用来对数据表中的数据进行修改，语法如下。

```
UPDATE <table_name> SET col_name1=value1 [,col_name2=value2,…]
[WHERE <condition>] [ORDER BY…]
[LIMIT n]
```

其中，table_name 为要修改数据的表名；col_name 为要修改数据的字段名；WHERE 引导的条件是可选项，用来限制修改的数据，如果没有条件，数据表中所有数据均修改；ORDER BY 子句是可选项，表示是修改数据排序；LIMIT 子句是可选项，用来限制可以被更改的行数目。

1. 修改表中数据

使用 UPDATE…SET 命令来修改表中的数据。如果没有 WHERE 子句，对全表的所有数据进行修改；有 WHERE 子句，对满足条件的记录中指定字段值进行修改。

【例 6-75】 为体检表中的所有记录添加体检时间：周五上午。

将体检表中的体检时间更新为"周五上午"，具体命令和运行结果如图 6-80 所示。

```
mysql> UPDATE 体检 SET 体检时间="周五上午";
Query OK, 9 rows affected (0.01 sec)
Rows matched: 9  Changed: 9  Warnings: 0

mysql> SELECT * FROM 体检;
+--------+--------+--------+----------+
| 员工编号 | 姓名   | 性别   | 体检时间  |
+--------+--------+--------+----------+
|      1 | 王冰   | 男     | 周五上午  |
|      2 | 周军   | 男     | 周五上午  |
|      3 | 杨过   | 男     | 周五上午  |
|      4 | 李海洋 | 男     | 周五上午  |
|      5 | 朱春月 | 女     | 周五上午  |
|      6 | 云飞   | 男     | 周五上午  |
|      7 | 黄海娜 | 女     | 周五上午  |
|      8 | 楚丽   | 女     | 周五上午  |
|     10 | 万娅   | 女     | 周五上午  |
+--------+--------+--------+----------+
```

图 6-80　为体检表添加体检时间

利用 SET 子句将体检表中的体检时间均设置为"周五上午"。

【例 6-76】 将男员工的体检时间修改为周五下午。

在使用 UPDATE 命令时，添加了更新条件为性别为男，具体命令和运行结果如图 6-81 所示。

```
mysql> UPDATE 体检 SET 体检时间="周五下午" WHERE 性别="男";
Query OK, 5 rows affected (0.00 sec)
Rows matched: 5  Changed: 5  Warnings: 0

mysql> SELECT * FROM 体检;
+--------+--------+--------+----------+
| 员工编号 | 姓名   | 性别   | 体检时间  |
+--------+--------+--------+----------+
|      1 | 王冰   | 男     | 周五下午  |
|      2 | 周军   | 男     | 周五下午  |
|      3 | 杨过   | 男     | 周五下午  |
|      4 | 李海洋 | 男     | 周五下午  |
|      5 | 朱春月 | 女     | 周五上午  |
|      6 | 云飞   | 男     | 周五下午  |
|      7 | 黄海娜 | 女     | 周五上午  |
|      8 | 楚丽   | 女     | 周五上午  |
|     10 | 万娅   | 女     | 周五上午  |
+--------+--------+--------+----------+
```

图 6-81　修改男员工的体检时间

利用 WHERE 子句，将所有性别为男的记录的体检时间修改为周五下午。

2. 根据顺序修改表中的数据

在修改数据表中的数据时，也可以指定修改数据的顺序。如果要指定修改的顺序，在 UPDATE 语句中加上 ORDER BY 子句来实现。

不过，指定 UPDATE 执行的顺序对修改后的结果没有影响，只是会指定被修改数据的先后顺序而已，如果没有 ORDER BY 子句，会按记录物理顺序进行修改。

现有"商品"表如图 6-82 所示。

```
mysql> select * from 商品;
```

商品编号	商品名称	销售价格	标记
1	高清智能网络液晶电视机	3888	电子产品
2	HDR 智能网络液晶平板电视机	4300	电子产品
3	定速冷暖壁挂式空调挂机	2678	电子产品
4	壁挂式空调	2980	电子产品
5	变频风冷无霜三门冰箱	2989	电子产品
6	529升对开门冰箱	4230	电子产品
7	智慧徕卡双摄全面屏游戏手机	4010	电子产品
8	全面屏智能手机	2300	电子产品
9	vivoNEX 零界全面屏	4230	电子产品
10	Apple iPhone X	7200	电子产品
21	小天才电话手表	1099	电子产品
22	Apple Watch	2599	电子产品
25	华为平板电脑	2438	电子产品
26	佳能单反相机	8689	电子产品
27	佳能	3560	电子产品
28	尼康镜头	1120	电子产品

图 6-82　商品表数据

【例 6-77】 将"商品"表中价格在 5000 元以上的商品标记修改为"贵重商品"。

UPDATE 命令不仅可插入数据，也可以更新数据，操作没有区别。在更新查询中，设置查询条件，则会将满足条件的记录中的相关字段进行更新操作，具体命令和运行结果如图 6-83 所示。

```
mysql> UPDATE 商品 SET 标记="贵重商品" WHERE 销售价格>=5000 ORDER BY 销售价格;
Query OK, 2 rows affected (0.00 sec)
Rows matched: 2  Changed: 2  Warnings: 0

mysql> SELECT * FROM 商品;
```

商品编号	商品名称	销售价格	标记
1	高清智能网络液晶电视机	3888	电子产品
2	HDR 智能网络液晶平板电视机	4300	电子产品
3	定速冷暖壁挂式空调挂机	2678	电子产品
4	壁挂式空调	2980	电子产品
5	变频风冷无霜三门冰箱	2989	电子产品
6	529升对开门冰箱	4230	电子产品
7	智慧徕卡双摄全面屏游戏手机	4010	电子产品
8	全面屏智能手机	2300	电子产品
9	vivoNEX 零界全面屏	4230	电子产品
10	Apple iPhone X	7200	贵重商品
21	小天才电话手表	1099	电子产品
22	Apple Watch	2599	电子产品
25	华为平板电脑	2438	电子产品
26	佳能单反相机	8689	贵重商品
27	佳能	3560	电子产品
28	尼康镜头	1120	电子产品

图 6-83　将销售价格在 5000 元以上的商品标记设置为"贵重商品"

3. 限制修改行数

限制修改行数即能够限制修改一个表中的多少行。例如，要将"商品"表中商品价格前 3 的商品标记设置为贵重物品，则可按价格降序排列，然后修改数据表的 3 行数据。限制修改行数的 LIMIT 子句放在 UPDATE 语句的最后部分。

【例 6-78】 将商品价格最高的 3 个商品的标记设置为"贵重物品"。

在进行更新查询时，利用 LIMIT 子句对按价格进行降序排列后要更改的记录条数进行限制，具体的命令和运行结果如图 6-84 所示。

```
mysql> UPDATE 商品 SET 标记="贵重物品" ORDER BY 销售价格 DESC LIMIT 3;
Query OK, 3 rows affected (0.01 sec)
Rows matched: 3  Changed: 3  Warnings: 0

mysql> SELECT * FROM 商品;
+----------+----------------------------+----------+----------+
| 商品编号 | 商品名称                   | 销售价格 | 标记     |
+----------+----------------------------+----------+----------+
|        1 | 高清智能网络液晶电视机     |     3888 | 电子产品 |
|        2 |  HDR 智能网络液晶平板电视机|     4300 | 贵重物品 |
|        3 | 定速冷暖壁挂式空调挂机     |     2678 | 电子产品 |
|        4 | 壁挂式空调                 |     2980 | 电子产品 |
|        5 | 变频风冷无霜三门冰箱       |     2989 | 电子产品 |
|        6 | 529升对开门冰箱            |     4230 | 电子产品 |
|        7 | 智慧徕卡双摄全面屏游戏手机 |     4010 | 电子产品 |
|        8 | 全面屏智能手机             |     2300 | 电子产品 |
|        9 | vivoNEX 零界全面屏         |     4230 | 电子产品 |
|       10 | Apple iPhone X            |     7200 | 贵重物品 |
|       21 | 小天才电话手表             |     1099 | 电子产品 |
|       22 | Apple Watch               |     2599 | 电子产品 |
|       25 | 华为平板电脑               |     2438 | 电子产品 |
|       26 | 佳能单反相机               |     8689 | 贵重物品 |
|       27 | 佳能                       |     3560 | 电子产品 |
|       28 | 尼康镜头                   |     1120 | 电子产品 |
+----------+----------------------------+----------+----------+
```

图 6-84 将销售价格最高的 3 个商品标记设置为"贵重物品"

由于在 UPDATE 语句中使用 ORDER BY 子句设置了修改数据的顺序是按销售价格由高到低排序，因此，当限制了只修改 3 条记录时，就实现了修改销售价格最高的 3 件商品的标记的操作，而不需要关心数据表中前 3 销售价格是多少。

【例 6-79】 将商品销售价格最低的 5 种商品标记为"畅销品"。

在进行更新查询时，利用 LIMIT 子句对按价格进行升序排列后要更改的记录条数进行限制，具体的命令和运行结果如图 6-85 所示。

```
mysql> UPDATE 商品 SET 标记="畅销品" ORDER BY 销售价格 LIMIT 5;
Query OK, 5 rows affected (0.00 sec)
Rows matched: 5  Changed: 5  Warnings: 0

mysql> SELECT * FROM 商品;
+----------+----------------------------+----------+----------+
| 商品编号 | 商品名称                   | 销售价格 | 标记     |
+----------+----------------------------+----------+----------+
|        1 | 高清智能网络液晶电视机     |     3888 | 电子产品 |
|        2 |  HDR 智能网络液晶平板电视机|     4300 | 贵重物品 |
|        3 | 定速冷暖壁挂式空调挂机     |     2678 | 电子产品 |
|        4 | 壁挂式空调                 |     2980 | 电子产品 |
|        5 | 变频风冷无霜三门冰箱       |     2989 | 电子产品 |
|        6 | 529升对开门冰箱            |     4230 | 电子产品 |
|        7 | 智慧徕卡双摄全面屏游戏手机 |     4010 | 电子产品 |
|        8 | 全面屏智能手机             |     2300 | 畅销品   |
|        9 | vivoNEX 零界全面屏         |     4230 | 电子产品 |
|       10 | Apple iPhone X            |     7200 | 贵重物品 |
|       21 | 小天才电话手表             |     1099 | 畅销品   |
|       22 | Apple Watch               |     2599 | 畅销品   |
|       25 | 华为平板电脑               |     2438 | 畅销品   |
|       26 | 佳能单反相机               |     8689 | 贵重物品 |
|       27 | 佳能                       |     3560 | 电子产品 |
|       28 | 尼康镜头                   |     1120 | 畅销品   |
+----------+----------------------------+----------+----------+
```

图 6-85 将销售价格最低的 5 个商品标记为"畅销品"

由例 6-79 可知，要修改价格最低的 5 种商品的标记，只需要在修改数据时，按销售价格升序排列，然后限制修改记录条数为 5 即可。

6.11.3 删除数据

删除数据也是数据库操作中重要的操作之一。删除操作，实质就是将指定记录从数据表中删除。

删除数据的语法如下。

```
DELETE FROM <table_name>
[WHERE <condition>]
[ORDER BY…]
[LIMIT n]
```

其中，table_name 为要删除数据的表名；WHERE 引导的条件是可选项，用来限制删除记录的条件，如果没有条件，数据表中所有记录均被删除；ORDER BY 子句是可选项，表示删除记录的顺序；LIMIT 子句是可选项，用来限制可以被删除的记录行数。

注意：如果 FROM 后为多个表，则 ORDER BY 和 LIMIT 子句均不能使用。

下面将"商品"表复制一个备份表"商品 1"，作为删除数据示例的数据表。

1. 删除表中的全部数据

删除表中的所有数据，是一个最简单的操作，但也是一个最危险的操作，MySQL 中的 DELETE 删除数据操作是不可逆的，因此，做删除操作时一定要小心。

【例 6-80】 将"商品 1"表中的所有数据删除。

要删除"商品 1"表中的所有记录，可用 DELETE 命令来实现，具体命令和运行结果如图 6-86 所示。

```
mysql> CREATE TABLE 商品1 SELECT * FROM 商品;
Query OK, 16 rows affected (0.02 sec)
Records: 16  Duplicates: 0  Warnings: 0

mysql> SELECT * FROM 商品1;
+----------+-----------------------------+----------+------------+
| 商品编号 | 商品名称                    | 销售价格 | 标记       |
+----------+-----------------------------+----------+------------+
|        1 | 高清智能网络液晶电视机      |     3888 | 电子产品   |
|        2 | HDR 智能网络液晶平板电视机  |     4300 | 贵重物品   |
|        3 | 定速冷暖壁挂式空调挂机      |     2678 | 电子产品   |
|        4 | 壁挂式空调                  |     2980 | 电子产品   |
|        5 | 变频风冷无霜三门冰箱        |     2989 | 电子产品   |
|        6 | 529升对开门冰箱             |     4230 | 电子产品   |
|        7 | 智慧徕卡双摄全面屏游戏手机  |     4010 | 电子产品   |
|        8 | 全面屏智能手机              |     2300 | 畅销品     |
|        9 | vivoNEX 零界全面屏          |     4230 | 电子产品   |
|       10 | Apple iPhone X             |     7200 | 贵重物品   |
|       21 | 小天才电话手表              |     1099 | 畅销品     |
|       22 | Apple Watch                |     2599 | 畅销品     |
|       25 | 华为平板电脑                |     2438 | 畅销品     |
|       26 | 佳能单反相机                |     8689 | 贵重物品   |
|       27 | 佳能                        |     3560 | 电子产品   |
|       28 | 尼康镜头                    |     1120 | 畅销品     |
+----------+-----------------------------+----------+------------+
16 rows in set (0.00 sec)

mysql> DELETE FROM 商品1;
Query OK, 16 rows affected (0.01 sec)

mysql> DELETE FROM 商品1;
Query OK, 0 rows affected (0.00 sec)
```

图 6-86 删除"商品 1"表中的所有记录

由例 6-80 可知，首先利用 CREATE TABLE 命令复制一个与"商品"表完全一致的数据表"商品 1"，然后用 DELETE 命令将"商品 1"表中的记录删除，执行完无条件的 DELETE 命令后，"商品1"数据表变成空表，所有记录均被删除。

2．根据条件删除记录

删除数据表中记录时，可利用 WHERE 子句，对要删除的记录进行条件限制。

【例6-81】 删除"商品1"表中销售价格低于 4000 的商品记录。

利用 WHERE 子句进行条件限制来删除数据命令和运行结果如图 6-87 所示。

```
mysql> INSERT INTO 商品1 SELECT * FROM 商品;
Query OK, 16 rows affected (0.00 sec)
Records: 16  Duplicates: 0  Warnings: 0

mysql> DELETE FROM 商品1 WHERE 销售价格<4000;
Query OK, 10 rows affected (0.00 sec)

mysql> SELECT * FROM 商品1;
+----------+--------------------------------+----------+----------+
| 商品编号 | 商品名称                       | 销售价格 | 标记     |
+----------+--------------------------------+----------+----------+
|        2 | HDR 智能网络液晶平板电视机     |     4300 | 贵重物品 |
|        6 | 529升对开门冰箱                |     4230 | 电子产品 |
|        7 | 智慧徕卡双摄全面屏游戏手机     |     4010 | 电子产品 |
|        9 | vivoNEX 零界全面屏             |     4230 | 电子产品 |
|       10 | Apple iPhone X                 |     7200 | 贵重物品 |
|       26 | 佳能单反相机                   |     8689 | 贵重物品 |
+----------+--------------------------------+----------+----------+
```

图 6-87　删除商品表中销售价格低于 4000 的商品

说明：由于在例 6-80 中已将"商品1"表中的所有数据都删除了，因此，利用 INSERT INTO 语句将"商品"表中的数据复制到"商品1"表中，然后利用"WHERE 销售价格 <4000"子句作为删除条件，将所有销售价格低于 4000 的商品均删除。

3．指定删除顺序和限制删除行数

指定删除顺序，即利用 ORDER BY 子句对删除记录时的顺序进行设置，与修改数据时的顺序设置的目的相同，如果仅有 ORDER BY 子句而没有 LIMIT 子句，则删除结果与没有 ORDER BY 子句相同，但如果语句中有 LIMIT 子句对删除的记录条数进行了限制，则删除结果就不一样。

【例6-82】 删除"商品1"表中的前 3 条记录。

利用 LIMIT 子句将删除记录条数限制为 3，具体命令与运行结果如图 6-88 所示。

```
mysql> DELETE FROM 商品1 LIMIT 3;
Query OK, 3 rows affected (0.00 sec)

mysql> SELECT * FROM 商品1;
+----------+--------------------+----------+----------+
| 商品编号 | 商品名称           | 销售价格 | 标记     |
+----------+--------------------+----------+----------+
|        9 | vivoNEX 零界全面屏 |     4230 | 电子产品 |
|       10 | Apple iPhone X     |     7200 | 贵重物品 |
|       26 | 佳能单反相机       |     8689 | 贵重物品 |
+----------+--------------------+----------+----------+
```

图 6-88　删除"商品1"表中的前 3 条记录

在删除数据时，如果不指定记录的排序，则顺序删除前 3 条记录。

【例6-83】 删除"商品1"表中销售价格最高的记录。

要删除销售价格最高的记录，需要对销售价格进行排序，并用 LIMIT 子句对记录条数进行限制，命令和运行结果如图 6-89 所示。

```
mysql> DELETE FROM 商品1 ORDER BY 销售价格 DESC LIMIT 1;
Query OK, 1 row affected (0.00 sec)

mysql> SELECT * FROM 商品1;
```

商品编号	商品名称	销售价格	标记
9	vivoNEX 零界全面屏	4230	电子产品
10	Apple iPhone X	7200	贵重物品

图 6-89 删除"商品 1"表中销售价格最贵的商品记录

在 DELETE 语句中，用 ORDER BY 子句按销售价格降序排列，这样价格最高的商品记录将第一个被删除，再使用 LIMIT 子句限定了删除记录数为 1，因此，只有销售价格最高的商品从"商品 1"表中删除。

6.12   工具平台中的查询设计

在 phpMyAdmin 工具平台中，也可实现数据查询操作，本节简单介绍工具平台数据查询的实现方法。

在 phpMyAdmin 平台中，在对数据库中的数据进行查询时，有两种不同的方法，一种是基于某个数据表的查询，另一种是基于数据库的查询。

6.12.1   基于单表的查询实现

在 phpMyAdmin 工具平台中，在左侧的数据库列表中选中要进行查询的数据表，再单击右侧工作区上方的"SQL"选项卡，即可进入对选中数据表的 SQL 命令编辑环境。

选中 Sailing 数据库的 customers 表，打开 customers 表的"SQL"选项卡，如图 6-90 所示。

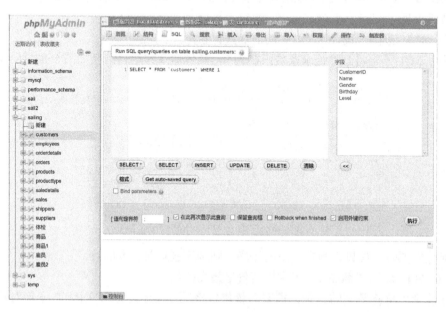

图 6-90   customers 表的"SQL"选项卡

在右侧的工作区域中，包含 SQL 命令编辑区、"字段"列表框，还有各种 SQL 命令的按钮。下面以 customers 表为例，简单介绍基于单表的数据查询。

1. "SELECT *" 按钮

"SELECT *" 按钮用来显示当前表中的所有记录，单击该按钮在命令编辑区会出现 "SELECT * FROM 'customers' WHERE 1" 语句。其实，在切换到"SQL"选项卡时，命令编辑区中就自动显示该命令。其中，"WHERE 1"中的 1 表示 True，即所有记录均显示；如果要指定条件，修改 WHERE 后面的条件即可，如修改为"WHERE Level="VIP""，单击"执行"按钮，将只显示 Level 为 VIP 的所有客户，运行结果如图 6-91 所示。

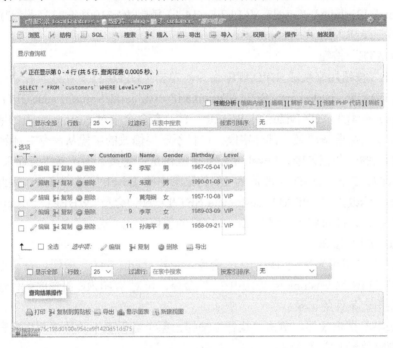

图 6-91　SELECT *查询

2. "SELECT" 按钮

在"SQL"选项卡中，如果希望查询结果中只显示部分字段，则在 SQL 命令中列出输出字段列表。这时，单击"SELECT"按钮，在命令编辑区中将显示"SELECT 'CustomerID', 'Name', 'Gender', 'Birthday', 'Level' FROM 'customers' WHERE 1"，只需要对不需要的字段进行删除，保留要输出的字段，并在 WHERE 子句中对条件进行修改，再单击"执行"按钮即可。

例如，要显示 VIP 客户的 CustomerID、Name、Gender 和 Level，只需要在命令编辑区将语句修改为"SELECT 'CustomerID', 'Name', 'Gender', 'Level' FROM 'customers' WHERE Level='VIP'"即可。

由此可见，在"SQL"选项卡的命令编辑区对原命令进行修改，再单击"执行"按钮即可。在平台中对原命令进行修改时，系统会对关键字和字段名等进行跟随提示，帮助用户进行命令的输入和修改。

如果不想在原命令上进行修改，也可先单击命令编辑区下方的"清除"按钮，将命令清空，再直接输入命令即可。

3."INSERT"按钮

"INSERT"按钮是用来生成 INSERT 命令的，单击该按钮，在命令编辑区中将出现 "INSERT INTO 'customers'('CustomerID', 'Name', 'Gender', 'Birthday', 'Level') VALUES ([value-1],[value-2],[value-3],[value-4],[value-5])"命令，只需在命令中将要插入的值添加到 VALUES 后的 value 列表中即可。

下面为 customers 表添加一条记录："14，王敏，女，1991-6-13，普通"，将命令中的各个 value 替换为该记录中的各字段值，命令修改为"INSERT INTO 'customers'('CustomerID', 'Name', 'Gender', 'Birthday', 'Level') VALUES (14,"王敏","女","1991-6-13","普通")"，单击"执行"按钮，该记录插入到了 customers 表中。

4."UPDATE"按钮

"UPDATE"按钮用来生成 UPDATE 命令。单击"UPDATE"按钮，在命令编辑区将生成命令"UPDATE 'customers' SET 'CustomerID'=[value-1],'Name'=[value-2],'Gender'=[value-3],'Birthday'=[value-4],'Level'=[value-5] WHERE 1"，在命令中对 customers 表的所有字段都可进行修改，如果只需要修改某一部分字段，可将不需要修改的字段从命令中删除。

在前面插入的一条记录中，Level 字段的值应该是"会员"而不是"普通"，若要修改，只需将刚插入的、CustomerID 字段值为 14 的记录中的 Level 值进行修改。因此，可将命令编辑区中的命令修改为"UPDATE 'customers' SET 'Level'="会员" WHERE 'CustomerID'=14"，单击"执行"按钮，即可将该记录的 Level 字段的值修改为"会员"。

5."DELETE"按钮

"DELETE"按钮用来生成 DELETE 命令。单击"DELETE"按钮，在命令编辑区中将生成"DELETE FROM 'customers' WHERE 1"命令，可对 WHERE 引导的条件进行修改而从数据表中删除指定条件的记录。

注意，如果不指定条件，单击"执行"按钮，整个数据表中的数据都将被删除，且不可逆，因此，删除数据一定要谨慎。

6."清除"按钮

"清除"按钮用来清除命令编辑区中的 SQL 命令，清除命令后编辑区变成空白，可直接写入 SQL 命令，再单击"执行"按钮即可。

7."格式"按钮

"格式"按钮用来设置 SQL 命令的格式，如果没有单击"格式"按钮，SQL 命令是写在一行的，超出命令编辑区的宽度，命令自动换行，如果单击了"格式"按钮，则 SQL 命令自动分成多行，每个关键字、字段、条件等都单独成行，方便命令的查看。

"格式"按钮对于命令的运行没有任何影响，只是对命令的格式进行了修改。

8."Get auto-saved query"按钮

单击"Get auto-saved query"按钮，将显示刚执行过的命令。

6.12.2 基于多表的查询

phpMyAdmin 工具平台在基于数据库的基础上，实现多表的数据查询，其中"SQL"选项卡和"查询"选项卡均可实现此功能。

1. "SQL"选项卡

在左侧的数据库列表中选中 sailing 数据库，打开右侧工作区的"SQL"选项卡，如图 6-92 所示。

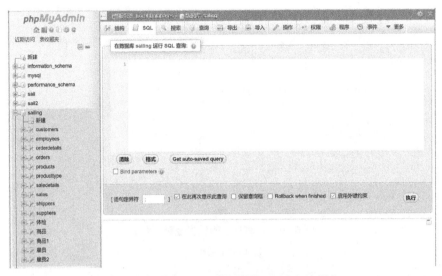

图 6-92 基于 sailing 数据库的"SQL"选项卡

在该选项卡中，只有一个命令编辑区，在命令编辑区下方，有"清除""格式"和"Get auto-saved query" 3 个按钮，这 3 个按钮与单表环境中的 3 个命令按钮的功能相同，这里不再赘述。

【例 6-84】 查询杨过的销售金额。

要查询员工杨过的销售金额，在命令窗口中输入相应的 SQL 命令，再单击"执行"按钮，即可查询到该员工的所有销售金额，具体命令和运算结果如图 6-93 所示。

a)

图 6-93 计算杨过的销售金额

a) 命令视图

173

b)

图 6-93 计算杨过的销售金额（续）

b) 运行结果

在"SQL"选项卡中书写命令时，由于系统具有关键字、数据库和字段的提示功能，可以帮助用户在书写时不会因为关键字或字段、数据表的笔误而造成命令的不能执行。

2. "查询"选项卡

在基于数据库的"查询"选项卡中，平台提供了用于查询设计的工作区，包括查询中的字段列表、条件、排序、显示和命令编辑区等，如图 6-94 所示。

图 6-94 "查询"选项卡

（1）字段

字段即查询中涉及的所有字段。单击"字段"右侧的列表框，在弹出的下拉列表框中包括当前数据库中所有数据表的字段，从中选择所需要的字段即可。

系统默认的是 3 个字段，如果 3 个字段不够，可在下方单击"添加/删除字段"下拉列表框，其中选项为要减少或增加的字段数量，负数表示减少字段数，正数表示增加字段数，例如，选择 2，再单击"更新查询"按钮，则上方的字段列将出现 5 个字段框供使用。

（2）别名

别名用来给字段取别名，为可选项。

（3）显示

每个字段下方的显示栏中都有一个对应的复选框，选中表示要显示，没有选中则表示不显示。

（4）排序

排序用于对查询后输出数据的先后顺序进行定义，有 3 种方式：无序、递增和递减。默认的是无序。

（5）排序规则

用于定义该字段的排列顺序，由于查询中有可能对多个字段进行排序，但关键字顺序可能与字段的输出顺序无关，因此，在此列表中可定义排序字段的顺序，1 表示是第一关键字，依次类推。

（6）条件

对字段的查询条件进行设置、涉及的关系有"且"和"或"，其下方的"插入"或"删除"用于对条件行进行增加或删除。

（7）添加/删除

"添加/删除标准行"用于添加或删除条件行，当设置好要添加或删除标准行的数目，单击"更新查询"按钮，则条件网格就会相应地增加或减少。"添加/删除字段"用于添加或删除查询结果的字段列，当设置好要添加或删除字段的数目，单击"更新查询"按钮，则查询的字段列就会按要求增加或减少。

在上方设置的查询，对应的 SQL 语句会自动生成并显示下方的 SQL 命令编辑区。

【例 6-85】 查询订单编号为 1 的订单的供应商名称、员工姓名、商品名称和数量等信息。

首先，添加 2 个字段，让查询的字段增加至 5 个。再逐一选中需要的字段，suppliers.CompanyName、employees.Name、products.ProductName、saledetails.Quantity 和 orders.OrderID，并分别给它们命名别名。选中前 4 个字段都显示，orders.OrderID 字段不显示；为 orders.OrderID 字段设置条件为 1，即订单编号为 1；按 saleDetails.Quantity 字段升序排列，排序方式这里可以不设置，因为只有一个排序字段。

单击"更新查询"按钮，则 SQL 命令编辑区中将生成当前查询的 SQL 命令。这里要注意，OrderID 字段一定要选择 orders 表的 OrderID 字段，而不能用 orderdetails 表的 OrderID，因为 orderdetails 表没有字段与 employees 表和 suppliers 表相关联。

设置结果如图 6-95a 所示。

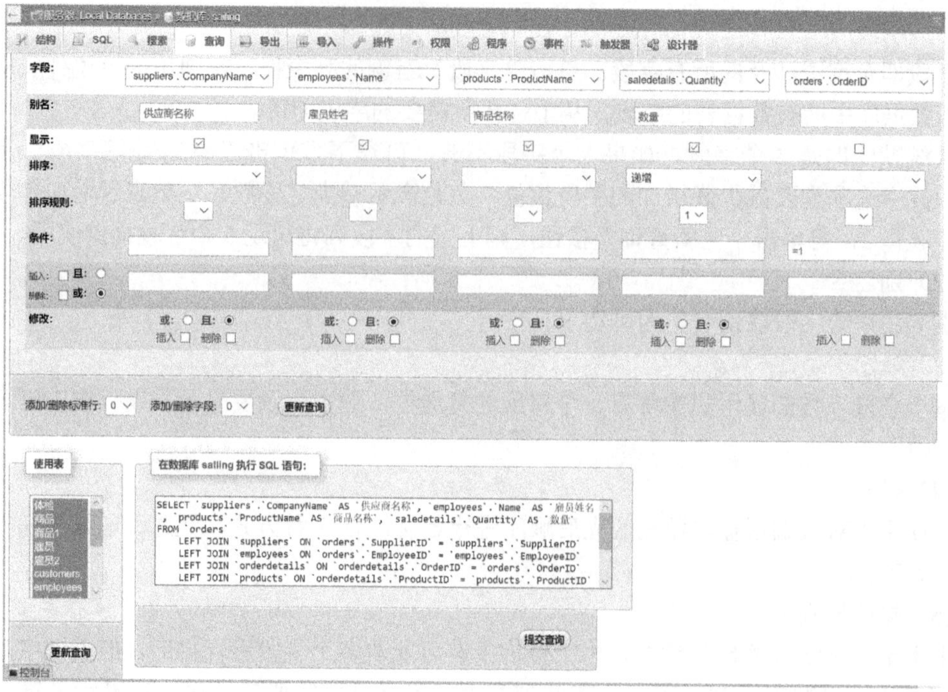

a)

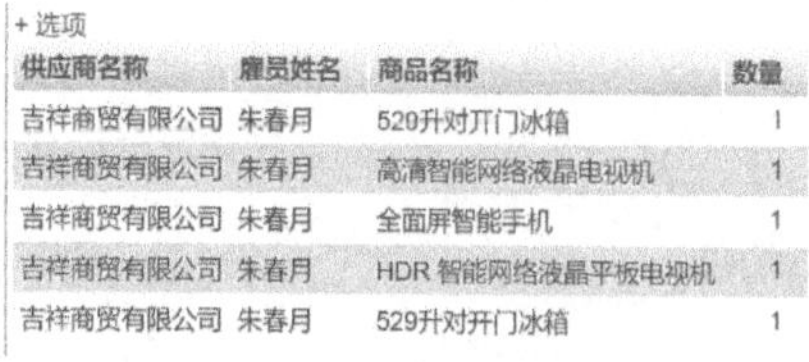

+选项

供应商名称	雇员姓名	商品名称	数量
吉祥商贸有限公司	朱春月	529升对开门冰箱	1
吉祥商贸有限公司	朱春月	高清智能网络液晶电视机	1
吉祥商贸有限公司	朱春月	全面屏智能手机	1
吉祥商贸有限公司	朱春月	HDR 智能网络液晶平板电视机	1
吉祥商贸有限公司	朱春月	529升对开门冰箱	1

b)

图 6-95　查询订单编号为 1 的相关信息

a) 查询设计视图　b) 运行结果

单击“提交查询”按钮，查询被执行，结果如图 6-95b 所示。

习题

1．选择题

（1）SQL 语言又称为________。

A．结构化定义语言　　B．结构化控制语言

C．结构化查询语言　　D．结构化操纵语言

（2）在 SELECT 语句中，能够实现分组计算的子句是________。

A．LIMIT　　B．GROUP BY

C．WHERE　　D．ORDER BY

（3）有 student 表，包含学号 ID、姓名 NAME、性别 SEX 等，以下语句中，统计女学生人数的语句是________。

A．SELECT COUNT(ID) FROM student

B. SELECT COUNT(ID) FROM student where SEX="女"

C. SELECT COUNT(ID) FROM student GROUP BY SEX

D. SELECT SEX FROM student WHERE SEX="女"

（4）SELECT * FROM student 语句中，"*" 代表_____。

    A. 普通的字符*   B. 所有的字段

    C. 错误信息   D. 模糊查询

（5）SELECT 语句的完整语法很复杂，但至少应该包含的有_____。

    A. 仅 SELECT   B. SELECT 和 FROM

    C. SELECT 和 GROUP BY   D. SELECT 和 WHERE

（6）如果要在 student 表中查找姓名 NAME 不为空的记录，正确的条件语句是_____。

    A. WHERE NAME IS NULL

    B. WHERE NAME NOT NULL

    C. WHERE NAME IS NOT NULL

    D. WHERE NAME!=NULL

（7）在 SQL 语言中，子查询是_____。

    A. 选取单表中字段子集的查询语句

    B. 选取多表中字段子集的查询语句

    C. 返回单表中数据子集的查询语句

    D. 嵌入到另一个查询语句之中的查询语句

（8）组合多条 SQL 查询语句形成合并查询的关键字是_____。

    A. SELECT   B. ALL

    C. LINK   D. UNION

（9）SQL 语言集数据查询、数据操纵、数据定义和数据控制功能于一体，CREATE、DROP 和 ALTER 语句实现的功能属于_____。

    A. 数据查询   B. 数据操作

    C. 数据定义   D. 数据控制

（10）条件 "IN(20,30,40)" 表示_____。

    A. 年龄在 20～40 岁之间   B. 年龄在 20～30 岁之间

    C. 年龄在 20 岁或 30 岁或 40 岁   D. 年龄在 30～40 岁之间

2. 填空题

（1）在 SELECT 语句中，能够去除查询结果中的重复行记录的关键字是_____。

（2）用来计算平均数的聚集函数是_____。

（3）能够实现字符串连接的函数是_____，能够比较两个字符串大小的函数是_____。

（4）SQL 支持的逻辑运算符有_____、_____、_____和_____。

（5）从 GROUP BY 分组结果集中再次进行条件筛选的关键字是_____。

（6）在 SQL 语句中，能够实现排序的关键字是_____。

（7）在 SQL 中，通常使用＿＿＿＿＿＿值来表示一个字段没有值或暂时缺省。

（8）算术运算符包括＿＿＿＿＿＿。

3．简答题

（1）简述 MySQL 运算符的优先级排列顺序。

（2）CHAR 和 VARCHAR 的区别是什么？各自的应用范围是什么？

（3）LIKE 和 REGEXP 运算符有什么区别？试举例说明。

（4）MySQL 的连接查询有哪些类型？各自有什么特点？

4．操作题

在 Sailing 数据库中完成如下操作：

（1）查询 Products 数据表中的所有数据。

（2）查询库存量在 100 以下商品的情况，结果信息包括商品编号、名称、库存量和销售价格。

（3）查询商品的销售情况，结果信息包括商品编号、商品名称、销售总数量和总金额。

（4）查询销售部员工的销售业绩，结果信息包括员工编号、姓名、性别和销售金额。

（5）查询每个订单的信息，结果信息包括订单编号、员工姓名、供应商公司名称和订单总金额。

（6）查询业务部每个员工签订的订单数，结果信息包括员工编号、员工姓名、性别和订单数。

（7）按商品部类查询商品的库存情况，结果信息包括类型名称、库存数量和总库存金额。

（8）查询业务部没有订单的员工信息。

（9）查询销量在前 3 的商品名称。

（10）查询年龄最小的 5 个员工。

第7章 视 图

视图是数据库中用于对数据进行管理和隔离的工具，可提高数据的安全性。视图是一个虚拟表，并不存放任何数据。

在本章主要介绍两种的视图操作：命令窗口和工具平台。

学习目标

➤ 了解视图的优缺点

➤ 掌握视图的创建方法

➤ 掌握视图的查看和修改方法

➤ 掌握视图的更新和删除方法

➤ 学会在工具平台中完成视图的相关操作

7.1 概述

视图是一个查询结果集，也是一个虚拟且动态的表，与物理模式无关。当基础表的数据发生变化时，视图也反映了这些数据的变化。

视图也可以看作一个逻辑表，里面的数据符合指定的查询条件，允许使用者进行查询，查询过程同普通表一样，但数据更新可能受到限制。由于视图是基于一个、多个数据表或视图的逻辑表，因此视图中的数据可以是单一表中数据的子集，或多个表的子集，甚至是视图的子集。

1. 视图的优点

（1）简化复杂数据

由于数据库中的数据都是按照关系规范化的原则进行组织的，当需要获取数据时，往往需要通过复杂查询来实现，即通过多个数据表来获取数据，这就需要创建复杂的 SQL 语句来实现。在需要再次访问相同的数据时，又需要创建复杂的 SQL 语句，如果将该数据查询创建了视图，则只需要访问该视图即可，大大提高数据的访问效率。

（2）增加数据安全性

安全是任何关系数据库管理系统的重要组成部分。数据库视图为数据库管理系统提供了额外的安全性。数据库视图允许开发者创建只读视图，将只读数据公开给特定用户。用户只能以只读视图检索数据，但无法更新。

同样，数据库视图有助于限制对特定用户的数据访问。若不希望所有用户都可以查询敏感数据的子集，可以使用数据库视图将非敏感数据显示给特定用户组，而不允许这些用户查看所有的基础数据表。

（3）隔离数据

视图还可进行数据隔离。正常情况下，当表的结构设计完成后是不建议修改的，如果出现列名修改的情况，相关的程序代码也需要同时修改，这样工作量较大，而且还有可能带来错误。如果使用视图，可减少修改操作，以达到隔离数据的目的。

2. 视图的缺点

（1）性能

从数据库视图查询数据可能会很慢，特别是如果视图是基于其他视图创建的，需要通过多次查询才能访问到数据。

（2）表依赖关系

每当更改与其相关联表的结构时，都必须更改视图。

（3）修改受到限制

当用户在修改视图的某些行时，实质是对数据所在基础表进行修改，对于简单视图而言，很简单。但对于复杂视图而言，相对就很复杂，且有可能无法进行数据修改。以下情况就无法在视图中修改数据。

1）有 UNIQUE 等集合操作符的视图。

2）有 GROUP BY 子句的视图。

3）有诸如 AVG\SUM\MAX 等聚合函数的视图。

4）使用 DISTINCT 关键字的视图等。

7.2 创建视图

视图中包含了 SELECT 查询的结果，因此视图的创建是基于 SELECT 语句和已存在的数据表。视图可建立在一张表上，也可以建立在多张表上。

7.2.1 创建视图的语法形式

创建视图的主要语法结构如下。

```
CREATE [OR REPLACE] [ALGORITHM = {UNDEFINED | MERGE | TEMPTABLE]
    VIEW <view_name>[(column_list)]
    AS select_statement
    [WITH [CASCADED | LOCAL]CHECK OPTION]
```

说明：

1）CREATE：创建新视图。

2）OR REPLACE：表示如果视图已存在，则替换已存在的视图。

3）ALGORITHM：表示视图选择的算法，取值有 3 个，分别为 UNDEFINED 表示 MySQL 自动选择算法；MERGE 表示先将创建视图的 SELECT 语句执行生成一个结果集，再利用结果集来创建查询；但 MERGE 要求结果集的数据与原数据表数据对应，如果 SELECT 语句包含集合函数（如 MIN，MAX，SUM，COUNT，AVG 等）或 DISTINCT，GROUPBY，HAVING，LIMIT，UNION，UNIONALL，子查询，则不允许使用 MERGE 算法；TEMPTABLE 表示将视图的结果存入临时表，然后用临时表来执行语句。

4）view_name：视图的名称。

5）column_list：列名列表。

6）AS：关键词。

7）select_statement：查询语句，可以定义视图中的数据。

8）WITH CHECK OPTION：指定在可更新视图上进行的修改都需要符合 select_statement 子句中所指定的限定条件，这样可以确保数据修改后仍可通过视图查看修改后的数据。

9）CASCADED|LOCAL：LOCAL 表示只需要满足本视图的条件就可以更新；CASCADED 则必须满足所有针对该视图的所有视图条件才可以被更新，为默认值。

7.2.2　在单表上创建视图

单表上创建视图，即视图的数据来源于一个基本表，是最简单的视图。

【例 7-1】　在 Employees 表上创建一个名为 View_Department 的视图，用于查询 Sailing 公司的各部门名称，再查看已创建的视图。

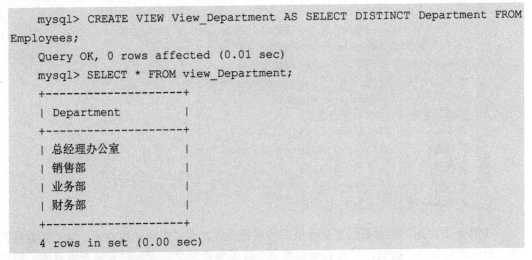

```
mysql> CREATE VIEW View_Department AS SELECT DISTINCT Department FROM
Employees;
Query OK, 0 rows affected (0.01 sec)
mysql> SELECT * FROM view_Department;
+--------------------+
| Department         |
+--------------------+
| 总经理办公室        |
| 销售部             |
| 业务部             |
| 财务部             |
+--------------------+
4 rows in set (0.00 sec)
```

查看视图的方式与查看数据表的方式一样。

如果在视图中将部门名称用中文来显示，视图用 View_D 命名，这样，视图的创建命令可修改如下。

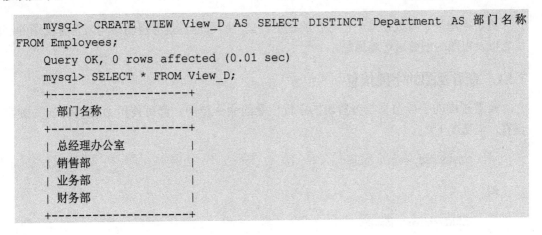

```
mysql> CREATE VIEW View_D AS SELECT DISTINCT Department AS 部门名称
FROM Employees;
Query OK, 0 rows affected (0.01 sec)
mysql> SELECT * FROM View_D;
+--------------------+
| 部门名称            |
+--------------------+
| 总经理办公室        |
| 销售部             |
| 业务部             |
| 财务部             |
+--------------------+
```

```
4 rows in set (0.01 sec)
```

7.2.3　在多表上创建视图

一些涉及多个表中数据的复杂查询，需要多次查询，则可将查询语句创建成视图，这样在需要时就可以直接使用。

【例7-2】 创建一个名为 View_Performance 的视图，用于查询每个销售部员工的销售业绩。

```
mysql> CREATE VIEW View_Performance AS
    -> SELECT Name AS 员工姓名,ROUND(SUM(SalePrice*Quantity*(Discount)),2)
AS 销售金额
    -> FROM Employees INNER JOIN Sales INNER JOIN SaleDetails INNER
JOIN Products
    -> ON Employees.EmployeeID=Sales.EmployeeID AND Sales.SaleID=
SaleDetails.SaleID
    -> AND SaleDetails.ProductID=Products.ProductID
    -> WHERE Department="销售部" GROUP BY Name;
Query OK, 0 rows affected (0.02 sec)
mysql> SELECT * FROM View_Performance;
+--------------+--------------+
| 员工姓名      | 销售金额      |
+--------------+--------------+
| 李海洋        |       810.70 |
| 杨过          |       134.79 |
+--------------+--------------+
2 rows in set (0.00 sec)
```

如例7-2可知，企业要经常查看员工的销售业绩，而要查询销售业绩，涉及的数据表较多，查询语句复杂，因此，将此查询创建一个视图保存起来，需要时只需查看视图，就可获取最新的销售数据。

7.3　查看视图

查看视图是查看数据库中已存在的视图定义，即可通过查看视图语句来查看视图的字段信息以及视图的创建语句等信息。

7.3.1　查看视图的字段信息

查看视图的字段信息与查看表的字段信息的命令相同，都可使用 DESCRIBE 关键字来查看，语法如下。

```
DESCRIBE <view_name>;
```

或

```
DESC <view_name>;
```

【例 7-3】 查看视图 View_Performance 的字段信息。

```
mysql> DESCRIBE View_Performance;
+------------+---------------+--------+-------+-----------+--------+
| Field      | Type          | Null   | Key   | Default   | Extra  |
+------------+---------------+--------+-------+-----------+--------+
| 员工姓名   | varchar(10)   | NO     |       | NULL      |        |
| 销售金额   | double(19,2)  | YES    |       | NULL      |        |
+------------+---------------+--------+-------+-----------+--------+
2 rows in set (0.00 sec)
```

7.3.2 查看视图基本信息

查看视图基本信息可通过 SHOW TABLE STATUS 语句来实现，语法如下。

```
SHOW TABLE STATUS LIKE '<view_name> ';
```

【例 7-4】 查看 View_Performance 的基本信息。

```
mysql> SHOW TABLE STATUS LIKE 'View_Performance'\G;
*************************** 1. row ***************************
           Name: view_performance
         Engine: NULL
        Version: NULL
     Row_format: NULL
           Rows: NULL
 Avg_row_length: NULL
    Data_length: NULL
Max_data_length: NULL
   Index_length: NULL
      Data_free: NULL
 Auto_increment: NULL
    Create_time: NULL
    Update_time: NULL
     Check_time: NULL
      Collation: NULL
       Checksum: NULL
 Create_options: NULL
        Comment: VIEW
1 row in set (0.00 sec)
```

由例 7-4 可知，表的说明 Comment 的值为 VIEW，说明该表为视图，其他信息均为
NULL，表明是虚拟表。

7.3.3 查看视图详细信息

使用 SHOW CREATE VIEW 语句可查看视图的详细信息，语法如下。

```
SHOW CREATE VIEW <view<name>
```

【例 7-5】 查看视图 View_Performance 的详细信息。

```
mysql> SHOW CREATE VIEW View_Performance\G;
*************************** 1. row ***************************
                View: view_performance
         Create View: CREATE ALGORITHM=UNDEFINED DEFINER=`root`@`localhost`
 SQL SECURITY DEFINER VIEW `view_performance` AS select `employees`.`Name`
AS `员工姓名`,round(sum(((`products`.`SalePrice` * `saledetails`.`Quantity`)
* (1 - `saledetails`.`Discount`))),2) AS `销售金额` from (((`employees`
join `sales`) join `saledetails`) join `products` on(((`employees`.`EmployeeID`
= `sales`.`EmployeeID`) and (`sales`.`SaleID` = `saledetails`.`SaleID`)
and (`saledetails`.`ProductID` = `products`.`ProductID`)))) where (`employees`.
`Department` = '销售部') group by `employees`.`Name`
     character_set_client: gbk
     collation_connection: gbk_chinese_ci
1 row in set (0.00 sec)
```

执行结果中显示了视图的名称、创建视图的语句等。

7.4 修改视图

修改视图即修改数据库中存在的视图,当基本表的某些字段发生变化时,可以通过修改视图来保持与基本表的一致性。

7.4.1 利用 CREATE OR REPLACE VIEW 语句修改视图

修改视图可用 CREATE OR REPLACE VIEW 语句,语法如下。

```
CREATE [OR REPLACE] VIEW
    <view_name> [(column_list)]
    AS select_statement
    [WITH CHECK OPTION]
```

在创建视图的语法中加入 OR REPLACE 子句表示创建新视图的同时覆盖掉以前的同名视图,如果之前没有该视图,则创建一个新视图。

【例 7-6】 修改视图 View_D,将该视图修改为查看各个员工的姓名、职务和所在部门。

```
mysql> DESC View_D;
+------------+-------------+------+-----+---------+-------+
| Field      | Type        | Null | Key | Default | Extra |
+------------+-------------+------+-----+---------+-------+
| 部门名称   | varchar(10) | NO   |     | NULL    |       |
+------------+-------------+------+-----+---------+-------+
1 row in set (0.00 sec)
mysql> CREATE OR REPLACE VIEW View_D
```

```
    -> AS SELECT Name AS 姓名,Title AS 职务,Department AS 部门名称 FROM
Employees;
Query OK, 0 rows affected (0.02 sec)
mysql> DESC View_D;
+-----------+-------------+------+-----+---------+-------+
| Field     | Type        | Null | Key | Default | Extra |
+-----------+-------------+------+-----+---------+-------+
| 姓名      | varchar(10) | NO   |     | NULL    |       |
| 职务      | varchar(10) | NO   |     | NULL    |       |
| 部门名称  | varchar(10) | NO   |     | NULL    |       |
+-----------+-------------+------+-----+---------+-------+
3 rows in set (0.00 sec)
```

从执行结果看，相比原来的 View_D，新的视图中增加了两个字段。

7.4.2 使用 ALTER 语句修改视图

ALTER 语句是 MySQL 提供的另外一种修改视图的方法，语法如下。

```
ALTER VIEW
    <view_name> [(column_list)]
    AS select_statement
[WITH CHECK OPTION]
```

【例 7-7】 修改视图 View_D，将该视图修改回只有部门名称一个字段。

```
mysql> DESC View_D;
+-----------+-------------+------+-----+---------+-------+
| Field     | Type        | Null | Key | Default | Extra |
+-----------+-------------+------+-----+---------+-------+
| 姓名      | varchar(10) | NO   |     | NULL    |       |
| 职务      | varchar(10) | NO   |     | NULL    |       |
| 部门名称  | varchar(10) | NO   |     | NULL    |       |
+-----------+-------------+------+-----+---------+-------+
3 rows in set (0.00 sec)
mysql> ALTER VIEW View_D
    -> AS SELECT DISTINCT Department AS 部门名称 FROM Employees;
Query OK, 0 rows affected (0.02 sec)
mysql> DESC View_D;
+-----------+-------------+------+-----+---------+-------+
| Field     | Type        | Null | Key | Default | Extra |
+-----------+-------------+------+-----+---------+-------+
| 部门名称  | varchar(10) | NO   |     | NULL    |       |
+-----------+-------------+------+-----+---------+-------+
1 row in set (0.00 sec)
```

由例 7-7 可知，利用 ALTER 语句也可对视图进行修改。但需要注意，如果被修改的视图不存在，则该命令将出错。

7.5　更新视图

更新视图是指通过视图来插入、更新、删除表中的数据。因为视图是一个虚拟表，其中没有数据，视图的更新需要通过基本表来完成，如果对视图增加或删除记录，实质是对其基础表进行数据的增删。

若要通过视图更新基本表数据，必须保证视图是可更新视图。对于可更新的视图，视图中的行与基本表中的行必须具有一对一的关系。可能存在一些特定的其他结构使得视图不可更新。

更新视图的方法有 3 种：INSERT、UPDATE 和 DELETE。

如果视图包含下述结构中的任何一种，则视图不可更新。

1）聚合函数。

2）DISTINCT 关键字。

3）GROUP BY 子句。

4）ORDER BY 子句。

5）HAVING 子句。

6）UNION 运算符。

7）位于选择列表中的子查询。

8）FROM 子句中包含多个表。

9）SELECT 语句中引用了不可更新视图。

10）WHERE 子句中的子查询，引用 FROM 子句中的表。

11）ALGORITHM 选项指定为 TEMPTABLE（使用临时表总会使视图不可更新）。

为方便视图的更新操作，在此创建一个新数据表 Grade，用于后续的操作。

【例 7-8】　在数据库中创建一个数据表 Grade，并输入数据。

首先，创建数据表 Grade，并输入数据，表结构及数据如图 7-1 所示。

```
mysql> DESC Grade;
+-----------+-------------+------+-----+---------+-------+
| Field     | Type        | Null | Key | Default | Extra |
+-----------+-------------+------+-----+---------+-------+
| 学号      | char(8)     | YES  |     | NULL    |       |
| 姓名      | varchar(10) | NO   |     | NULL    |       |
| 课程名称  | varchar(20) | NO   |     | NULL    |       |
| 成绩      | tinyint(4)  | NO   |     | NULL    |       |
+-----------+-------------+------+-----+---------+-------+
```

```
mysql> SELECT * FROM Grade;
+----------+------+---------------+------+
| 学号     | 姓名 | 课程名称      | 成绩 |
+----------+------+---------------+------+
| 16001001 | 王红 | Paython程序设计 | 89   |
| 16002004 | 周苹 | 计算机基础    | 95   |
| 16001001 | 王红 | 计算机基础    | 87   |
| 16002004 | 周苹 | 管理学基础    | 78   |
+----------+------+---------------+------+
```

图 7-1　Grade 表结构及数据

【例 7-9】　在 Grade 表上创建一个视图 View_Grade。

在 Grade 表上创建一个视图，视图中包含姓名、课程名称和成绩，具体命令和运行结果如图 7-2 所示。

1. 插入数据

【例 7-10】　通过视图 View_Grade 插入一个学生的记录："黄云，大学物理，92"。

可利用 INSERT 语句通过视图 View_Grade 进行插入，具体操作及插入后的结果如下所示。

```
mysql> CREATE VIEW View_Grade AS SELECT 姓名,课程名称,成绩 FROM Grade;
Query OK, 0 rows affected (0.02 sec)

mysql> SELECT * FROM View_Grade;
+--------+--------------+--------+
| 姓名   | 课程名称     | 成绩   |
+--------+--------------+--------+
| 王红   | Paython程序设计 |   89   |
| 周苹   | 计算机基础    |   95   |
| 王红   | 计算机基础    |   87   |
| 周苹   | 管理学基础    |   78   |
+--------+--------------+--------+
```

图 7-2　视图 View_Grade

```
mysql> INSERT INTO View_Grade VALUES("黄云","大学物理",92);
Query OK, 1 row affected (0.00 sec)
mysql> SELECT * FROM Grade;
+------------+--------+---------------------+--------+
| 学号       | 姓名   | 课程名称            | 成绩   |
+------------+--------+---------------------+--------+
| 16001001   | 王红   | Python 程序设计     |   89   |
| 16002004   | 周苹   | 计算机基础          |   95   |
| 16001001   | 王红   | 计算机基础          |   87   |
| 16002004   | 周苹   | 管理学基础          |   78   |
| NULL       | 黄云   | 大学物理            |   92   |
+------------+--------+---------------------+--------+
```

由例 7-10 可知，利用 INSERT 语句在视图中插入了一条记录，打开视图对应的基础表，则可看到数据被插入到了 Grade 表中。这里需要注意的是，如果 Grade 表中的学号字段不允许为空，则在视图中的插入操作是不能被执行的。

同样，当视图所依赖的基本表有多个时，不能向该视图插入数据，因为这将会影响多个基本表。

2. 更新数据

使用 UPDATE 语句可以通过视图修改基本表的数据。

【例 7-11】　通过 View_Grade 视图将王红的计算机基础成绩修改为 91。

```
mysql> UPDATE View_Grade SET 成绩=91 WHERE 姓名="王红" AND 课程名称="计算机基础";
Query OK, 1 row affected (0.00 sec)
Rows matched: 1  Changed: 1  Warnings: 0

mysql> SELECT * FROM Grade;
+------------+--------+---------------------+--------+
| 学号       | 姓名   | 课程名称            | 成绩   |
+------------+--------+---------------------+--------+
| 16001001   | 王红   | Python 程序设计     |   89   |
| 16002004   | 周苹   | 计算机基础          |   95   |
| 16001001   | 王红   | 计算机基础          |   91   |
| 16002004   | 周苹   | 管理学基础          |   78   |
| NULL       | 黄云   | 大学物理            |   92   |
+------------+--------+---------------------+--------+
```

注意：若一个视图依赖于多个基本表，则一次修改该视图只能变动一个基本表的数据。

3．删除数据

使用 DELETE 语句可以通过视图删除基本表的数据。

【例 7-12】 通过 View_Grade 视图将 Grade 表中姓名为黄云的成绩记录删除。

```
mysql> DELETE FROM View_Grade WHERE 姓名="黄云";
Query OK, 1 row affected (0.00 sec)

mysql> SELECT * FROM Grade;
+------------+--------+--------------------+--------+
| 学号       | 姓名   | 课程名称           | 成绩   |
+------------+--------+--------------------+--------+
| 16001001   | 王红   | Python 程序设计    | 89     |
| 16002004   | 周苹   | 计算机基础         | 95     |
| 16001001   | 王红   | 计算机基础         | 91     |
| 16002004   | 周苹   | 管理学基础         | 78     |
+------------+--------+--------------------+--------+
4 rows in set (0.01 sec)
```

注意：对依赖于多个基本表的视图，不能使用 DELETE 语句。

7.6 删除视图

当视图不再需要时，可将其删除，删除一个或多个视图的语句是 DROP VIEW，语法如下。

```
DROP VIEW [IF EXISTS]
  <view_name> [,<view_name2>…]
  [RESTRICT | CASCADE]
```

需指定要删除的视图名，可以一次删除多个视图，视图名之间用逗号分隔。

【例 7-13】 当前数据库中有一个名为 View_G 的视图，现需将它删除。

```
mysql> DROP VIEW IF EXISTS View_G;
Query OK, 0 rows affected (0.00 sec)

mysql> SHOW CREATE VIEW View_G\G;
ERROR 1146 (42S02): Table 'sailing.view_g' doesn't exist
```

删除视图是指删除数据库中已存在的视图，删除视图时，只能删除视图的定义，不会删除数据，也就是说对基础表不产生影响。

注意：如果视图不存在，则显示异常；可使用 IF EXISTS 选项使得删除不存在的视图时也不会显示异常。

7.7 工具平台中的视图

在 phpMyAdmin 工具平台中，也提供了对视图的各种操作。

7.7.1 创建视图

在 phpMyAdmin 工具平台中，展开左侧的数据库列表，在 sailing 数据库的下方将出现表和视图两个类；展开视图，在展开的视图上方将出现一个"新建"选项，单击该选项则启动新视图的创建。

【例 7-14】 基于 Customers 表创建一个视图，查询会员的姓名和性别。

在工具平台左侧数据库列表的"视图"列表下单击"新建"选项，在"新建视图"对话框中即可进行视图的创建。具体操作如图 7-3 所示。

① 单击左侧数据库列表中的"视图"下的"新建"选项

② 在弹出的"新建视图"对话框中输入视图名：View_C，并在"AS"编辑栏中输入视图的查询语句，其他默认，单击"执行"按钮

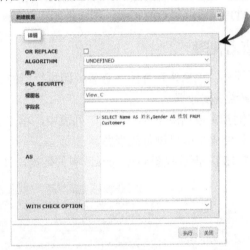

③ 生成的新视图，将出现在视图列表中，单击生成的新视图，在右侧的工作区中将显示已创建的视图及数据

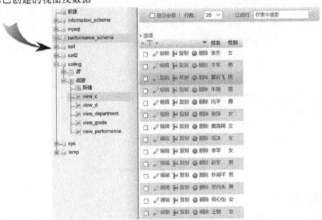

图 7-3　创建视图 View_C

189

对"新建视图"对话框的说明如下。

1）在创建新视图时，如果选中"OR REPLACE"复选框，则若数据库中已经存在同名的视图，新创建的视图会覆盖该视图，如果不存在，则新建。如果没有选中该复选框，而数据库中已经有同名的视图时，系统会报错。

2）ALGORITHM：选择视图的算法，有 3 个选项：UNDEFINED、MERGE 和 TEMPTABLE，UNDEFINED 为默认选项。

3）用户：创建者的用户名。

4）SQL SECURITY：安全性定义，有 DEFINER 和 INVOKER 两个选项。当定义为 DEFINER 时，数据库中必须存在 DEFINER 指定的用户，并且该用户拥有对应的操作权限（与当前用户是否有权限无关），才能成功执行；当定义为 INVOKER 时，只要执行者有执行权限，就可成功执行。

5）视图名：指定创建的视图名称。

6）字段名：指定视图中显示的字段名列表，如果不指定，则字段名由 SELECT 语句提供。

7）AS：创建视图的数据源，即 SELECT 语句。

8）WITH CHECK OPTION：指定视图在更新数据时的限定条件。

7.7.2 查看视图

查看视图，包括执行视图（查看视图执行后的结果）和视图的结构等。

1. 查看视图数据

在左侧指定数据库下的"视图"列表中，单击要查看的视图，在右侧工作区中将显示该视图的运行结果，即可浏览该视图。

【例 7-15】查看视图 view_grade 中的数据，如图 7-4 所示。

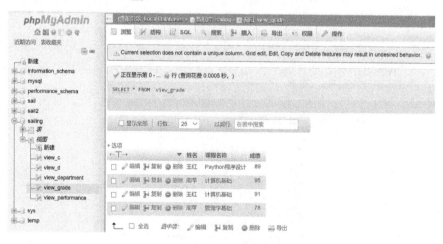

图 7-4　浏览视图 view_grade

2. 查看视图的结构

在指定视图的浏览状态下，打开右侧工作区"结构"选项卡，即可查看当前视图的结构状态。

【例 7-16】 查看视图 view_grade 的结构，如图 7-5 所示。

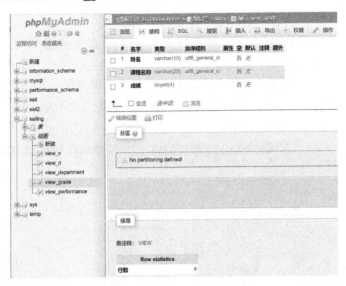

图 7-5　视图 view_grade 的结构

由图 7-5 可知，视图中有 3 个字段，在"信息"栏中可以看到，表注释是 VIEW，数据行数为 0，表示是个虚拟表。

3．查看视图的详细信息

要查看视图的详细信息，如算法的选择、安全性和创建的 SELECT 语句等，可在视图的"结构"选项卡中，在字段列表下方单击"编辑视图"按钮，即可打开视图的"编辑视图"界面，如图 7-6 所示。

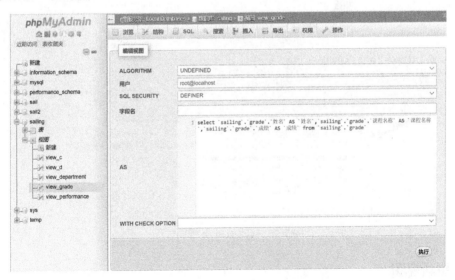

图 7-6　查看视图 view_grade 的详细信息

在"编辑视图"界面，可查看视图的详细信息，如视图的算法、创建者的用户名、安全设置、创建时的 SQL 语句和更新条件等。

7.7.3 修改视图

可以在"编辑视图"界面对视图进行修改。

【例7-17】 修改视图 view_c，将客户类别 Level 添加到视图中，并设置 CHECK OPTION 的方式为 CASCADED。

打开视图 view_c，并切换至"结构"选项卡，单击字段列表下方的"编辑视图"按钮，打开视图的编辑界面，即可进行视图的修改。具体操作如图 7-7 所示。

图 7-7　修改 view_c 视图过程

7.7.4 更新视图

更新视图包括插入数据、修改数据和删除数据。

1. 插入数据

选中要插入数据的视图，打开"插入"选项卡，即可进行数据的插入。

【例7-18】 在 view_grade 视图中插入一条新数据：李飞，计算机基础，85。

在视图中插入数据的操作如图 7-8 所示。

① 选中视图 view_grade，切换至"浏览"选项卡

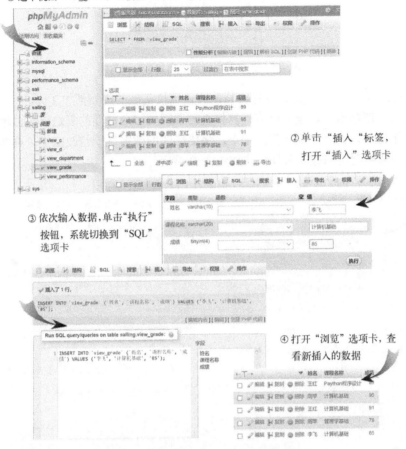

② 单击"插入"标签，打开"插入"选项卡

③ 依次输入数据，单击"执行"按钮，系统切换到"SQL"选项卡

④ 打开"浏览"选项卡，查看新插入的数据

图 7-8　在 view_grade 视图中插入数据

在插入数据时，默认可以一次插入两条数据。如果有更多的数据插入，在两条数据输入后，在其下方可选择"继续插入"指定的行数，单击"插入"选项，会继续出现数据的输入界面。

2. 更新数据

通过视图更新数据是从视图的"浏览"界面开始的。在要修改数据的记录行单击"编辑"按钮，自动切换至"插入"选项卡，同时，该记录的值显示在各字段的单元格，此时直接修改数据，再单击"执行"按钮即可。如果只修改某个字段的值，也可在"浏览"界面双击该字段值，字段值进入编辑状态，直接修改，然后按〈Enter〉键即可完成修改。

【例7-19】 将 view_grade 视图中李飞的计算机基础课程成绩修改为90。

双击"李飞"所在行的成绩单元格，该单元格进入编辑状态，即出现方框，输入新值：90，按〈Enter〉键或单击其他区域，系统会提示数据被更新，同时，工作窗口上方会出现一个 UPDATE 语句，即当前修改操作的 SQL 语句。具体操作如图 7-9 所示。

图 7-9 在视图"浏览"选项卡修改数据

【例 7-20】 通过 view_grade 视图,将所有计算机基础的成绩都加 2 分。

在"浏览"选项卡中,选中所有计算机基础课程的记录前面的复选框,再单击记录下方的"编辑"按钮,切换至"插入"选项卡,将要修改的数据逐一修改完毕,再单击"执行"按钮,即可完成数据的修改。具体操作如图 7-10 所示。

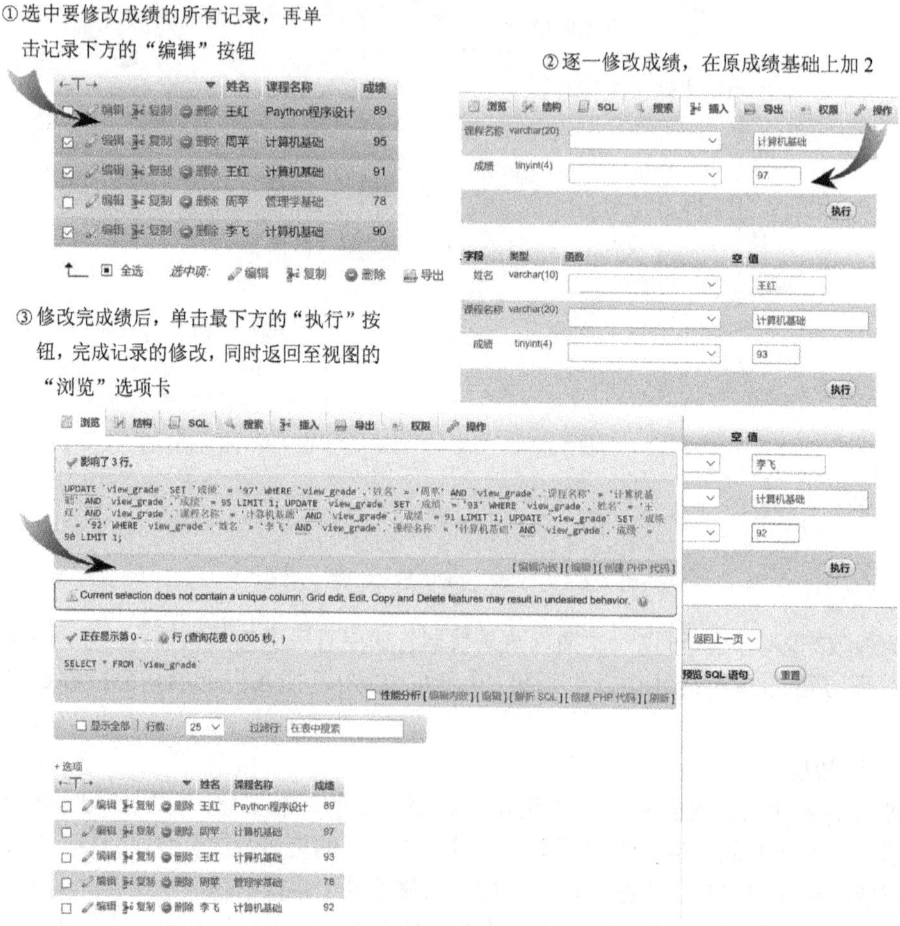

①选中要修改成绩的所有记录,再单击记录下方的"编辑"按钮

②逐一修改成绩,在原成绩基础上加 2

③修改完成绩后,单击最下方的"执行"按钮,完成记录的修改,同时返回至视图的"浏览"选项卡

图 7-10 通过视图修改多条记录的操作过程

3. 删除数据

删除记录,只需在视图的"浏览"选项卡中,单击要删除记录所在行的"删除"按钮即可。如果要一次删除多条记录,则只需要先选中要删除的所有记录,再单击下方的"删除"按钮,可一次将所有记录都删除。

7.7.5 删除视图

在左侧打开数据库对象列表，单击"视图"选项，在右侧的工作区将显示指定数据库的所有视图。图 7-11 所示为 sailing 数据库当前的视图列表。

图 7-11　视图列表

要删除某个视图，只需单击该视图所在行的"删除"按钮，即可将该视图删除。

习题

1．选择题

（1）在视图上不能完成的操作是_____。
- A．查询
- B．在视图上定义新的视图
- C．更新视图
- D．在视图上定义新的表

（2）SQL 语言中，删除视图的命令是_____。
- A．REMOVE
- B．CLEAR
- C．DELETE
- D．DROP

（3）在 SQL 语言中的视图 VIEW 是数据库的_____。
- A．外模式
- B．存储模式
- C．模式
- D．内模式

（4）视图是一种常用的数据对象，可以通过它对数据进行_____。
- A．插入和更新
- B．查看和检索
- C．查看和存放
- D．检索和插入

（5）能够查看视图创建语句的是_____。
- A．SHOW VIEW
- B．SELECT VIEW
- C．SHOW CREATE VIEW
- D．DISPLAY VIEW

（6）创建视图的命令是_____。
- A．ALTER VIEW
- B．ALTER TABLE
- C．CREATE TABLE
- D．CREATE VIEW

（7）以下有关视图的描述中，正确的是_____。
- A．视图也是数据库中的表，数据库中的视图可以重名
- B．创建视图的语句中包含查询语句，可以从一个或多个数据表中查询数据

C. 修改视图实际就是重新创建一个新视图

D. 视图不可修改

（8）以下有关视图的描述中，正确的是_____。

A. 视图也是数据库中的表，删除视图中的数据，和删除源表中的数据一样

B. 视图是一个虚拟表，数据都来源于数据表，视图删除后，源表中的数据不变

C. 创建视图的语句也可以不是查询语句

D. 以上说法都不正确

2. 填空题

（1）在 SELECT 语句中，能够作为视图的数据源的是_____和_____。

（2）修改视图的命令是_____。

（3）视图是一个查询结果集，它的实质是_____。

（4）在创建视图时，OR REPLACE 关键字的功能是_____。

（5）DESCRIBE 关键字可以查看_____。

（6）在视图创建语句中，CHECK OPTION 子句的功能是_____。

（7）视图的优势包括_____。

3. 简答题

（1）什么是视图？引入视图的主要目的是什么？

（2）试述视图与数据表的区别。

（3）简述视图的优缺点。

（4）删除视图会对基础数据表产生影响吗？为什么？

4. 操作题

在 Sailing 数据库中，按要求完成如下操作。

（1）创建一个名为 View_1 的视图，用于查询雇员的员工编号、姓名、性别、出生月份和入职年份。

（2）创建一个名为 View_2 的视图，用于查询雇员的员工编号、姓名、性别、职务和直属上级的姓名入职务。

（3）创建一个名为 View_3 的视图，用于查询每个客户在本公司的消费信息，查询信息中包括客户编号、姓名、客户类别和消费金额。

（4）创建一个名为 View_4 的视图，用于查询每类商品的商品种数，查询信息中包括商品类别名称、商品种数。

（5）创建一个名为 View_5 的视图，用于查询每个订货单的总价格，查询信息中包括订单编号、供应商名称、雇员姓名和总金额。

第8章 触 发 器

数据的完整性除了可使用事务和约束实现外，也可以使用触发器作为补充。利用触发器还可以得到数据变更的日志记录，触发器是管理数据的有力工具。触发器不直接调用，而是通过表的相关操作来触发不同的触发器。例如，当修改表的某个字段时，就可以触发在该表上创建的修改后执行的触发器。本章通过实例来介绍触发器的含义，以及如何创建、查看和删除触发器。

学习目标

➢ 理解触发器的含义
➢ 掌握创建触发器的方法
➢ 掌握查看触发器的方法
➢ 掌握删除触发器的方法

8.1 概述

MySQL 从 5.0.2 版本开始支持触发器的功能。

触发器是一个被指定关联到一个表的数据库对象，当表的特定事件出现时，将会被激活。触发器具有 MySQL 语句在需要时才被执行的特性，即某条（或某些）MySQL 语句在特定事件发生时自动执行。例如：

1）每当增加一个客户信息到数据库的客户基本信息表时，都检查其电话号码的格式是否正确。

2）每当客户订购一个产品时，都从产品库存量中减去订购的数量。

3）每当删除客户基本信息表中一个客户的全部基本信息数据时，该客户所订购的未完成订单信息也应该自动删除。

4）无论何时删除一行，都在数据库的存档表中保留一个副本。

MySQL 中，触发器针对永久性表，而不是临时表。触发器与表的关系十分密切，用于保护表中的数据。它只能由数据库的特定事件来触发，并且不接收参数。当操作影响到触发器所保护的数据时，如有插入（INSERT）、更改（UPDATAE）或删除（DELETE）事件发生时，所设置的触发器就会自动被执行。因此它除了进行数据处理外，也可以维护数据的完整性，以及多个表之间数据的一致性；同时，利用触发器还可以得到数据变更的日志记录，是管理数据的有力工具。

在实际应用中，触发器在以下方面非常有用。

1）利用触发器可以防止误操作的 INSERT、UPDATAE 以及 DELETE 操作。

2）触发器可以评估数据修改前后表的状态，并根据该差异采取对应的措施。

3）触发器可以实现表数据的级联更改，在一定程度上保证数据的完整性，例如，当删除某个学生时，他所对应的成绩等信息也应该一并删除。

4）利用触发器可以记录某些操作事件。例如，当对指定的表进行数据操作时，可以利用触发器来记录被操作的数据，这样该记录可以被当作日志使用。

8.2 创建触发器

在 MySQL 下创建触发器，需要具有对应的权限。同时，同一张表上相同的触发动作事件和时间的触发器不能存在两个，也就是说，在同一个表上不能有两个 BEFORE INSERT 触发器。

8.2.1 创建触发器的语法形式

在 MySQL 中，可以使用 CREATE TRIGGER 语句创建触发器，其语法格式如下。

```
CREATE  TRIGGER  trigger_name  trigger_time  trigger_event
ON  tbl_name  FOR  EACH  ROW  trigger_body
```

其中各项参数说明如下。

1）trigger_name：表示触发器名称，由用户自行指定，触发器在当前数据库中必须具有唯一的名称。如果要在某个特定数据库中创建，名称前面应该加上数据库的名称。

2）trigger_time：表示触发器被触发的时刻，可以指定为 before 或 after，before 表示触发器是在激活它的语句之前触发，而 after 表示触发器是在激活它的语句之后触发。如果希望验证新数据是否满足使用的限制，则使用 before 选项，如果希望在激活触发器的语句执行之后完成几个或更多的改变，通常使用 after 选项。

3）trigger_event：表示触发器的触发事件，用于指定激活触发器的语句种类，主要有以下几种。

- INSERT：将新行插入表时激活触发器，具体包括 INSERT、LOAD DATA 以及 REPLACE 操作。例如，INSERT 的 BEFORE 触发器不仅能被 MySQL 的 INSERT 语句激活，也能被 LOAD DATA 语句激活。
- UPDATAE：当数据被修改时会激活触发器。例如，通过 MySQL 的 UPDATA 语句。
- DELETE：从表中删除某一行时激活触发器，具体包括通过 MySQL 的 DELETE 和 REPLACE 操作。

4）tbl_name：表示建立触发器的表名，即在哪张表上建立触发器。触发器只能创建在永久表上，不能将触发器与临时表或视图关联起来。在永久表上触发事件发生时才会激活触发器。同一个表不能同时拥有两个具有相同触发时刻和事件的触发器。例如，对于一张数据表，不能同时拥有两个 BEFORE UPDATA 触发器，但可以有一个 BEFORE UPDATA 触发器和一个 BEFORE INSERT 触发器，或一个 BEFORE UPDATA 触发器和一个 AFTER UPDATA 触发器。

5）FOR EACH ROW：行级触发器（在其他的数据库中可能存在其他级别的触发器），即对于受触发事件影响的每一行都要激活触发器的动作。例如，使用一条

INSERT 语句向一个表中插入多行数据时，触发器会对每一行数据的插入都执行相应的触发器动作。

6）trigger_body：触发器执行语句，即触发器激活时将要执行的 MySQL 语句。如果要执行多个语句，可使用 BEGIN…END 复合语句结构。

注意： 在触发器的创建中，每个表每个事件只允许一个触发器。因此，每个表最多支持 6 个触发器，位于每条 INSERT、UPDATA 和 DELETE 的之前与之后。单一触发器不能与多个事件或多个表关联。例如，需要一个 INSERT 和 UPDATA 操作执行的触发器，则应该定义两个触发器。

【例 8-1】 在数据库 Sailing 的 OrderDetails 表中创建一个名为 ins_sum 的触发器，触发的条件是在向 OrderDetails 表中插入数据前，对新插入的 BuyPrice 字段求和。

1）在 MySQL 命令行客户端输入如下 SQL 语句。

```
mysql > CREATE TRIGGER ins_sum BEFORE INSERT ON OrderDetails
FOR EACH ROW SET @sum = @sum + NEW.BuyPrice;
Query OK, 0 rows affected (0.00 sec)

mysql >SET @sum = 0;
Query OK, 0 rows affected (0.00 sec)
```

2）在 MySQL 命令行客户端使用 INSERT 语句向 OrderDetails 表中插入如下数据。

```
mysql >INSERT INTO OrderDetails VALUES(1,3,2,2000), (1,4,1,2200);
Query OK, 2 rows affected (0.01 sec)
Records: 2 Duplicates: 0 Warnings: 0
```

3）在 MySQL 命令行客户端输入如下语句验证触发器。

```
mysql >SELECT @SUM;
+------------+
| @sum       |
+------------+
| 4200       |
+------------+
1 row in set (0.00 sec)
```

【例 8-2】 针对 Shippers 表分别创建 BEFORE INSERT、AFTER INSERT 触发器，使得向 Shippers 表插入新记录从而触发相应触发器时，均向新建表 tri_demo 增加一条相应的记录，以观察触发器的触发情况。

1）在 MySQL 命令行客户端输入如下语句创建一个名为 tri_demo 的新表。

```
mysql > CREATE TABLE tri_demo(id int AUTO_INCREMENT, note varchar(20),
PRIMARY KEY(id));
Query OK, 0 rows affected (0.03 sec)
```

2）在 MySQL 命令行客户端输入如下语句，在触发 Shippers 表 BEFORE INSERT 触发器的同时，向 tri_demo 表的 note 字段添加"before insert"信息。

```
mysql > DELIMITER #
mysql > CREATE  TRIGGER  ins_shippers_bef  BEFORE  INSERT  ON  Shippers
FOR  EACH  ROW  BEGIN
   -> INSERT  INTO  tri_demo(note)  VALUES('before  insert');
   -> END#
Query OK , 0 rows affected (0.00 sec)
```

3）在 MySQL 命令行客户端输入如下语句，在触发 Shippers 表 AFTER INSERT 触发器的同时，向 tri_demo 表的 note 字段添加"after insert"信息。

```
mysql > CREATE  TRIGGER  ins_shippers_aft  AFTER  INSERT  ON  Shippers
FOR  EACH  ROW  BEGIN
   -> INSERT  INTO  tri_demo(note)  VALUES('after  insert');
   -> END#
Query OK , 0 rows affected (0.00 sec)
mysql > DELIMITER  ;
```

4）观察向 Shippers 表插入新记录时，触发器触发状况。

```
mysql >INSERT  INTO  Shippers  VALUES(5, '极速捷运', '026-5367298');
Query OK, 1 row affected (0.03 sec)

mysql >SELECT  *  FROM  tri_demo ;
+-------+------------------+
| id    | note             |
+-------+------------------+
| 1     | before insert    |
+-------+------------------+
| 2     | after  insert    |
+-------+------------------+
2 rows in set (0.00 sec)
```

从例 8-2 可知，触发器的触发顺序是先触发 BEFORE INSERT 触发器，再触发 AFTER INSERT 触发器。

8.2.2 利用工具平台创建触发器

在 MySQL 中，还可以利用工具平台创建触发器。利用 phpMyAdmin 工具创建触发器时，由于系统会提供一个模板，开发者只需要在提供的模板中添加实际的代码即可。

【例 8-3】 利用 phpMyAdmin 工具平台为 shippers 表创建名为 upd_shippers_bef 的 BEFORE UPDATE 类型触发器，当为 shippers 表修改数据时激发该触发器，并在表 tri_demo 中插入一条相应的新记录（其 note 字段值为"before update"）。

具体步骤如图 8-1 所示。

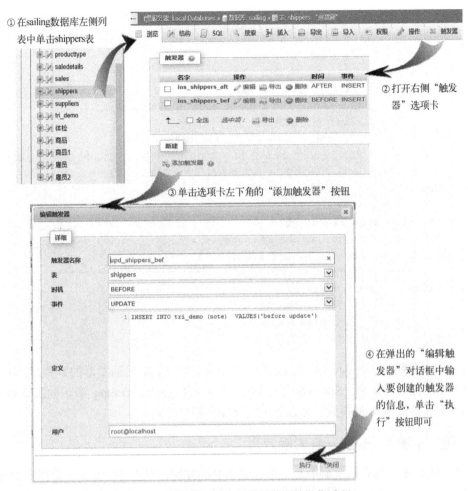

图 8-1　利用工具平台创建触发器的操作过程

8.3　查看触发器

查看触发器指查看数据库中已存在的触发器的定义、状态和语法信息等。本节介绍使用 SHOW TRIGGERS 语句和在 triggers 表中查看触发器的两种方法。

8.3.1　通过 SHOW TRIGGERS 语句查看触发器

在 MySQL 中，可以通过执行 SHOW TRIGGERS 命令查看触发器的状态、语法等信息，其语法格式如下。

```
mysql >SHOW  TRIGGERS \G;
```

但该语句不能查询指定的触发器，每次都返回所有的触发器信息，因此，在触发器较少的情况下，使用该语句会很方便。

【例 8-4】　通过 SHOW TRIGGERS 命令查看触发器信息。

在 MySQL 命令行客户端输入 SHOW TRIGGERS 命令后的执行结果如下。

```
mysql >show triggers \G;
**************************** 1. row ****************************
            Trigger: ins_sum
              Event: INSERT
              Table: orderdetails
          Statement: SET @sum = @sum + NEW.BuyPrice
             Timing: BEFORE
            Created: 2018-10-25 10:10:10.37
           Sql_mode: ONLY_FULL_GROUP_BY,STRICT_TRANS_TABLES,NO_ZERO_
IN_DATE,NO_ZERO_DATE,ERROR_FOR_DIVISION_BY_ZERO,NO_AUTO_CREATE_USER,NO_ENG
INE_SUBSTITUTION
    Definer: root@localhost
    character_set_client: gbk
    collation_connection: gbk_chinese_ci
    Database Collation: latin1_swedish_ci
**************************** 2. row ****************************
Trigger: ins_shippers_bef
              Event: INSERT
                Table: shippers
    ...
```

从执行结果可知，Trigger 表示触发器名称，Event 表示激活触发器的事件，Table 表示激活触发器的操作对象表，Statement 表示触发器执行的操作，Timing 表示触发器触发的时间，其他信息还有 SQL 的模式、触发器的定义账户和字符集等。

8.3.2　通过系统表 triggers 查看触发器

在 MySQL 中，所有触发器的定义都存储在 INFORMATION_SCHEMA 数据库的 triggers 表格中，如果要查看特定触发器的信息，可以通过 SELECT 命令直接从 triggers 表中查看，其语法结构如下。

```
SELECT * FROM INFORMATION_SCHEMA.TRIGGERS WHERE condition;
```

【例 8-5】　查看名为 ins_shippers_bef 的触发器。

在 MySQL 命令行输入指定查看 ins_shippers_bef 触发器的 SQL 命令。

```
mysql >USE INFORMATION_SCHEMA;
Database changed
mysql>SELECT * FROM TRIGGERS WHERE trigger_name = 'ins_shippers_
bef'\G;
**************************** 1. Row ****************************
         TRIGGER_CATALOG: def
    TRIGGER_SCHEMA: sailing
    TRIGGER_NAME: ins_shippers_bef
    EVENT_MANIPULATION: INSERT
    EVENT_OBJECT_CATALOG: def
    EVENT_OBJECT_ SCHEMA: sailing
    EVENT_OBJECT_TABLE: shippers
    ACTION_ORDER: 1
```

```
ACTION_CONDITION: NULL
ACTION_STATEMENT: EGIN
INSERT INTO tri_demo(note) VALUES('before insert');
END
ACTION_ORIENTATION: ROW
ACTION_TIMING: BEFORE
ACTION_REFERENCE_OLD_TABLE: NULL
ACTION_ REFERENCE_NEW_TABLE: NULL
ACTION_ REFERENCE_OLD_ROW: OLD
ACTION_ REFERENCE_NEW_ROW: NEW
CREATED: 2018-10-25 13:39:28.77
SQL_MODE: ONLY_FULL_GROUP_BY,STRICT_TRANS_TABLES,NO- ZERO_IN_DATE,
NO_ZERO_DATE,ERROR_FOR_DIVISION_BY_ZERO,NO_AUTO_CREATE_USER,NO_ENGINE_SUBS
TITUTION
DEFINER: root@localhost
CHARACTER_SET_CLIENT: utf8mb4
COLLATION_CONNECTION: utf8mb4_unicode_ci
DATABASE COLLATION: latin1_swedish_ci
1 row in set(0.02 sec)
```

从执行结果可知：TRIGGER_SCHEMA 表示触发器所在的数据库；TRIGGER_NAME 表示触发器名称；EVENT_OBJECT_TABLE 表示在哪个数据表上触发；ACTION_STATEMENT 表示触发器触发时执行的具体操作；ACTION_ORIENTATION 是 ROW，表示在每条记录上都触发；ACTION_TIMING 表示触发器触发的时刻，其他项是和系统相关的信息。

如不指定触发器名称，查看的将是所有的触发器，命令如下：

```
mysql>SELECT * FROM INFORMATION_SCHEMA.TRIGGERS\G
```

8.4 删除触发器

不再使用的触发器建议将其删除，否则在疏忽的情况下，有可能影响数据操作。删除触发器可以直接使用 DROP TRIGGER 语句完成，也可以使用 phpMyAdmin 工具平台来完成。

8.4.1 通过 DROP TRIGGER 语句删除触发器

在 MySQL 中，可通过 DROP TRIGGER 语句删除触发器，其语法格式如下。

```
DROP TRIGGER [ IF EXISTS ] [ schema_name. ] trigger_name
```

其中各项参数说明如下。

1）IF EXISTS：可选项，用于避免在没有触发器的情况下删除触发器。

2）schema_name：可选项，用于指定触发器所在的数据库名称。如不定义，则为当前数据库。

3）trigger_name：要删除的触发器名称。

注意：在删除一个表的同时也会删除该表上的触发器。另外，触发器不能更新或覆盖，要修改一个触发器，必须先删除它，再重新创建。

【例 8-6】 删除 shippers 表上的触发器 ins_shippers_bef。

在 MySQL 命令行输入如下 SQL 命令。

```
mysql>DROP TRIGGER shippers ins_shippers_bef;
Query OK, 0 row affected (0.00 sec)
```

8.4.2 通过工具平台删除触发器

在 MySQL 中，触发器还可以利用 phpMyAdmin 工具平台进行删除。

【例 8-7】 利用工具平台删除 shippers 表上的触发器 ins_shippers_aft。

删除 shippers 表上的触发器 ins_shippers_aft 的具体方法如图 8-2 所示。首先，在 sailing 数据库左侧列表中选中 shippers 表，再在右侧打开"触发器"选项卡，然后选中相应触发器 ins_shippers_aft 前的复选框，最后单击"删除"按钮即可。

图 8-2　运用工具平台删除触发器

习题

1. 选择题

（1）下列对触发器的描述正确的是_____。

　　A．触发器和存储过程一样，必须调用才能够使用

　　B．触发器是靠事件触发的，因此不用调用就能够使用

　　C．触发器创建好之后不能删除

　　D．以上都正确

（2）在创建触发器时，触发器可以基于_____。

　　A．INSERT 事件　　　　　　B．UPDATE 事件

　　C．DELETE 事件　　　　　　D．以上都正确

（3）在创建触发器时，如果要创建当修改表中的数据后触发的触发器，应该是基于_____。

　　A．INSERT 事件　　　　　　B．UPDATE 事件

　　C．DELETE 事件　　　　　　D．以上都正确

（4）下列对触发器的描述正确的是_____。

A. 同一个表上可以有两个 BEFORE INSERT 触发器

B. 创建触发器不需要具有相应的权限

C. 触发器是管理数据的有力工具

D. 以上都正确

（5）下列关于查看触发器的描述正确的是_____。

A. 查看触发器的方法只有两种

B. 同一时间可以查看多个触发器

C. SHOW TRIGGERS 命令只能查看指定的触发器

D. 以上都不正确

（6）下列关于触发器的描述正确的是_____。

A. 删除一个表的同时也会自动删除该表上的触发器

B. 触发器既可以作用于永久性表也可以作用于临时表

C. 可以对建好的触发器直接进行修改

D. 以上都正确

（7）下列关于触发器的描述正确的是_____。

A. 不可以在 triggers 表中查看触发器

B. 触发器被触发的时刻可以指定为 before、middle 或 after

C. 单一触发器可以与多个表关联

D. 每个表最多支持 6 个触发器

（8）下列关于触发器的描述正确的是_____。

A. 触发器可以维护数据的完整性

B. 触发器可以维护多个表之间数据的一致性

C. 利用触发器还可以得到数据变更的日志记录

D. 以上都正确

2. 填空题

（1）触发器的主要作用是_____。

（2）触发器和存储过程的区别是_____。

（3）创建触发器的关键字是_____。

（4）删除触发器的关键字是_____。

（5）每个表最多可以创建_____个触发器，分别为_____。

（6）触发器可以被指定的触发时刻可以有_____个，分别为_____。

（7）建立触发器的方法有两种，分别为_____和_____。

（8）查看触发器的所有方法具体为_____。

3. 操作题

（1）创建 INSERT 事件的触发器。

（2）创建 UPDATE 事件的触发器。

（3）创建 DELETE 事件的触发器。

（4）查看创建的触发器。

（5）删除创建的触发器。

第9章　存储过程和存储函数

存储过程和存储函数是 MySQL 自 5.0 版本之后开始支持的过程式数据库对象。本章主要介绍如何创建、查看、修改和删除存储过程与存储函数，以及变量、游标、流程控制的使用。

学习目标
➤ 理解存储过程和存储函数的定义
➤ 掌握创建存储过程和存储函数的方法
➤ 了解游标的使用方法
➤ 掌握流程控制的使用
➤ 掌握查看存储过程和存储函数的方法
➤ 掌握修改存储过程和存储函数的方法
➤ 掌握删除存储过程和存储函数的方法

9.1　概述

存储过程和存储函数是事先经过编译并存储在数据库中的一段 SQL 语句的集合，调用存储过程和存储函数可以简化开发人员的很多工作，减少数据在数据库和应用服务器之间的传输，从而有效提高数据库的处理速度。存储过程和存储函数还可以提高数据库编程的灵活性。

9.1.1　存储过程

存储过程是一组为了完成某特定功能的 SQL 语句，其实质就是一段存放在数据库中的代码，它可以由声明式 SQL 语句（如 CREATE、UPDATE 和 SELECT 等语句）和过程式 SQL 语句（如 LF-THEN-ELSE 等控制结构语句）组成。这组语句集经过编译后会存储在数据库中，用户只需通过指定存储过程的名字并给定参数（如果该存储过程带有参数），即可随时调用并执行，而不必重新编译。这种通过定义一段程序存放在数据库中的方式，可加大数据库操作语句的执行效率。

存储过程尤为适合在不同的应用程序或平台上执行相同的特定功能，其通常具有如下优点。

1）可增强 SQL 语言的功能和灵活性。存储过程使用流程控制语句编写，有很强的灵活性，可以完成复杂的判断和较复杂的运算。

2）良好的封装性。存储过程被创建后，可以在程序中被多次调用，而不必重新编写该存储过程的 SQL 语句，并且数据库专业人员可以随时对存储过程进行修改，而不会影响到调用它的应用程序源代码。

3）高性能。存储过程执行一次后，其执行规划就驻留在高速缓冲存储器中，在以后的操作中，只需从高速缓冲存储器中调用已编译好的二进制代码即可，从而提高了系统性能。

4）可减少网络流量。由于存储过程是在服务器端运行，且执行速度快，那么当在客户计算机上调用该存储过程时，网络中传送的只是该调用语句，从而降低网络负载。

5）存储过程可作为一种安全机制来确保数据库的安全性和数据的完整性。使用存储过程可以完成所有数据库操作，并可通过编程方式控制这些数据库操作对数据库信息访问的权限。

9.1.2 存储函数

在 MySQL 中，存储函数是一种与存储过程十分相似的过程式数据库对象。它与存储过程一样，都是由 SQL 语句和过程式语句所组成的代码片段，并且可以被应用程序和其他 SQL 语句调用。

但是，存储函数与存储过程之间存在如下区别。

1）存储函数不能拥有输出参数。这是因为存储函数本身就是输出函数；而存储过程可以拥有输出参数。

2）可以直接调用存储函数，且不需要使用 CALL 语句；而对存储过程的调用，需要使用 CALL 语句。

3）存储函数中必须包含一条 RETURN 语句，而这条特殊的 SQL 语句不允许包含于存储过程中。

9.2 创建存储过程和存储函数

在对存储过程或存储函数进行操作时，需要首先确认用户是否具有相应的权限。例如，创建存储过程或存储函数需要 CREATE ROUTINE 权限，修改或删除存储过程或存储函数需要 ALTER ROUTINE 权限，执行存储过程或存储函数需要 EXECUTE 权限。

MySQL 中，可以使用 CREATE PROCEDURE 和 CREATE FUNCTION 语句来创建存储过程和存储函数，也可以使用工具平台来创建存储过程和存储函数。

9.2.1 创建存储过程的语法形式

在 MySQL 中，使用 CREATE PROCEDURE 语句创建存储过程的语法格式如下。

```
CREATE  PROCEDURE  sp_name ([proc_parameter[,…]])
[characteristic…]routine_body
```

1）CREATE PROCEDURE 为创建存储过程的关键词。

2）sp_name 为创建的存储过程的名称。

3）proc_parameter 为指定存储过程的参数列表，具体列表形式如下。

```
[ IN | OUT | INOUT ] param_name type
```

其中，IN 表示输入参数（指数据可以传递给一个存储过程），OUT 表示输出参数（指存储过程需要返回一个操作结果），INOUT 表示既可以输入也可以输出。默认情况下，存储过程的参数类型是输入型的，即是 IN 类型的；param_name 表示参数名称；type 表示参数的类型，该类型可以是 MySQL 数据库中的任意类型。存储过程可以没有参数，也可以有一个或多个参数。需要注意的是，参数的名称不可与数据表的列名相同，否则尽管不会返回出错信息，但是存储过程中的 SQL 语句会将参数名看作是列名，从而引发不可预知的结果。

4）characteristics 用于指定存储过程的特性，有以下取值。

- LANGUAGE SQL：指明 routine_body 是由 SQL 语句组成的。目前系统支持的语言为 SQL，MySQL 存储过程还不能用外部编程语言来编写，该选项可以不指定。若 MySQL 对其扩展，最有可能第一个被支持的语言是 PHP。

- [NOT] DETERMINISTIC：指明存储过程执行的结果是否确定。DETERMINISTIC 表示结果是确定的，即每次执行存储过程时，相同的输入会得到相同的输出。NOT DETERMINISTIC 表示结果是不确定的，相同的输入可能得到不同的输出。默认为 NOT DETERMINISTIC。

- {CONTAINS SQL|NO SQL|READ SQL DATA|MODIFIES SQL DATA}：指明存储过程使用 SQL 语句的限制。CONTAINS SQL 表示存储过程包含 SQL 语句，但不包含读或写数据的 SQL 语句；NO SQL 表示存储过程不包含 SQL 语句；READ SQL DATA 表示存储过程包含读数据的语句；MODIFIES SQL DATA 表明存储过程包含写数据的语句。默认为 CONTAINS SQL。

- SQL SECURITY {DEFINER|INVOKER}：指定存储过程是使用创建该存储过程的用户（DEFINER）的许可来执行，还是使用调用者（INVOKER）的许可来执行。默认为 DEFINER。

- COMMENT 'string'：注释信息，用来描述存储过程或函数，其中 string 为描述信息，COMMENT 为关键词。这个描述信息可以用 SHOW CREATE PROCEDURE 语句来显示。

5）routine_body 为存储过程的主体部分，也称为存储过程体，包含了在过程调用时必须执行的 SQL 语句。routine_body 是以关键字 BEGIN 开始，以关键字 END 结束。若存储过程体中只有一条 SQL 语句，可以省略 BEGIN…END 标志。另外，在存储过程体中，BEGIN…END 复合语句还可以嵌套使用。

9.2.2 创建存储函数的语法形式

在 MySQL 中，可以使用 CREAT FUNCTION 语句创建存储函数，其语法格式如下。

```
CREATE FUNCTION func_name ([param_name data_type[,…]])
    RETURNS type
    Routine_body
```

其中各项参数说明如下。

1）CREATE FUNCTION：创建存储函数的关键词。

2）func_name：自定义存储函数的名称。

3）param_name：存储函数参数的名称，允许有多个参数。

4）data_type：参数的类型。

5）RETURNS 子句：RETURNS 关键词一定要有，即它是强制性的，用来指明存储函数的返回类型。其中 type 用于指定返回值的数据类型。

6）Routine_body：存储函数体，具体的存储函数语句集。所有在存储过程中使用的 SQL 语句在存储函数中同样也适用，包括前面介绍的局部变量、SET 语句、流程控制语句、游标等。但是，存储函数体中还必须包含一个 RETURN value 语句，其中 value 用于指定存储函数的返回值。

注意：自定义存储函数的参数都是 IN 类型的。

9.2.3　创建简单的存储过程和存储函数

1．DELIMITER 命令

在创建存储函数或函数的过程中，经常会用到一个十分重要的 MySQL 命令，即 DELIMITER 命令。

在 MySQL 中，服务器处理 SQL 语句默认以分号作为语句的结束标志。然而，在创建存储过程时，存储过程体中可能包含多条 SQL 语句，这些 SQL 语句如果仍以分号作为语句结束符，那么 MySQL 服务器在处理时会以遇到的第一条 SQL 语句结尾处的分号作为整个程序的结束符，而不再去处理存储过程体中后面的 SQL 语句。为解决这个问题，通常可以使用 DELIMITER 命令，将 MySQL 语句的结束标志临时修改为其他符号，从而使得 MySQL 服务器可以完整地处理存储过程体中所有的 SQL 语句。

DELIMITER 命令的语法格式如下。

```
DELIMITER $
```

1）$ 为用户定义的结束符。通常结束符可以是一些特殊的符号，如"#"或"//"等。

2）当使用 DELIMITER 命令时，应避免使用反斜杠"\"字符，因为它是 MySQL 的转义字符。

【例 9-1】　将 MySQL 结束符修改为感叹号"！"。

在 MySQL 命令行客户端输入如下 SQL 语句：

```
mysql> DELIMITER !
```

成功执行这条 SQL 语句后，任何命令、语句或程序的结束标志就换为感叹号"！"了。若希望换回默认的分号"；"作为结束标志，只需再在 MySQL 命令行客户端输入如下 SQL 语句即可。

```
mysql> DELIMITER ;
```

2．创建简单的存储过程

【例 9-2】　创建一个查看 Products 表的存储过程。

具体代码及执行过程如下。

```
mysql> DELIMITER #
mysql > CREATE  PROCEDURE  Proc()
    -> BEGIN
    -> SELECT  *  FROM  Products;
```

```
    -> END  #
Query OK, 0 rows affected (0.00 sec)

mysql > DELIMITER ;
```

上述代码创建的查看 Products 表的存储过程，与使用 SELECT 语句来查看表的效果是一样的，每次调用这个存储过程都会执行 SELECT 语句查看表的内容。当然存储过程也可以是很多语句的复杂组合，其本身也可以调用其他的函数来组成更加复杂的操作。

【例 9-3】 创建一个名称为 CountProc、统计 Products 表的记录个数的存储过程。

具体代码及执行过程如下。

```
mysql> DELIMITER #
mysql > CREATE  PROCEDURE  CountProc (OUT  param1  INT)
   -> BEGIN
   -> SELECT  COUNT(*)  INTO param1  FROM  Products;
   -> END  #
Query OK, 0 rows affected (0.00 sec)

mysql > DELIMITER ;
```

3. 创建简单的存储函数

【例 9-4】 创建一个名为 myfstfun、返回类型为 VARCHAR、长度为 5、返回值为 7 的存储函数。

具体代码及执行结果如下。

```
mysql> DELIMITER #
mysql > CREATE  FUNCTION  myfstfun()
   -> RETURNS  VARCHAR(5)

   -> BEGIN
   -> RETURN  4+3;
   -> END  #
Query OK, 0 rows affected (0.00 sec)

mysql >select myfstfun()#
+-------------------+
| myfstfun()        |
+-------------------+
| 7                 |
+-------------------+
1 row in set (0.00 sec)

mysql > DELIMITER ;
```

【例 9-5】 创建名称为 NameByZip 的存储函数，该存储函数返回 Products 表中 ProductModel 为 "HAUWEIP20" 的 ProductName。

具体代码及执行结果如下。

```
mysql> DELIMITER  #
mysql > CREATE  FUNCTION  NameByZip()
    -> RETURNS  VARCHAR(20)
    -> BEGIN
    ->RETURN (SELECT ProductName  FROM  Products  WHERE  ProductModel=
'HAUWEIP20');
    -> END  #
Query OK, 0 rows affected (0.00 sec)

mysql > DELIMITER ;
```

如果存储函数体中的 RETURN 语句返回一个类型不同于存储函数的 RETURNS 子句中指定类型的值，返回值将被强制为恰当的类型。

9.2.4 通过工具平台创建存储过程和存储函数

利用 phpMyAdmin 工具平台可以有效提高创建存储过程和存储函数的效率。由于两者创建过程极其类似，此处以创建存储过程为例来进行介绍。

【例 9-6】 运用工具平台重新创建例 9-3 中的存储过程，此处存储过程名称为 P_Count。具体过程如图 9-1 所示。

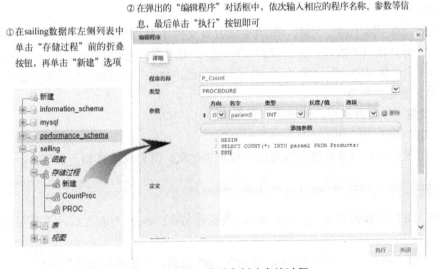

图 9-1 运用工具平台创建存储过程

9.3 存储过程体和存储函数体

在存储过程（函数）体中可以使用各种 SQL 语句与过程式语句的结合，封装数据库应用中复杂的业务逻辑和处理规则，以实现数据库的灵活编程。本节主要介绍几个用于构造存储过程（函数）体的常用语法元素。

9.3.1 局部变量

在存储过程或函数体中可以声明局部变量，用于存储过程或函数中的临时结果。

1．局部变量的定义

在 MySQL 中，存储过程或存储函数在使用局部变量之前要进行声明，可以使用 DECLARE 语句来声明局部变量，同时还可以对该局部变量赋予一个初始值，其语法格式如下。

```
DECLARE  var_name[,…] type [DEFAULT value]
```

1）DECLARE：声明局部变量的关键词。

2）var_name：用于指定局部变量的名称，一次声明多个相同类型的变量。

3）type：用于声明局部变量的数据类型。

4）DEFAULT 子句：用于为局部变量指定一个默认值。若没有指定，则默认为 NULL。

例如，定义一个 DATE 类型的变量，名称是 last_month_start，可使用如下语句来实现。

```
DECLARE  last_month_start  DATE;
```

局部变量使用说明如下。

- 局部变量只能在存储过程（函数）体的 BEGIN…END 语句块中声明。
- 局部变量必须在存储过程（函数）体的开头声明。
- 局部变量的作用范围仅限于声明它的 BEGIN…END 语句块，其他语句块中的语句不可以使用它。
- 局部变量不同于用户变量，两者的区别是：声明局部变量时，在其前面不使用 "@" 符号，并且它只能被声明它的 BEGIN…END 语句块中的语句所使用；而声明用户变量时，会在其名称前面使用 "@" 符号，同时已声明的用户变量存在于整个会话之中。

2．局部变量的赋值

局部变量可以直接赋值，或者通过查询赋值。

（1）SET 语句

使用 SET 语句可以直接赋值常量或者赋值表达式，其语法格式如下。

```
SET  var_name=expr [,var_name=expr]…
```

其中，SET 是赋值关键词；var_name 为变量名称；expr 为表达式。该语句可以为多个变量赋值。

【例 9-7】 给上文定义的变量 last_month_start 赋值，可使用如下语句实现。

```
SET  last_month_start= DATE_SUB(CURRENT(),INTERVAL 1 MONTH);
```

（2）SELECT…INTO 语句

MySQL 中还可以通过 SELECT…INTO 查询语句为一个或多个变量赋值，但要求查询返回的结果集必须只有一行数据，其语法结构如下。

```
SELECT  col_name[,…]  INTO  var_name[,…]  table_expr
```

1）col_name：用于指定字段名称。

2）var_name：用于指定要赋值的变量名。

3）table_expr：表示查询条件表达式，包括 FROM 子句和 WHERE 子句。

该语句把选定的列直接存储到对应位置的变量。

例 9-8 演示了如何在存储过程中声明变量，并为变量赋值。

【例 9-8】 声明变量 P_name 和 P_ model，通过 SELECT…INTO 语句查询指定记录并为变量赋值，代码如下。

```
DECLARE  P_name  VARCHAR(20);
DECLARE  P_model  VARCHAR(10);

SELECT ProductName, ProductModel INTO P_name, P_model FROM Products
WHERE  ProductID=8;
```

9.3.2 游标

在 MySQL 中，一条 SELECT…INTO 语句成功执行后，会返回带有值的一行数据，这行数据可以被读取到存储过程中进行处理。然而，在使用 SELECT 语句进行数据检索时，若该语句被成功执行，则会返回一组称为结果集的数据行，该结果集中可能拥有多行数据，这些数据无法直接被一行一行地处理，此时就需要使用游标。游标是一个被 SELECT 语句检索出来的结果集。在存储了游标后，应用程序或用户就可以根据需要滚动或浏览其中的数据。

使用游标需要注意以下几点。

1）MySQL 对游标的支持从 MySQL5.0 版本开始，之前的 MySQL 版本无法使用游标。

2）游标只能用于存储过程或存储函数中，不能单独在查询操作中使用。

3）在存储过程或存储函数中可以定义多个游标，但是在一个 BEGIN…END 语句块中每个游标的名字必须是唯一的。

4）游标不是一条 SELECT 语句，而是被 SELECT 语句检索出的结果集。

使用游标的具体步骤如下。

1. 声明游标

在使用游标之前，必须先声明（定义）它。这个过程实际上没有检索数据，只是定义要使用的 SELECT 语句。MySQL 中使用 DECLARE CURSOR 语句创建游标，其语法格式如下。

```
DECLARE  cursor_name CURSOR FOR select_statement
```

1）cursor_name：要创建的游标的名称，其命名规则与表名相同。

2）select_statement：表示 SELECT 语句的内容，会返回一行或多行的数据，即返回一个用于创建游标的结果集。注意：这里的 SELECT 语句不能有 INTO 子句。

【例 9-9】 声明名称为 cursor_Products 的游标，代码如下。

```
DECLARE  cursor_Products CURSOR FOR SELECT ProductName, ProductModel
FROM Products;
```

例 9-9 中，游标的名称为 cursor_Products，SELECT 语句部分从 Products 表中查询出 ProductName 和 ProductModel 字段的值。

2. 打开游标

在定义游标之后，必须打开该游标才能使用。这个过程实际上是将游标连接到由

SELECT 语句返回的结果集中。MySQL 中使用 OPEN 语句打开游标，其语法格式如下。

```
OPEN  cursor_name
```

其中，cursor_name 为要打开的游标名称。

在实际应用中，一个游标可以被多次打开，由于其他用户或应用程序可能随时更新了数据表，因此每次打开游标的结果集可能会不同。

【例 9-10】 打开名称为 cursor_Products 的游标，代码如下。

```
OPEN cursor_Products;
```

3. 读取数据

对于已有数据的游标，可根据需要取出数据。MySQL 中使用 FETCH…INTO 语句从中读取数据，其语法格式如下。

```
FETCH  cursor_name  INTO  var_name[,var_name]…
```

1）cursor_name：指定已打开的游标名称。

2）var_name：指定存放数据的变量名。

FETCH…INTO 语句与 SELECT…INTO 语句具有相同的意义，FETCH 语句将游标指向的一行数据赋给一些变量，这些变量的数目必须等于声明游标时 SELECT 子句中选择列的数目。游标相当于一个指针，它指向当前的一行数据。

【例 9-11】 使用名称为 cursor_Products 的游标。将查询出来的数据存入 P_name 和 P_Model 这两个变量中，代码如下。

```
FETCH cursor_Products INTO P_name, P_Model;
```

例 9-11 中，将游标 cursor_Products 中 SELECT 语句查询出来的信息存入 P_name 和 P_Model 中。P_name 和 P_Model 必须在前面已经定义。

4. 关闭游标

在结束游标使用时，必须关闭游标。MySQL 中使用 CLOSE 语句关闭游标，其语法格式如下。

```
CLOSE  cursor_name
```

其中，cursor_name 为要关闭的游标名称。

每个游标不再使用时都应该要关闭，使用 CLOSE 语句将会释放游标所使用的全部资源。当一个游标被关闭后，如果没有重新被打开，则不能使用。对于声明过的游标，关闭后再打开不需要再次声明，可直接使用 OPEN 语句打开。另外，如果没有明确关闭游标，MySQL 将会在到达 END 语句时自动关闭它。

【例 9-12】 关闭名称为 cursor_Products 的游标。

```
CLOSE cursor_Products;
```

9.3.3 流程控制语句

存储过程可以利用各种控制语句来控制程序的流程，常用的流程控制语句有 IF 条件控制语句，CASE 条件控制语句，LOOP 控制语句，WHILE 控制语句等。

1. IF 条件控制语句

IF 条件控制语句是流程控制中最常用的判断语句，它利用布尔表达式来进行流程控制。当布尔表达式成立时，SQL 将执行该表达式对应的语句；当布尔表达式不成立时，程序会执行另一个流程。

IF 条件判断语句的语法格式如下。

```
IF search_condition THEN statement_list
    [ELSEIF search_condition THEN statement_list]…
    [ELSE statement_list]
END IF
```

1）search_condition：指定判断条件。

2）statement_list：表示包含了一条或多条 SQL 语句。

3）只有当判断条件 search_condition 的值为真时，才会执行关键字 THEN 后面的 SQL 语句，否则直接执行后面的指令。

4）ELSEIF：条件的嵌套。

【例 9-13】 IF 语句的示例，代码如下。

```
IF  val  IS  NULL
    THEN  SELECT  'val is NULL';
    ELSE  SELECT  ' val is NOT  NULL';
END  IF;
```

2. CASE 条件控制语句

CASE 条件控制语句可以提供多个条件以供选择，其效果与 IF 语句类似，CASE 语句的使用方式可以分为以下两种。

（1）CASE 条件控制语句模式 1

第一种模式的 CASE 条件控制语句将给出一个表达式，该表达式结果与几个结果做比较，如果比较的结果为真，则执行对应的语句序列，其对应的语法结构如下。

```
CASE case_value
    WHEN when_value THEN statement_list
    [WHEN when_value THEN statement_list]…

    [ELSE statement_list]
END CASE
```

其中，CASE 是关键词；case_value 指定要被判断的值或表达式，其后为一系列的 WHEN…THEN 语句块。其中，每一个 WHEN…THEN 语句块中的参数 when_value 指定要与 case_value 进行比较的值。倘若比较的结果为真，则执行对应的 statement_list 中的 SQL 语句。如若每一个 WHEN…THEN 语句块中的参数 when_value 都不能与 case_value 相匹配，则会执行 ELSE 子句中指定的语句。该 CASE 语句最终会以 END CASE 作为结束。

【例 9-14】 使用 CASE 条件控制语句模式 1，判断 val 值等于 1 还是等于 2，或者都不等于两者，代码如下。

```
CASE  val
    WHEN  1  THEN  SELECT   'val is 1';
WHEN  2  THEN  SELECT   'val is 2';
ELSE  SELECT   'val is not 1 or 2';
    END CASE;
```

当 val 值为 1 时，输出字符串"val is 1"；当 val 值为 2 时，输出字符串"val is 2"；否则输出字符串"val is not 1 or 2"。

（2）CASE 条件控制语句模式 2

另一种模式的 CASE 条件控制语句会提供多个布尔表达，并进入第一个为 True 的表达式，执行对应的语句，其对应的语法结构如下。

```
CASE
    WHEN search_condition THEN statement_list
    [WHEN search_condition THEN statement_list]…
    [ELSE statement_list]
END CASE
```

这种语法格式中的关键字 CASE 后面没有指定参数，而是在 WHEN…THEN 语句块中使用 search_condition 指定了一个比较表达式。若该表达式为真，则会执行对应的关键字 THEN 后面的语句。与第一种语法格式相比，这种语法格式能够实现更为复杂的条件判断，而且使用起来会更方便。

注意：*存储过程中的 CASE 语句与存储函数中的 CASE 语句稍微有所差别：存储过程中的 CASE 语句不能有 ELSE NULL 子句，并且用 END CASE 替代 END 来终止。*

【例 9-15】 使用 CASE 语句模式 2，判断 val 是否为空、小于 0、大于 0 或者等于 0，代码如下。

```
CASE
    WHEN  val  IS  NULL   THEN  SELECT   'val is NULL';
WHEN  val<0  THEN  SELECT   'val is less than 0';
WHEN  val>0  THEN  SELECT   'val is greater than 0';
ELSE  SELECT   'val is 0';
    END CASE;
```

当 val 值为空，输出字符串"val is NULL"；当 val 值小于 0 时，输出字符串"val is less than 0"；当 val 值大于 0 时，输出字符串"val is greater than 0"；否则输出字符串"val is 0"。

3. WHILE 循环控制语句

WHILE 语句实现的是一个带条件判断的循环控制语句，其语法格式如下。

```
[begin_label:] WHILE search_condition DO
    statement_list
END WHILE [end_label]
```

1) WHILE 语句执行时，首先判断条件 search_condition 是否为真，如果为真，则执行 statement_list 中的语句，然后进行判断，若仍然为真则继续循环，直至条件判断不为真时结束循环。

2) begin_label 和 end_label 是 WHILE 的标注，必须使用相同的标注名，并成对出现。

【例 9-16】 使用 WHILE 循环控制语句，实现当 i 值小于 10 时，执行循环过程，代码如下。

```
DECLARE  i  INT  DEFAULT  0;
WHILE  i<10  DO
SET  i= i+1;
END  WHILE;
```

4. REPEAT 循环控制语句

REPEAT 语句实现的是一个带条件判断的循环控制语句，其语法格式如下。

```
[begin_label:] REPEAT
    statement_list
UNTIL search_condition
END REPEAT [end_label]
```

1) 首先执行 statement_list 中的语句，然后判断条件 search_condition 是否为真，倘若为真则结束循环，如若不为真则继续循环。

2) begin_label 和 end_label 是 REPEAT 语句的标注，必须使用相同的标注名，并成对出现。

3) REPEAT 语句和 WHILE 语句的区别在于：REPEAT 语句先执行语句，后进行判断；而 WHILE 语句是先判断，条件为真时才执行语句。

【例 9-17】 使用 REPEAT 循环控制语句，实现当 id 值小于 10 时，执行循环过程，代码如下。

```
DECLARE  id INT  DEFAULT  0;
REPEAT
SET  id= id+1;
UNTIL  id>=10
END  REPEAT;
```

例 9-17 中的循环执行 id 加 1 的操作。当 id 值小于 10 时，执行循环；当 id 值大于或等于 10 时，退出循环。

5. LOOP 循环控制语句

LOOP 循环控制语句本身没有包含中断循环的条件，其语法格式如下。

```
[begin_label:] LOOP
    statement_list
END LOOP [end_label]
```

1) LOOP 循环控制语句允许重复执行某个特定语句或语句块，实现一个简单的循环，其中 statement_list 用于指定需要重复执行的语句。

2）begin_label 和 end_label 是 LOOP 语句的标注，必须使用相同的标注名，并成对出现。

3）在循环体 statement_list 中的语句会一直重复执行，直至循环使用 LEAVE 语句来中断循环。而 ITERATE 语句则表示再次循环。

【例 9-18】 使用 LOOP 语句，实现当 id 值小于 10 时，执行循环过程，代码如下。

```
DECLARE  id  INT  DEFAULT  0;
add_loop: LOOP
SET  id= id+1;
IF  id>=10  THEN  LEAVE  add_loop;
END IF;
END LOOP  add_loop;
```

例 9-18 中循环执行 id 加 1 的操作。当 id 值小于 10 时，执行循环；当 id 值大于或等于 10 时，使用 LEAVE 语句退出循环。

6. LEAVE 语句

LEAVE 语句用来退出任何被标注的流程控制结构，其语法格式如下。

```
LEAVE  label
```

其中，label 参数表示循环的标注名。LEAVE 和 BEGIN…END 或循环一起被使用。

【例 9-19】 使用 LEAVE 语句退出循环。

```
add_num: LOOP
SET @count=@count+1;
IF @count=50 THEN LEAVE  add_num;
END LOOP add_num;
```

例 9-19 中循环执行 count 加 1 的操作。当 count 值等于 50 时，使用 LEAVE 语句跳出循环。

7. ITERATE 语句

ITERATE 语句将执行顺序转到语句段开头处，其语法格式如下。

```
ITERATE  label
```

1）label 参数是循环语句中自定义的标注名。

2）ITERATE 只能出现在循环语句的 WHILE、REPEAT 和 LOOP 子句中，用于表示退出当前循环，且重新开始一个循环。

3）ITERATE 语句和 LEAVE 语句的区别在于：LEAVE 语句用于结束整个循环，而 ITERATE 语句只是退出当前循环，重新开始一个新的循环。

【例 9-20】 ITERATE 语句示例。

```
CREATE  PROCEDURE  doiterate()
BEGIN
DECLARE  p1  INT  DEFAULT  0;
```

```
my_loop: LOOP
SET p1=p1+1;
IF  p1<10  THEN  ITERATE  my_loop;
ELSEIF  P1>20  THEN  LEAVE  my_loop;
END  IF;
  SELECT  'p1 is between 10 and 20';
END  LOOP  my_loop;
END
```

例 9-20 中，当 p1 的值小于 10 时，重复执行 p1 加 1 的操作；当 p1 大于等于 10 并且小于 20 时，打印消息 "p1 is between 10 and 20"；当 p1 大于 20 时，退出循环。

9.4 查看存储过程和存储函数

当用户需要查看已创建的存储过程、存储函数的状态、定义等信息，以了解存储过程或者存储函数的基本情况时，可以使用 SHOW STATUS 语句或 SHOW CREATE 语句，也可以利用工具平台直接从系统的 information_schema 数据库中查询。下面通过实例来介绍这 3 种方法。

1. 运用 SHOW STATUS 语句查看存储过程和存储函数

在 MySQL 中，可以运用 SHOW STATUS 语句查看存储过程和存储函数的状态特征，其语法结构如下。

```
SHOW  {PROCEDURE | FUNCTION}  STATUS  [LIKE  'pattern' ]
```

此语句返回存储过程或存储函数的特征，如数据库、名字、类型、创建者及创建和修改日期。LIKE 语句表示匹配存储过程或存储函数的名称。如果没有指定样式，所有存储程序或存储函数的信息都将被列出。

【例 9-21】 显示所有以字母 "C" 开头的存储过程的信息。

```
mysql> SHOW  PROCEDURE  STATUS  LIKE  'C%'\G
*************************** 1. row ***************************
Db: sailing
Name: CountProc
    Type: PROCEDURE
    Definer: root@localhost
              Modified: 2018-10-09 12:43:34
Created: 2018-10-09 12:43:34
Security_type: DEFINER
Comment:
character_set_client: gbk
collation_connection: gbk_chinese_ci
Database Collation: latin1_swedish_ci
1 row in set (0.00 sec)
```

由执行结果可以看出，这个存储过程所在的数据库为 sailing，存储过程的名称为 CountProc 等信息。

2. 运用 SHOW CREATE 语句查看存储过程和存储函数

在 MySQL 中，还可以使用 SHOW CREATE 语句查看存储过程和存储函数的定义，其语法结构如下。

```
SHOW  CREATE  {PROCEDURE | FUNCTION}  sp_name
```

【例 9-22】 查看过程函数 myfstfun 的定义。

```
mysql> SHOW  CREATE  FUNCTION  sailing.myfstfun\G
*************************** 1. row ***************************
            Function: myfstfun
    Sql_mode:
ONLY_FULL_GROUP_BY,STRICT_TRANS_TABLES,NO_ZERO_IN_DATE,NO_ZERO_DATE,ERROR_
FOR_DIVISION_BY_ZERO,NO_AUTO_CREATE_USER,NO_ENGINE_SUBSTITUTION
    Create Function: CREATE  DEFINER='root'@'localhos'  FUNCTION  'myfstfun'()
RETURNS varchar(5) CHARSET latin1
    begin
    return 2+3;
    end
    character_set_client: gbk
    collation_connection: gbk_chinese_ci
    Database Collation: latin1_swedish_ci
    1 row in set (0.00 sec)
```

由执行结果可以看出，存储函数的名称为 myfstfun，Sql_mode 为 SQL 模式，CREATE FUNCTION 为存储函数的具体定义语句，还有数据库设置等信息。

3. 运用 information_schema.Routines 查看存储过程和存储函数

在 MySQL 中，还可以通过查看系统表来了解存储过程和存储函数的相关信息，其语法结构如下。

```
SELECT * FROM information_schema.Routines WHERE ROUTINE_NAME='sp_name'
```

其中，ROUTINE_NAME 字段中存储的是存储过程和存储函数的名称；sp_name 表示存储过程或存储函数的名称。

【例 9-23】 从 Routine 表中查询名称为 CountProc 的存储过程的信息。

```
mysql>SELECT * FROM information_schema.Routines WHERE ROUTINE_NAME=
'CountProc'  AND  ROUTINE_TYPE='PROCEDURE'\G
*************************** 1. row ***************************
SPECIFIC_NAME: CountProc
ROUTINE_CATALOG: def
ROUTINE_SCHEMA: sailing
ROUTINE_NAME: CountProc
ROUTINE_TYPE: PROCEDURE
DATA_TYPE:
CHARACTER_MAXIMUM_LENGTH: NULL
```

```
    CHARACTER_OCTET_LENGTH: NULL
    NUMERIC_PRECISION: NULL
    NUMERIC_SCALE: NULL
    DATETIME_ PRECISION: NULL
    CHARACTER_SET_NAME: NULL
    COLLATION_NAME: NULL
    DTD_IDENTIFIER: NULL
    ROUTINE_BODY: SQL
    ROUTINE_DEFINITION: BEGIN
    SELECT COUNT(*) INTO param1 FROM Products;
    END
    EXTERNAL_NAME: NULL
    EXTERNAL_LANGUAGE: NULL
    PARAMETER_STYLE: SQL
    IS_DETERMINISTIC: NO
    SQL_DATA_ACCESS: CONTAINS SQL
    SQL_PATH: NULL
    SECURITY_TYPE: DEFINER
    CREATED: 2018-10-09 12:43:34
    LAST_ALTERED: 2018-10-09 12:43:34
    SQL_MODE:
ONLY_FULL_GROUP_BY,STRICT_TRANS_TABLES,NO_ZERO_IN_DATE,NO_ZERO_DATE,ERROR_
FOR_DIVISION_BY_ZERO,NO_AUTO_CREATE_USER,NO_ENGINE_SUBSTITUTION
    ROUTINE_COMMENT:
    DEFINER: root@localhost
    CHARACTER_SET_CLIENT: gbk
    COLLATION_CONNECTION: gbk_chinese_ci
    DATABASE COLLATION: latin1_swedish_ci
    1 row in set (0.00 sec)
```

MySQL 在 information_schema 数据库下的 Routines 表中，存储所有存储过程和函数的
定义，因此通过查询该表的记录可以查询存储过程或存储函数的名称、类型、语法、创建人
等信息。使用 SELECT 语句查询 Routines 表中的存储过程和函数的定义时，一定要使用
ROUTINE_NAME 字段指定存储过程或函数的名称。否则，将查询出所有的存储过程或函数
的定义。如果有存储过程和存储函数名称相同，则需要同时指定 ROUTINE_TYPE 字段表明
查询的是到底是存储程序还是存储函数。

9.5 修改存储过程和存储函数

在 MySQL 中，使用 ALTER 语句可以修改存储过程或存储函数的特性，其语法结构
如下。

```
ALTER { PROCEDURE | FUNCTION } sp_name [characteristic…]
```

其中，sp_name 表示存储过程或存储函数的名称；characteristic 指定存储过程的特性，可能的取值如下。

- CONTAINS SQL：表示子程序包含 SQL 语句，但不包含读或写数据的语句。
- NO SQL：表示子程序中不包含 SQL 语句。
- READS SQL DATA：表示子程序中包含读数据的语句。
- MODIFIES SQL DATA：表示子程序中包含写数据的语句。
- SQL SECURITY {DEFINER|INVOKER}：指明谁有权限来执行。
- DEFINER：表示只有定义者自己才能够执行。
- INVOKER：表示调用者可以执行。
- COMMENT 'string'：表示注释信息。

【例 9-24】 修改存储过程 CountProc 的定义。将读写权限改为 MODIFIES SQL DATA，并指明调用者可以执行。

（1）执行 ALTER PROCEDURE 语句

```
mysql> ALTER PROCEDURE CountProc MODIFIES SQL DATA SQL SECURITY INVOKER;
Query OK, 0 rows affected (0.00 sec)
```

（2）查询修改后的 CountProc 表信息

```
mysql>SELECT SPECIFIC_NAME, SQL_DATA_ACCESS, SECURITY_TYPE
->FROM information_schema.Routines
->WHERE ROUTINE_NAME='CountProc' AND ROUTINE_TYPE='PROCEDURE';
+-------------------+------------------------+----------------------+
| SPECIFIC_NAME     | SQL_DATA_ACCESS        | SECURITY_TYPE        |
+-------------------+------------------------+----------------------+
| CountProc         | MODIFIES SQL DATA      | INVOKER              |
+-------------------+------------------------+----------------------+
1 rows in set (0.00 sec)
```

从查询结果可以看出，存储过程修改成功：访问数据的权限（SQL_DATA_ACCESS）已经变成 MODIFES SQL DATA，安全类型（SECURITY_TYPE）已经变成了 INVOKER。

【例 9-25】 修改存储过程 CountProc 的定义，将读写权限改为 READS SQL DATA，并加上注释信息 "FIND NAME"。

（1）执行 ALTER PROCEDURE 语句

```
mysql> ALTER PROCEDURE CountProc
->READS SQL DATA
->COMMENT 'FIND NAME';
Query OK, 0 rows affected (0.00 sec)
```

（2）查询修改后的 CountProc 表信息

```
mysql>SELECT SPECIFIC_NAME, SQL_DATA_ACCESS, ROUTINE_COMMENT
->FROM information_schema.Routines
->WHERE ROUTINE_NAME='CountProc' AND ROUTINE_TYPE='PROCEDURE';
```

```
+-------------------+------------------------+------------------------+
|  SPECIFIC_NAME    | SQL_DATA_ACCESS        | ROUTINE_COMMENT        |
+-------------------+------------------------+------------------------+
|  CountProc        | READ SQL DATA          | FIND NAME              |
+-------------------+------------------------+------------------------+
1 rows in set (0.00 sec)
```

结果显示，存储过程修改成功。从查询的结果可以看出，访问数据的权限（SQL_DATA_ACCESS）已经变成 READS SQL DATA，函数注释（ROUTINE_COMMENT）已经变成了 FIND NAME。

9.6 删除存储过程和存储函数

如果存储过程或存储函数不再使用建议将其删除。一次只能删除一个存储过程或存储函数，删除存储过程或存储函数需要有该存储过程或存储函数的删除权限。

删除存储过程或存储函数可以直接利用 DROP 语句完成，也可以利用 phpMyAdmin 工具平台来完成。

1. 使用 DROP 语句删除存储过程和存储函数

在 MySQL 中，使用 DROP 语句删除存储过程或存储函数，其语法结构如下。

```
DROP {PROCEDURE | FUNCTION} [IF EXISTS] sp_name
```

1）sp_name：指定要删除的存储过程或函数的名称。注意，sp_name 后面没有参数列表，也没有括号。删除前，必须确认该过程或函数没有任何依赖关系，否则会导致其他与之关联的存储过程或函数无法运行。

2）IF EXISTS：用于防止因删除不存在的存储过程或函数而引发错误。

【例 9-26】 使用 DROP 语句删除 PROC 存储过程。

```
mysql > DROP PROCEDURE IF EXISTS PROC;
Query OK, 0 rows affected (0.00 sec)
```

【例 9-27】 使用 DROP 语句删除 myfstun 存储函数。

```
mysql > DROP FUNCTION IF EXISTS myfstun;
Query OK, 0 rows affected (0.00 sec)
```

2. 通过工具平台删除存储过程和存储函数

在 MySQL 中，可以方便地运用 phpMyAdmin 工具平台来删除存储过程和存储函数。

【例 9-28】 运用工具平台删除 CountProc 存储过程，具体过程如图 9-2 所示。

在图 9-2 所示界面的左侧列表中，打开 sailing 数据库下的各选项，单击"存储过程"选项，再在窗口右侧选中要删除的存储过程 CountProc，最后单击"删除"按钮即可。

删除存储函数的方法和删除存储过程的方法类似，此处不再赘述。

图 9-2 删除存储过程 CountProc

习题

1. 选择题

（1）下面对存储过程的描述正确的是_____。

    A. 修改存储过程就相当于是重新创建一个存储过程

    B. 存储过程在数据库中只能应用一次

    C. 存储过程创建好就不能修改了

    D. 上述说法都是正确的

（2）对于结构控制语句，_____是循环语句。

    A. IF   B. CASE

    C. WHICH   D. LOOP

（3）_____是创建自定义函数的语法。

    A. CREATE TABLE   B. CREATE VIEW

    C. CREATE FUNCTION   D. 以上都不是

（4）下面对存储过程的描述正确的是_____。

    A. 存储过程中可以定义变量

    B. 存储过程不可以调用其他存储过程

    C. 存储过程不调用就可以直接使用

    D. 上述说法都是错误的

（5）_____是删除自定义函数的语法。

    A. DROP TABLE   B. DROP VIEW

    C. DROP FUNCTION   D. 以上都不是

（6）下面描述正确的是_____。

    A. 创建存储过程或存储函数需要 CREATE ROUTINE 权限

    B. 修改或删除存储过程或存储函数需要 ALTER ROUTINE 权限

    C. 执行存储过程或存储函数需要 EXECUTE 权限

D．上述说法都是正确的

（7）下面描述正确的是_____。

    A．一次可以删除多个存储过程或存储函数

    B．在存储过程或存储函数中，可以一次声明多个相同类型的变量

    C．存储过程或存储函数中的变量只能直接赋值

    D．上述说法都是错误的

（8）下面描述正确的是_____。

    A．对变量进行声明的关键词是 DEFAULT

    B．对变量设置默认值的关键词是 DECLARE

    C．对变量进行赋值的关键词是 SET

    D．上述说法都是错误的

2．填空题

（1）自定义函数与系统函数的区别是_____。

（2）自定义函数的作用是_____。

（3）存储过程的优点是_____。

（4）执行存储过程的语句是_____。

（5）创建存储过程的语句是_____。

（6）存储过程和存储函数的区别在于_____。

（7）存储过程的参数可以使用_____、_____和_____类型，而函数的参数只能是_____类型的。

（8）创建存储过程或存储函数需要_____权限。

3．操作题

（1）假设有学生成绩信息表，表结构如表 9-1 所示。创建一个存储过程用来计算所有成绩的总和。

表 9-1　学生成绩表（recordinfo）

序　号	列　名	数 据 类 型	说　明
1	id	int	学号
2	name	varchar(20)	姓名
3	record	int	成绩
4	major	int	专业编号

（2）修改（1）中的存储过程，使其还能够计算平均成绩。

（3）创建一个存储函数来计算两个数的和。

（4）创建一个存储函数来计算 3 个数中的最大值。

（5）创建一个存储函数来判断一个数是否是偶数。

第10章 访问控制与安全管理

数据库服务器通常存储了关键的数据，这些数据的安全和完整可以通过访问控制来维护。MySQL 提供了访问控制，以此确保 MySQL 服务器的安全，即仅向被授权的用户提供需要的访问权，保证了用户使用数据库的最低要求。

1）部分用户只能对表进行读和写，另一部分用户具有创建和删除表的权限。

2）创建用户时通过限定 IP 等方式限定用户的登录地址。

3）允许用户添加数据，但不允许删除数据。

4）允许用户使用满足一定复杂度要求的密码。

5）定时清理过期账户，同时回收其相应权限。

综合来看，按照实际需要提供给用户相应的访问权限，应尽量符合"非必要，不设置"的原则。

学习目标

➤ 认识权限表并掌握其用法

➤ 掌握用户账号管理的方法

➤ 掌握账户权限管理的方法

10.1 用户账户管理

根据访问控制的需要来管理用户账户，既能防止某些用户的恶意企图，也可以保证用户不出现无意的错误。

授予 MySQL 账户的权限决定了账户可以执行的操作。MySQL 权限在其适用的上下文和不同操作级别上有所不同。

1）管理权限使用户能够管理 MySQL 服务器的操作。这些权限是全局的，不是特定于数据库的。

2）数据库权限适用于数据库及其中的所有对象，可以为特定数据库或全局授予这些权限。

3）数据库对象权限适用于数据库中的特定对象，可以为表、索引、视图和存储例程等授予权限。

10.1.1 用户权限表

在 MySQL 数据库中与用户及权限相关的数据表一共有 6 个，有关说明如表 10-1 所示。

其中，访问数据库的各种用户信息都保存在 user 表中，剩下的 5 张表中主要存储的是用户有关权限信息。

表 10-1　与用户权限管理有关的 6 张表

表　名	权 限 说 明
user	用户账户、全局权限和其他非权限列
db	数据库级权限
tables_priv	表级权限
columns_priv	列级权限
procs_priv	存储过程和功能权限
proxies_priv	代理用户权限

在 user 表中，主要包含用户、权限、安全和资源控制 4 类字段，并且 user 表中授予的任何权限都表示用户的全局权限，即此表中授予的任何权限都适用于服务器上所有数据库。

【例 10-1】 查询 user 表的相关用户字段。

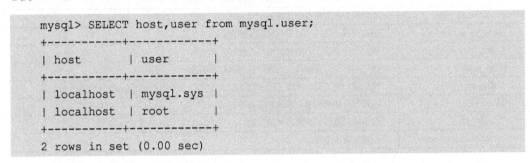

```
mysql> SELECT host,user from mysql.user;
+-----------+-----------+
| host      | user      |
+-----------+-----------+
| localhost | mysql.sys |
| localhost | root      |
+-----------+-----------+
2 rows in set (0.00 sec)
```

从查询结果可以看出，查询字段 user 字段在 localhost 主机下有两个用户，一个是 root，一个是 mysql.sys。当添加、删除或修改用户信息时，其实就是对 user 表进行操作。

1. 权限字段

user 表中包含几十个与权限有关且以 priv 结尾的字段，这些权限字段决定了用户的权限，不仅包括修改和添加权限，还包含关闭服务器权限、超级权限和加载权限等。不同用户所拥有的权限可能会有所不同，主要的权限字段及说明如表 10-2 所示。

表 10-2　权限字段说明

权限字段	说明
Select_priv	确定用户是否可以通过 SELECT 命令选择数据
Insert_priv	确定用户是否可以通过 INSERT 命令插入数据
Update_priv	确定用户是否可以通过 UPDATE 命令修改现有数据
Delete_priv	确定用户是否可以通过 DELETE 命令删除现有数据
Create_priv	确定用户是否可以创建新的数据库和表
Drop_priv	确定用户是否可以删除现有数据库和表
Reload_priv	确定用户是否可以执行刷新和重新加载 MySQL 所用各种内部缓存的特定命令，包括日志、权限、主机、查询和表
Shutdown_priv	确定用户是否可以关闭 MySQL 服务器。在将此权限提供给 root 账户之外的任何用户时，都应当非常谨慎
Process_priv	确定用户是否可以通过 SHOW PROCESSLIST 命令查看其他用户的进程
File_priv	确定用户是否可以执行 SELECT INTO OUTFILE 和 LOAD DATA INFILE 命令
Grant_priv	确定用户是否可以将已经授予给自己的权限再授予其他用户。例如，如果用户可以插入、选择和删除数据库中的信息，并且授予了 GRANT 权限，则该用户就可以将其任何或全部权限授予系统中的任何其他用户

权限字段	说明
References_priv	某些未来功能的占位符
Index_priv	确定用户是否可以创建和删除表索引
Alter_priv	确定用户是否可以重命名和修改表结构
Show_db_priv	确定用户是否可以查看服务器上所有数据库的名字，包括用户拥有足够访问权限的数据库。可以考虑对所有用户禁用这个权限，除非有特别不可抗拒的原因
Super_priv	确定用户是否可以执行某些强大的管理功能，例如通过 KILL 命令删除用户进程等
Create_tmp_table_priv	确定用户是否可以创建临时数据表
Lock_tables_priv	确定用户是否可以使用 LOCK TABLES 命令阻止对表的访问/修改
Execute_priv	确定用户是否可以执行存储过程。此权限只在 MySQL 5.0 及更高版本中有意义
Repl_slave_priv	确定用户是否可以读取用于维护复制数据库环境的二进制日志文件。此用户位于主系统中，有利于主机和客户机之间的通信
Repl_client_priv	确定用户是否可以复制从服务器和主服务器的位置
Create_view_priv	确定用户是否可以创建视图
Show_view_priv	确定用户是否可以查看视图或了解视图如何执行
Create_routine_priv	确定用户是否可以更改或放弃存储过程和函数
Alter_routine_priv	确定用户是否可以修改或删除存储函数及函数
Create_user_priv	确定用户是否可以执行 CREATE USER 命令，这个命令用于创建新的 MySQL 账户
Event_priv	确定用户能否创建、修改和删除事件
Trigger_priv	确定用户能否创建和删除触发器
create tablespace_priv	创建临时表空间

这些字段的值只有 y 或 n，表示有权限和无权限。它们的默认值是 n，可以使用 GRANT 语句为用户赋予一些权限。

2. 安全字段

安全字段负责管理用户的安全信息，包括 6 个字段，其中 ssl_type 和 ssl_cipher 用于加密；x509_issuer 和 x509_subject 用来标识用户；plugin 和 authentication_string 用于存储和授权相关的插件。

【例 10-2】 使用 SHOW VARIABLES LIKE 'have_openssl' 语句查看服务器是否具有 ssl 加密功能。

```
mysql> show variables like 'have_openssl';
+---------------+----------+
| Variable_name | Value    |
+---------------+----------+
| have_openssl  | DISABLED |
+---------------+----------+
1 row in set, 1 warning (0.00 sec)
```

从查询结果可以看出，当前数据库服务器不支持加密功能。

3. 资源控制列

资源控制列用来限制用户使用的资源，包含如下 4 个字段。

- max_questions：用户每小时允许执行的查询操作次数。
- max_updates：用户每小时允许执行的更新操作次数。
- max_connections：用户每小时允许执行的连接操作次数。

● max_user_connections：单个用户可以同时具有的连接次数。

这些字段的默认值为 0，表示没有限制。

10.1.2　创建用户账号

MySQL 中可以使用两种方法创建用户账户，第一种是使用 CREATE USER 语句，第二种是使用 MySQL 账户管理功能的第三方工具。下面分别介绍这两种方法。

1. 使用 CREATE USER 创建用户账号

可以使用 CREATE USER 语句创建一个或多个 MySQL 账户，语法格式如下。

```
CREATE USER 'user_name'@'host_name' IDENTIFIED by [password]'password'
{,user IENTIFIED by ['password']…
```

说明如下。

1）user_name 指定用户名，host_name 为主机名，即用户连接 MySQL 时所在主机的名字，如果是本地用户可用 localhost，如果在创建的过程中只给出了账户的用户名，而没有指定主机名，则主机名默认为"%"，即该用户可以从任意主机登录。

2）IDEDTIFIED by 子句：用于指定用户账号对应的口令，若该用户账号无口令，则可省略此子句。

3）[password]（可选）：用于指定散列口令（把任意长度的输入密码，通过散列算法变换成固定长度的输出，该输出就是散列值），即若使用明文设置口令，需忽略 password 关键字；如果不想以明文设置口令，且知道 password() 函数返回给密码的散列值，则可以在此口令设置语句中指定此散列值，但需要加上关键字 password。

4）password：指定用户账号的口令，在 identified by 关键字或 password 关键字之后。给定的口令值可以是由字母和数字组成的明文，也可以是通过 password()函数得到的散列值。

【例 10-3】　在 MySQL 服务器中添加新的用户，其用户名为 testuser1，主机名为 localhost，口令设置为明文"testuser1"。

```
mysql> CREATE USER 'testuser1'@'localhost' identified by 'testuser1';
Query OK, 0 rows affected (0.00 sec)
```

【例 10-4】　在 MySQL 服务器中添加新的用户，其用户名为 testuser2，不设置密码。

```
mysql> CREATE USER 'testuser2';
Query OK, 0 rows affected (0.00 sec)
```

此时查看 user 表，可以发现增添了新的用户 testuser1 和 testuser2。

```
mysql> SELECT host,user from mysql.user;
+-----------+--------------+
| host      | user         |
+-----------+--------------+
| %         | testuser2    |
| localhost | mysql.sys    |
| localhost | root         |
```

```
| localhost | testuser1 |
+-----------+-----------+
4 rows in set (0.00 sec)
```

在使用 CREATE USER 语句时，需要注意以下几点。

1）要使用 CREATE USER 语句，需要登录 MySQL 控制台，且用户要具有 CREATE USER 权限。

2）使用 CREATE USER 语句创建一个用户账号后，会在系统自身的 MySQL 数据库的 user 表添加一条新记录。如果创建的账户已经存在，则语句执行会出现错误。

3）如果两个用户具有相同的用户名和不同的主机名，MySQL 会将它们视为不同的用户，并允许为这两个用户分配不同的权限集合。

4）如果没有为用户指定口令，那么表示 MySQL 允许该用户可以不使用口令登录系统，这种做法的安全隐患较高。

5）使用 CREATE USER 语句创建的用户账户拥有的权限较少，只能登录到数据库服务器，如果需要赋予其他权限，使用 GRANT 语句。

2．使用工具创建用户

在命令行模式下创建用户对于新手来说稍复杂，平时更多的是使用图形化工具来完成创建用户等操作。本书中采用 phpMyAdmin 工具平台创建用户，具体步骤如图 10-1 所示。

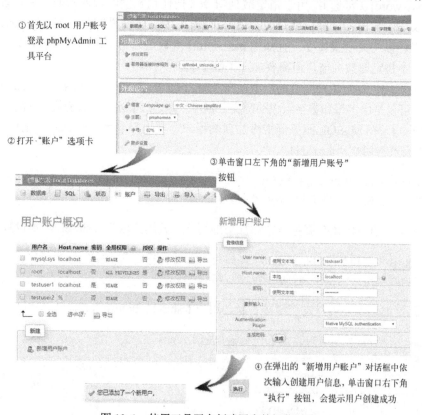

图 10-1　使用工具平台创建用户的操作过程

如图 10-1 所示，完成了新用户 testuser3 的创建，该用户为 localhost 类型，密码为

"testuser3"。

10.1.3 删除用户

在 MySQL 数据库中，可以使用 DROP USER 语句删除普通用户，也可以使用 DELETE 语句直接在 user 表中删除用户。

1. 用 DROP USER 语句删除普通用户

在利用 DROP USER 语句删除用户时，必须确定是否具有 DROP 权限，其语法格式如下。

```
DROP USER user [,user]…
```

其中，user 为需要删除的用户，由用户名和主机组成。DROP USER 语句可以同时删除多个用户，被删除的用户之间用逗号隔开。

1）DROP USER 语句可以删除一个或多个 MySQL 账户，并消除其权限。

2）要使用 DROP USER 语句，必须拥有对 MySQL 数据库的 DELETE 权限或全局CRETATE USER 权限。

3）在使用 DROP USER 语句时，如果没有明确地给出账户的主机名，则该主机名会被默认为%。

4）用户的删除不会影响到他们之前所创建的表、索引或其他数据库对象，这是因为MySQL 并没有记录是谁创建了这些对象。

【例 10-5】 删除 testuser1 用户。删除后，查看 user 表，发现已经没有 testuser1 的记录。

```
mysql> DROP USER testuser1 @localhost;
Query OK, 0 rows affected (0.02 sec)
```

2. 使用 DELETE 语句删除普通用户

DELETE 语句的基本语法格式和语法说明可以参照 6.11.3 节中的说明。

【例 10-6】 利用 DELETE 删除 user 表中的 testuser2 用户。

```
mysql> DELETE from mysql.user where user= 'testuser2';
Query OK, 1 row affected (0.01 sec)
```

通过 SELECT 语句查看执行结果。

```
mysql>  SELECT host,user from mysql.user;
+-----------+-------------+
| host      | user        |
+-----------+-------------+
| localhost | mysql.sys   |
| localhost | root        |
| localhost | testuser3   |
+-----------+-------------+
3 rows in set (0.00 sec)
```

执行结果显示 testuser1 和 testuser2 都被删除了。

10.1.4　修改用户账号

可以使用 RENAME USER 语句修改一个或多个已经存在的 MySQL 用户账号，语法格式如下。

```
RENAME USER old_user TO new_user {, old_user TO new_user}…
```

说明如下：

1）old_user：系统中已经存在的 MySQL 用户账号。

2）new_user：新的 MySQL 用户账号。

3）要使用 RENAME USER 语句，必须拥有 MySQL 中 mysql 数据库的 UPDATE 权限或全局 CREATE USER 权限。

4）若系统中旧账号不存在或者新账户已存在，则语句执行会出现错误。

【例 10-7】　将用户 testuser3 的名字修改成 testuser1。

```
mysql> Rename user 'testuser3'@'localhost' to 'testuser1'@'localhost';
Query OK, 0 rows affected (0.00 sec)
```

利用 SELECT 语句查看执行结果，可以看到用户名已经发生了变化。

```
mysql> SELECT host,user from mysql.user;
+-----------+--------------+
| host      | user         |
+-----------+--------------+
| localhost | mysql.sys    |
| localhost | root         |
| localhost | testuser1    |
+-----------+--------------+
3 rows in set (0.00 sec)
```

10.1.5　修改用户口令

修改用户口令的方法主要有两种，分别是 SET 语句和 UPDATE 语句。

1. 使用 SET 语句修改用户口令

SET 语句的语法格式如下。

```
SET PASSWORD [FOR user]= password('new_password')
```

说明如下：

1）FOR 子句用来指定用户，如未指定，默认当前用户；指定用户的格式必须以 "user_name@host_name" 的格式，user_name 为用户名，host_name 为主机名。如果用户不存在，则语句执行会出现错误。

2）password 子句表示使用函数 password() 设置新口令 new_password，即新口令必须通过函数 password()进行加密。

【例 10-8】 将例 10-7 中用户 testuser1 的口令修改成 "123456"。

```
mysql> SET PASSWORD for 'root'@'localhost'=password('123456');
Query OK, 0 rows affected, 1 warning (0.00 sec)
```

2. 使用 UPDATE 语句修改口令

使用 UPDATE 语句来修改口令，语句基本语法格式和语法说明可以参照 6.11.2 节中的说明。需要注意的是加密后的用户口令存储于 authentication_string 字段。

【例 10-9】 修改用户 testuser1 的口令为 "123456"。

```
mysql> UPDATE mysql.user SET authentication_string=password('123456')
where user='testuser1' and host = 'localhost';
Query OK, 1 row affected, 1 warning (0.00 sec)
Rows matched: 1  Changed: 1  Warnings: 1
```

10.2 账户权限管理

创建用户账户后，需要为用户分配适当的访问权限，因为新创建的账户没有访问权限，只能登录 MySQL 服务器，不能执行任何数据库操作。可以使用 SHOW GRANTS FOR 语句查看账户权限。

【例 10-10】 查看新创建的用户 testuser1 的权限。

```
mysql>  SHOW GRANTS FOR 'testuser1'@'localhost';
+----------------------------------------------------------+
| Grants for testuser1@localhost                           |
+----------------------------------------------------------+
| GRANT USAGE ON *.* TO 'testuser1'@'localhost' |
+----------------------------------------------------------+
1 row in set (0.00 sec)
```

根据执行结果，可以看出账户仅有一个权限 USAGE ON *.*，表示该账户对任何数据和数据表都没有权限。

10.2.1 权限的授予

如果需要对新建的 MySQL 用户授权，可以通过 GRANT 语句来实现，只有拥有 GRANT 权限的用户才可以执行 GRANT 语句，GRANT 语句的语法如下。

```
GRANT priv-type[( column_list )]priv_type[(column_list)]]…
ON [object_type]priv_level
TO user [IDENTIFIED by [password]'password'
[,user identified by ['password']…]
 [WITH with_option]
```

说明如下：

1）priv_type：用于指定权限的名称，如 SELECT、UPDATE、DELETE 等数据库操作。

2）column_list：用于指定权限要授予该表中哪些具体的列。

3）ON 子句：用于指定权限授予的对象和级别，如可在 ON 关键字后面给出要授予权限的数据库名或表名等。

4）object_type：可选项，用于指定权限授予的对象类型，包括表、函数和存储过程，分别使用关键字 table、function 和 procedure 标识。

5）priv_level：用于指定权限的级别，可以授予的权限如下。

- 列权限：与表中的一个具体列有关的权限。例如，可以使用 UPDATE 语句更新 student 表中 cust_name 列的值的权限。
- 表权限：与一个具体表中的所有数据相关的权限。例如，可以使用 SELECT 语句查询 customers 表中所有数据的权限。
- 数据库权限：与一个具体的数据库中所有表相关的权限。例如，可以在已有的数据库中创建新表的权限。
- 用户权限：与 MySQL 中所有的数据库相关的权限。例如，可以删除已有的数据库或创建一个新数据库的权限。

对应地，在 GRANT 语句中可用于指定权限级别的值有如下几类格式。

- *：表示当前数据库中的所有表。
- *.*：表示所有数据库中的所有表。
- db_name.*：表示某个数据库中的所有表，db_name 指定数据库名。
- db_name.tbl_name：表示某个数据库中的某个表或视图，db_name 指定数据库名，tbl_name 指定表名或视图名。
- tbl_name：指定表名或视图名。
- db_name.routine_name：表示某个数据库中的某个存储过程或函数，routine_name 指定存储过程名或函数名。

6）TO 子句：用于设定用户的口令，以及指定被授予权限的用户 user。若在 TO 子句中给系统中存在的用户指定新密码，则新密码会将原密码覆盖，如果权限被授予给一个不存在的用户，MySQL 会自动执行一条 CREATE USER 语句来创建这个用户，但同时将为该用户指定口令。由此可见，GRANT 语句也可以用于创建用户账号和修改用户密码。

7）WITH 子句：可选项，用于实现权限的转移或限制。

8）结合不同的权限级别 priv_level，可以将 priv_type 设定为不同的值。授予列权限时，priv_type 的值只能指定为 SELECT、INSERT 和 UPDATE，同时权限的后面还需要加上列名列表 colimn_list。

9）授予表权限时，priv_type 可以指定为以下值。

- SELECT：授予用户可以使用 SELECT 语句访问特定表的权限。
- INSERT：授予用户可以使用 INSERT 语句向一个特定表中添加数据行的权限。
- DELETE：授予用户可以使用 DELETE 语句从一个特定表中删除数据行的权限。
- UPDATE：授予用户可以使用 UPDATE 语句修改特定数据表中值的权限。
- REFERENCES：授予用户可以创建一个外键来参照特定数据表的权限。
- CREATE：授予用户可以使用特定名字来创建一个数据表的权限。

- ALTER：授予用户可以使用 ALTER 语句修改数据表的权限。
- INDEX：授予用户可以在表上定义索引的权限。
- DROP：授予用户可以删除数据表的权限。
- ALL 或 ALL PRIVILEGES：表示所有的权限名。

10）授予数据库权限时，priv_type 可以指定为以下值。

- SELECT：授予用户可以使用 SELECT 语句访问特定数据库中所有表和视图的权限。
- INSERT：授予用户可以使用 INSERT 语句向一个特定数据库内所有表中添加数据行的权限。
- DELETE：授予用户可以使用 DELETE 语句删除特定数据库中所有表的数据行的权限。
- UPDATE：授予用户可以使用 UPDATE 语句更新数据库中所有数据表的值的权限。
- REFERENCES：授予用户可以创建指向特定的数据库中的表外键的权限。
- CREATE：授予用户可以使用 CREATE 语句在特定数据库中创建新表的权限。
- ALTER：授予用户可以使用 ALTER 语句修改特定数据库中所有表的权限。
- INDEX：授予用户可以在特定数据库的所有数据表上定义和删除索引的权限。
- DROP：授予用户可以删除特定数据库中所有表和视图的权限。
- CREATE TEMPORARY TABLES：授予用户可以在特定数据库中创建临时表的权限。
- CREATE VIEW：授予用户可以在特定数据库中创建新的视图的权限。
- SHOW VIEW：授予用户可以查看特定数据库中已有视图的权限。
- CREATE ROUTINE：授予用户可以更新和删除数据库中已有的存储过程和存储函数的权限。
- LOCK TABLES：授予用户可以锁定数据库中已有数据表的权限。
- ALL 或 ALL PRIVILEGES：表示以上所有权限。

11）最有效的权限是用户权限。授予用户权限时，priv_type 除了可以指定授予数据权限的所有值外，还可以是如下值。

- CREATE USER：授予用户可以创建和删除新用户的权限。
- SHOW DATABASES：授予用户可以使用 SHOW DATABASES 语句查看所有已有的数据的定义的权限。

【例 10-11】 当前系统中不存在用户 testuser2，要求创建这个用户，并设置对应的系统登录口令为"testuser2"，同时授予该用户在所有数据库的所有表上的 SELECT 和 UPDATE 的权限。

```
mysql> GRANT SELECT,UPDATE ON *.* TO 'testuser2'@'localhost' IDENTIFIED
by'testuser2';
    Query OK, 0 rows affected, 1 warning (0.00 sec)
```

查看新创建的用户"testuser2"的权限，可以看到相应的权限已经赋予了用户"testuser2"。通过例 10-11 可知，利用 GRANT 语句，可以在创建用户的同时赋予其相应的权限。

```
mysql> SHOW GRANTS FOR 'testuser2'@'localhost';
    +------------------------------------------------------------------+
```

```
| Grants for testuser2@localhost                                          |
+-------------------------------------------------------------------------+
| GRANT SELECT, UPDATE ON *.* TO 'testuser2'@'localhost'                   |
+-------------------------------------------------------------------------+
1 row in set (0.00 sec)
```

【例 10-12】 授予用户 testuser1 在数据库 sailing 的 customers 表上对列 CustomerID 和列 Name 的 SELECT 权限。

```
mysql> GRANT SELECT(CustomerID,Name)ON sailing.customers TO 'testuser1
'@'localhost';
Query OK, 0 rows affected (0.00 sec)
```

权限授予语句成功执行后，使用 "testuser1" 账户登录 MySQL 服务器可以使用 SELECT 语句来查看 customers 表中列 CustomerID 和列 Name 的数据，目前仅能执行该操作。如执行其他数据库操作，则会出现错误。

【例 10-13】 授予系统中已存在的用户 testuser1 可以在数据库 sailing 中执行所有数据库操作的权限。

```
mysql> GRANT all ON sailing.* TO 'testuser1' @'localhost';
Query OK, 0 rows affected (0.00 sec)
```

10.2.2　权限的转移与限制

权限的转移与限制可以通过在 GRANT 语句中使用 WITH 子句来实现。

1. 转移权限

利用 WITH 子句，可以赋予 TO 子句中所指定的用户将自身权限授予其他用户的权利，不管其他用户是否拥有该权限。

【例 10-14】 授予当前系统中一个不存在的用户 testuser4 在数据库 sailing 的 customers 表上拥有 SELECT 和 UPDATE 的权限，并允许其可以将自身的这个权限授予其他用户。

```
mysql> GRANT SELECT, UPDATE ON sailing. Customers TO 'testuser4' @'localhost'
IDENTIFIED by'123456'
    -> WITH grant option;
Query OK, 0 rows affected, 1 warning (0.01 sec)
```

语句成功执行后，会在系统中创建一个新的用户账号 testuser4，其口令为 "123456"，以该账户登录 MySQL 服务器即可根据需要将其自身的权限授予其他指定的用户。

2. 限制权限

如果 WITH 子句中 WITH 关键字后面紧跟的是 MAX_QUERIES_PER_HOUR count、MAX_UPDATES_PER_HOUR count、MAX_CONNECTIONS_PER_HOUR count 或 MAX_USER_CONNECTIONS count 中的任意一项，则该 GRANT 语句可用于限制权限。

- MAX_QUERIES_PER_HOUR count：表示限制每小时可以查询数据库的次数。
- MAX_UPDATES_PER_HOUR count：表示限制每小时可以修改数据库的次数。

● MAX_CONNECTIONS_PER_HOUR count：表示限制每小时可以连接数据库的次数。

● MAX_USER_ CONNECTIONS count：表示限制同时连接 MySQL 的最大用户数。

count 数值对于前 3 个指定而言，如果为 0，则表示不起限制作用。

【例 10-15】 授予用户 testuser4 在数据库 sailing 的 customers 表上每小时处理一条 SELECT 语句的权限。

```
mysql> GRANT DELETE ON sailing.customers TO 'testuser4'@'localhost'
    -> with MAX_QUERIES_PER_HOUR 1;
Query OK, 0 rows affected, 1 warning (0.01 sec)
```

10.2.3 权限的撤销

当需要撤销一个用户的权限，而又不希望将该用户从系统 user 表中删除时，可以使用 REVOKE 语句来实现，REVOKE 语句和 GRANT 语句的语法格式相似，但具有相反的效果。

第一种：

```
REVOKE priv_type[(column_list)] [prv_type[(column_list)]
    ON [ object_type ]priv_level
    FROM user[, user]…
```

第二种：

```
REVOKE all privileges,grant option
FROM user[,user]…
```

说明如下：

1）第一种语法格式用于回收某些特定的权限。

2）第二种语法格式用于回收特定用户的所有权限。

3）要使用 REVOKE 语句，必须拥有 MySQL 数据库的全局 CREATE USER 权限或 UPDATE 权限。

【例 10-16】 回收系统中已存在的用户 testuser4 在数据库 sailing 的 customers 表上的 SELECT 权限。

```
mysql> REVOKE SELECT ON sailing.customers FROM 'testuser4'@'localhost';
Query OK, 0 rows affected (0.01 sec)
```

可以调用 SHOW GRANTS 语句查看此时 testuser4 账户所具有的操作权限，可以看出其目前只具有 UPDATE 和 DELETE 权限。

```
mysql> SHOW GRANTS FOR 'testuser4'@'localhost';
+---------------------------------------------------------------------+
| Grants for testuser4@localhost                                      |
+---------------------------------------------------------------------+
| GRANT USAGE ON *.* TO 'testuser4'@'localhost'                       |
```

```
| GRANT UPDATE, DELETE ON 'sailing'.'customers' TO 'testuser4'@'localhost'
WITH GRANT OPTION |
+----------------------------------------------------------------------+
2 rows in set (0.00 sec)
```

习题

1. 选择题

（1）SET PASSWORD 语句用来_____。

    A. 创建用户账号   B. 删除用户账号

    C. 修改用户账号   D. 修改用户口令

（2）权限的转移与限制可以通过在 GRANT 语句中使用_____子句来实现。

    A. SET   B. WITH

    C. USER   D. REVOKE

（3）使用 GRANT 语句授予用户权限时，最有效的是授予_____权限。

    A. 数据库   B. 用户

    C. 列   D. 表

（4）下面_____不属于 GRANT 语句的功能。

    A. 创建用户账户   B. 修改账户密码

    C. 授予用户权限   D. 撤销用户权限

（5）GRANT 语句的 WITH 子句后面可以跟_____种权限的限制方式。

    A. 4   B. 3

    C. 2   D. 1

（6）在 GRANT 语句中可用于指定权限级别的值描述不正确的是_____。

    A. *：表示当前数据库中的所有表

    B. *.*：表示所有数据库中的所有表

    C. db_name.*：表示某个数据库中的所有表

    D. db_name.tbl_name.column_list：表示某个数据库中某个表的某些列

2. 填空题

（1）MySQL 数据库中存在 6 个控制权限的表，分别为_____表、_____表、_____表、_____表、_____表和_____表。这些表位于系统数据库 MySQL 中。

（2）user 表中的权限列的字段决定了用户的_____，描述了在全局范围内允许对数据库进行的操作。包括_____和_____等用于数据库操作的普通权限，也包括_____服务器和加载用户等管理权限。

（3）常用的创建账号的方式有两种，一种是使用_____语句；另一种是使用_____语句。

（4）在 MySQL 中，可以使用_____语句删除用户。

（5）使用_____语句和_____语句，可以修改 root 用户密码。

（6）创建好账号后，可以使用_____语句和_____语句查看账号的权限信息。

（7）在 MySQL 中，使用_____语句为账号授权，使用_____语句取消用户权限。

3．操作题

创建数据库 Game，定义数据表 player，语句如下：

```
CREATE DATABASE Game;
Use Game
CREATE TABLE player
{
Playid INT PRIMARY KEY,
Playname VARCHAR(30) NOT NULL,
Gamenumber INT NOT NULL UNIQUE,
Info VARCHAR(50) };
```

执行以下操作。

1）创建一个账户，用户名为 account1，该用户通过本地主机与数据库相连，密码为 oldpwd1。授权该用户对 Game 数据库中 player 表的 SELECT 和 INSERT 权限，并授权该用户对 player 表的 info 字段的 UPDATE 权限。

2）更改 account1 用户的密码为 newpwd1。

3）查看授权给 account1 用户的权限。

第 11 章　备份与恢复

为了保证数据库的可靠性和完整性，数据库管理系统通常会采取各种有效的措施进行维护，尽管如此，在数据库的实际使用过程中，仍然存在一些不可预估的因素，会造成数据库运行事务的异常中断，从而影响数据的正确性，甚至会破坏数据库，使数据库汇总的数据部分或全部丢失。

数据库备份是指通过复制数据或者表文件的方式来制作数据库的副本。数据库恢复则是当数据库出现故障或遭到破坏时，将备份的数据库加载到系统，从而使数据库从错误状态恢复到备份时的正确状态。数据库的恢复以备份为基础，是与备份相对应的系统维护和管理操作。系统进行恢复操作时，先执行一些系统安全性的检查，包括所要恢复的数据库是否存在、数据库是否变化及数据库文件是否兼容等，再根据所采用的数据备份类型采取相应的恢复措施。

学习目标
➢ 熟悉 MySQL 数据库备份数据的几种常用方法
➢ 熟悉 MySQL 数据库恢复数据的几种常用方法
➢ 了解 MySQL 日志管理方法

11.1　MySQL 数据库备份与恢复方法

MySQL 数据库备份与恢复功能可以通过多种方法来实现，本节介绍 3 种常用的方法。

11.1.1　使用 SQL 语句备份和恢复表数据

在使用 MySQL 数据库的过程中，有时需要将数据库中的数据导出到外部存储文件，包括 SQL 文件、XML 文件或者 HTML 文件等。同时，这些文件也可以导入 MySQL 数据库。通过对数据的导入导出，可以实现在 MySQL 数据库服务器与其他数据库服务器之间移动数据。

1．导出备份语句 SELECT…INTO OUTFILE

可以使用 SELECT…INTO OUTFILE 语句将表的内容导出成一个文本文件，其语法如下。

```
SELECT columnlist FROM table WHERE condition
INTO OUTFILE 'file_name' [CHARACTER SET charset_name] [EXPORT_OPTIONS]
```

说明如下：

1）该语句将 SELECT 语句查询的结果写入导出文件 file_name 中，该文件在服务器主机上自动创建，如果文件同名，将会覆盖原文件。如果需要将该文件写入一个指定位置，需要在文件名前加上具体路径。

2）EXPORT_OPTIONS 中包含两个可选子句，分别是 FIELDS 子句和 LINES 子句，其语法格式如下。

```
[FIELDS
      [TERMINATED BY 'string']
      [[OPTIONNLLY] ENCLOSED BY 'char']
      [ESCAPED BY'char']
]

[LINES
[STARTING BY 'string' ]
[TERMINSTED BY 'string'
```

- TERMINATED BY：用于指定字段之间的分隔符号，可以为单个或多个字符，默认情况下为制表符 "\t"。
- ENCLOSED BY：用于指定字段的包围字符，只能为单个字符。
- ESCAPED BY：设置如何读取或写入特殊字符，即用来指定转义字符，默认为 "\"。
- STARTED BY：用于设置每行数据开头的字符，可以为单个或多个字符，默认情况下不使用任何字符。
- TERMINATED BY：用于指定一个数据行结束，可以为单个或多个字符，默认为 "\n"。
- FIELDS 子句和 LINES 两个子句都是可选的，但是如果两个都被指定了，FIELDS 子句必须位于 LINES 子句的前面。

【例 11-1】 将 sailing 数据库中 customers 表的全部数据备份到 D 盘目录下名为 backupfile1.txt 的文件中，EXPORT_OPTIONS 选项采用默认设置。

```
mysql> SELECT* FROM sailing.customers INTO OUTFILE 'D:\backupfile1.txt';
Query OK, 14 rows affected (0.01 sec)
```

导出成功后，可以使用 Windows 记事本查看 D 盘 backupfile1.txt 文件。

1	张芳	女	1990-02-08	会员
2	李军	男	1967-05-04	VIP
3	黄云飞	男	1987-08-02	贵宾
4	朱瑞	男	1990-01-08	VIP
5	向平	男	1987-08-02	贵宾
6	杨萍	女	1978-04-09	贵宾
7	黄海娴	女	1957-10-08	VIP
8	周冰	女	1990-06-09	会员
9	李苹	女	1989-03-09	VIP
10	赵军	男	1972-07-08	贵宾
11	孙海平	男	1958-09-21	VIP
12	吴向天	男	1974-08-18	VIP
13	郑心怡	女	1978-05-08	会员

14	王敏	女	1991-06-13		会员

可以看出，默认情况下，MySQL 使用制表符"\t"分隔不同的字段，字段之间没有被其他字符分隔。

【例 11-2】 在例 11-1 的基础上进行修改，将 sailing 数据库 customers 表备份到 backupfile2.txt 文件中，要求使用","分隔字符，要求字段之间使用","隔开，所有字段值用""括起来，每一行的开头用"-"开头。

```
mysql> Select * from sailing.customers into outfile 'D:\backupfile2.txt'
    ->FIELDS
    ->TERMINATED BY '\, '
    ->ENCLOSED BY '\"'
    ->LINES STARTING BY '\-';
Query OK, 14 rows affected (0.01 sec)
```

导出成功后，使用 Windows 记事本查看 D 盘 backupfile2.txt 文件。

```
-"1", "张芳", "女", "1990-02-08", "会员"
-"2", "李军", "男", "1967-05-04", "VIP"
-"3", "黄云飞", "男", "1987-08-02", "贵宾"
-"4", "朱瑞", "男", "1990-01-08", "VIP"
-"5", "向平", "男", "1987-08-02", "贵宾"
-"6", "杨萍", "女", "1978-04-09", "贵宾"
-"7", "黄海娴", "女", "1957-10-08", "VIP"
-"8", "周冰", "女", "1990-06-09", "会员"
-"9", "李苹", "女", "1989-03-09", "VIP"
-"10", "赵军", "男", "1972-07-08", "贵宾"
-"11", "孙海平", "男", "1958-09-21", "VIP"
-"12", "吴向天", "男", "1974-08-18", "VIP"
-"13", "郑心怡", "女", "1978-05-08", "会员"
-"14", "王敏", "女", "1991-06-13", "会员"
```

2. 导入恢复语句 LOAD DATA…NFILE

导入恢复语句 LOAD DATA…INFILE 的语法格式如下。

```
LOAD DATA INFILE 'file_name' INTO TABLE table_name [IMPORT_OPTIONS]
```

说明如下：

1）file_name 为导入数据的来源，table_name 表示待导入的数据表名称。

2）IMPORT_OPTIONS 为可选参数选项，包含两个自选子句，分别是 FIELDS 和 LINES 子句，有关语句的说明请参见 SELECT…INTO OUTFILE 语句中的 EXPORT_OPTIONS 部分。

【例 11-3】 将例 11-1 中备份后的数据 backupfile1.txt 导入 customers 表的备份表 customers_copy。

```
mysql> LOAD DATA INFILE 'D:\backupfile2.txt' into table customers_copy
```

```
->FIELDS
->TERMINATED BY '\, '
->ENCLOSED BY '\"'
->LINES STARTING BY '\-';
```

执行语句后,原来的数据恢复到了表 customers_copy 中,在导入数据时需要特别注意,必须根据数据备份文件中数据行的格式来指定判断的符号,即与 SELECT…INTO OUTFILE 语句相对应。

11.1.2　使用 MySQL 客户端实用程序备份和恢复数据

MySQL 提供了很多免费的客户端实用程序,如 Wampserver64 等,均存放在 MySQL 安装目录下的 bin 子目录中。这些客户端实用程序可以连接到 MySQL 服务器进行数据库的访问,或者对 MySQL 执行不同的管理任务。

打开 DOS 命令窗口,如图 11-1 所示,进入 MySQL 安装目录下的 bin 子目录,如 C:\wamp64\bin\mysql\mysql5.7.14\bin,可以在该界面光标处输入所需的 MySQL 客户端实用程序的相关命令。

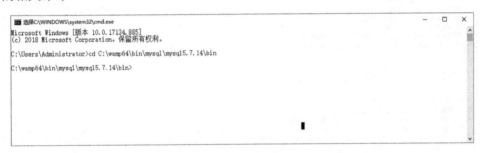

图 11-1　MySQL 客户端实用程序运行界面

1.　使用 mysqldump 程序备份数据

可以使用客户端实用程序 mysqldump 来实现 MySQL 数据库的备份,mysqldump 命令执行时,可以将数据库中的数据备份成一个文本文件。数据表的结构和数据将存储在生成的文本文件中。

使用 mysqldump 备份数据库语法的格式如下。

```
mysqldump -u username [-p] dbname [tbname ...]> filename.sql
```

说明如下:

1)username:表示用户名称。

2)dbname:表示需要备份的数据库名称。

3)tbname:表示数据库中需要备份的数据表,可以指定多个数据表。省略该参数时,会备份整个数据库。

4)右箭头">":将备份数据表的定义和数据写入备份文件。

5)filename.sql:表示备份文件的名称,文件名前面可以加绝对路径。通常将数据库备份成一个后缀名为.sql 的文件。

需要注意的是，mysqldump 程序备份的文件并非一定要求扩展名为.sql，备份成其他格式的文件也是可以的。例如，后缀名为.txt 的文件。通常情况下，建议备份成扩展名为.sql 的文件。

【例 11-4】 使用 mysqldump 程序备份数据库 sailing 中的 customers 表。

```
mysqldump -h localhost -u root sailing customers > d:\file.sql
```

命令执行完后，会在指定的目录下生成一个 customers 表的备份文件 file.sql，该文件中存储了创建 customers 表的一系列 SQL 语句，以及该表中所有的数据，如图 11-2 所示。

图 11-2　file.sql 文件内容

【例 11-5】 使用 mysqldump 备份数据库 sailing。

```
mysqldump-h localhost -u root sailing > d:\database.sql
```

命令执行完后，会在指定的目录下生成一个包含数据库 sailing 的备份文件 database.sql，该文件中存储了创建这个数据库及其内部数据表的全部 SQL 语句，以及数据库中所有的数据。

mysqldump 程序还能够一次备份多个数据库系统，需要在数据库名称前添加 "--databases" 参数。当需要一次性备份 MySQL 服务器上所有数据库时，则需要使用 "--all-databases" 参数。

```
mysqldump[ options]--all-databases[ options]>filename;
```

【例 11-6】 备份 MySQL 服务器上所有数据库。

```
mysqldump -u root --all-databases > d:\alldata. sql
```

命令执行完后，会在指定的目录下生成一个包含所有数据库的备份文件 alldata.sql。

2. 使用 mysql 命令恢复数据

通过 mysql 命令可以将由 mysqldump 程序备份文件中的全部数据还原到 MySQL 服务器中。

【例 11-7】 假设数据库 sailing 需要恢复成原来的样子，可以使用例 11-5 中生成的数据库备份文件 database.sql 将其恢复。

```
mysql -u root sailing < database.sql
```

如果数据库中表的结构发生损坏，也可以使用 mysql 命令对其单独进行恢复处理，但是表中原有的数据将会被全部清空。

【例 11-8】 假设数据库 mysql_test 中 customers 表的结构被损坏，可以利用例 11-4 生成的存储表结构的备份文件 file.sql 恢复到服务器中。

首先，登录 MySQL，删除 cusomers 表的记录。

```
mysql> use sailing
Database changed
mysql> delete from customers
Query OK, rows affected(0.00sec)
```

此时，customers 表中不再有任何数据记录，使用 mysql 命令还原数据。采用 source 命令，从指定路径中将例 11-4 中的备份文件还原到 custmers 表中。

```
mysql> source D:\file.sql
Query OK, 0 rows affected (0.00 sec)
```

3. 使用 mysqlimport 程序恢复数据

倘若只是为了恢复数据表中的数据，可以使用 mysqlimport 程序来完成。使用 mysqlimport 的语法格式如下。

```
mysqlimport [ OPTIONS ] database textfile
```

说明如下:

1）OPTIONS：mysqlimmport 命令支持的选项，分别说明如下。

● -d，--delete：在导入文本文件之前清空表中所有的数据行。

● -1，--lock-tables：在处理任何文本文件之前锁定所有的表，以保证所有的表在服务器上同步。

2）database：指定需要恢复的数据库名称。

3）textfile：存储备份数据的文本文件名。使用 mysqlimport 命令恢复数据时，mysqlimport 会剥去这个文件名的扩展名，并使用它来决定向数据库中哪个表导入文件的内容。例如，"file.txt" "file.sql" "file" 都会被导入名为 file 的表，因此备份的文件名应根据需要恢复表命名。另外，在该命令中需要指定备份文件的具体路径，若没有指定，则选取文件的默认位置，即 MySQL 安装目录的 DATA 目录。

与 mysqldump 程序一样，使用 mysqlimport 恢复数据时，也需要提供-h、-u、-p 等选项来连接 MySQL 服务器。

【例 11-9】 参照例 11-4 生成 customers 表的备份数据文件 customers.txt，并利用该文件恢复数据。

```
mysqlimport -h localhost -u root sailing d:\ customers.txt
```

11.1.3　使用 MySQL 工具平台备份和恢复数据

用户可以使用常用的 MySQL 图形界面工具来进行 MySQL 数据的备份与恢复操作。这种方式相对于使用 SQL 语句或 MySQL 客户端实用程序而言会简单些。本书以 phpMyAdmin 为例，介绍其备份和恢复 MySQL 数据库的操作。

1. 备份数据库

备份数据库的具体操作如图 11-3 所示

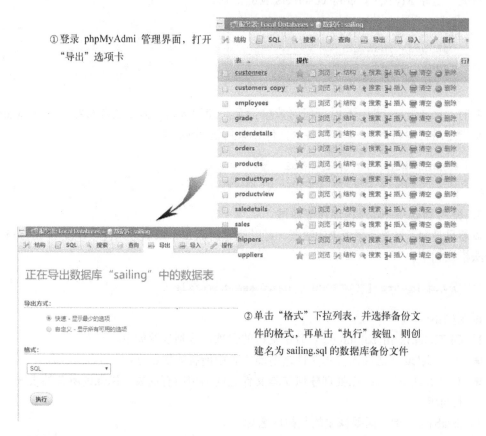

图 11-3　使用工具平台备份数据库的操作过程

2. 恢复数据库

恢复数据库的操作与备份数据库相似，如图 11-4 所示。

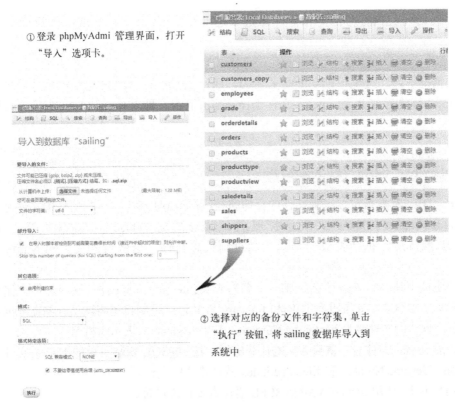

① 登录 phpMyAdmi 管理界面，打开"导入"选项卡。

② 选择对应的备份文件和字符集，单击"执行"按钮，将 sailing 数据库导入到系统中

图 11-4　使用工具导入数据库的操作过程

11.2　日志文件

MySQL 数据库中包含多种不同类型的日志文件，这些文件记录了 MySQL 数据库的日常操作和错误信息，分析这些日志文件可以了解 MySQL 数据库的运行情况、日常操作、错误信息，以及哪些地方需要优化。MySQL 数据库中的主要日志文件类型如表 11-1 所示。

表 11-1　主要日志文件类型

文件类型	说明
错误日志	记录启动、运行或停止 MySQL 时出现的问题
查询日志	记录建立的客户端连接和执行的语句
二进制日志	记录所有更改数据的语句，可用于还原
慢查询日志	记录所有执行时间超过规定时间的所有查询或不使用索引的查询

需要注意的是，启动日志功能会降低 MySQL 数据库的性能。例如，在查询非常频繁的 MySQL 数据库系统中，如果开启了查询日志和慢查询日志，MySQL 数据库会花费大量时间记录日志。同时，日志会占用大量的磁盘空间。

11.2.1　二进制日志

二进制日志主要记录数据库的变化情况，包含数据备份后进行的所有更新，以及每个更

新数据库的语句的执行时间等信息，通过二进制文件可以查询 MySQL 数据库中进行的改变。

1. 启动

默认情况下，二进制日志功能是关闭的，通过 my.ini 的 log-bin 选项可以开启二进制日志。将 log-bin 选项加入到 my.ini 文件的[mysqld]组中，即在[mysqld]标签下，添加如下语句。

```
[mysqld]
log-bin [=DIR/[filename]]
```

其中，DIR 参数指定二进制文件的存储路径；filename 指定二进制文件的文件名，全名为 filename.Number，Number 表示扩展名，其形式为 000001、000002 等。每次重启 MySQL 服务后，都会生成一个新的二进制日志文件，这些日志文件的 Number 会不断递增。

除了生成上述文件外，还会生成一个名为 filename.Index 的文件，这个文件存储所有二进制日志文件的清单。如果没有 DIR 和 filename 参数，二进制日志将默认存储在数据库的数据目录下。默认的文件名为 hostname.Number，其中 hostname 表示主机名。

在修改 my.ini 文件后，重启 MySQL 服务器，在 MySQL 安装目录的 DATA 文件夹下就可以看到：filename.Number 和 filename.index 两种格式的文件。

【例 11-10】 使用 SHOW VARIABLES 语句查询日志设置。

```
mysql> show variables like 'log_bin';
+-------------------+---------------+
| Variable_name | Value    |
+--------- -------+---------------+
| log_bin      | ON   |
+-------------------+---------------+
1 row in set, 1 warning (0.00 sec)
```

通过上面的查询结果可以看出，log_bin 变量的值为"ON"，表明二进制日志已经打开。MySQL 重新启动后，可以在 MySQL 的数据文件夹下看到新产生的文件扩展名为.000001 和.index 的两个文件。文件名默认为主机名。

如果想改变日志文件的目录和名称，可以对 my.ini 中的 log-bin 参数进行修改。

```
[mysqld]
log-bin = C:/wamp64/bin/mysql/mysql5.7.14/bin/bin_log
```

关闭并重新启动 MySQL 服务之后，新的二进制文件将出现在 bin 文件夹下面，名称为 bin_log.000001 和 bin_log.index。

2. 查看

使用二进制格式可以存储更多信息，而且写入二进制日志的效率更高。但是，不能直接打开并查看二进制日志。如果需要查看二进制日志，必须使用 mysqlbinlog 命令。mysqlbinlog 命令的语法格式如下。

```
mysqlbinlog log_files
```

mysqlbinlog 命令可以根据需要查找指定的二进制日志，也可以在二进制日志 filename. number 所在的目录下运行该命令。

【例 11-11】 使用 mysqlbinlog 查看二进制日志。

```
C:\Users\Administrator>cd C:\wamp64\bin\mysql\mysql5.7.14\bin
C:\wamp64\bin\mysql\mysql5.7.14\bin>mysqlbinlog bin_log.000001
```

3. 还原数据库

在数据库使用过程中，若出现意外情况导致数据破坏或者丢失，可以使用二进制日志来对数据库进行还原。二进制日志还原数据库的命令语法格式如下。

```
mysqlbinlog [options] log_files… | mysql -u root -p password
```

首先使用 mysqlbinlog 命令读取日志文件 log_files 中的内容，然后使用 mysql 命令将读取到的内容还原到数据库中。

使用 mysqlbinlog 命令进行还原操作时，应该是按照记录的先后顺序，编号（number）小的先还原，例如 bin_log.000001 必须在 bin_log.000002 之前还原。

【例 11-12】 使用 mysqlbinlog 命令恢复 MySQL 数据库到日志文件 bin_log.000001 中所记录的状态。

```
mysqlbinlog bin_log.000001 | mysql -u root
```

运行该命令后，数据库就恢复到 bin_log.000001 文件所记录的状态。

4. 暂停和重启

在配置文件中设置 log-bin 选项后，MySQL 服务器将会一直开启二进制日志功能。删除该选项就可以停止二进制日志功能。如果需要再次启动，需要重新添加 log-bin 选项。

同时，MySQL 中提供了暂时停止二进制日志功能的语句。如果用户不希望自己执行的某些 SQL 语句记录在二进制日志中，那么需要在执行这些 SQL 语句前暂停二进制日志功能。用户可以使用 SET 语句来暂停二进制日志功能，代码如下。

```
SET sql_log_bin=0;
```

执行该语句后，MySQL 服务器会暂停二进制日志功能。如果用户希望重新开启二进制日志功能，SET 语句代码如下。

```
SET sql_log_bin=1;
```

5. 删除

二进制日志会记录大量信息，如果长时间不清理，将会占用很多磁盘空间。删除日志文件可以通过手动删除的方式，特别对于二进制日志文件，MySQL 还提供了全部删除和部分删除的方法。

（1）删除所有二进制日志

使用 reset master 语句可以删除所有二进制日志，语句格式如下。

```
reset master;
```

登录 MySQL 数据库后，可以执行该语句来删除所有二进制日志。删除所有二进制日志后，MySQL 将会重新创建新的二进制日志。新二进制日志的编号从 000001 开始。

（2）根据编号来删除二进制日志

每个二进制日志文件后面有一个 6 位数的编号，使用 purge master logs to 语句可以删除小于指定编号的所有二进制日志文件，该语句的语法格式如下。

```
purge master logs to'filename.number';
```

【例 11-13】 删除 binlog.000002 之前的二进制日志。

```
purge master logs to'binlog.00002';
```

（3）根据创建时间来删除二进制日志

使用 purge master logs before 语句可以删除指定时间之前创建的二进制日志，该语句的法格式如下。

```
purge master logs before 'yyyy-mm-dd hh:mm;ss';
```

【例 11-14】 删除 2018-9-23 19:25:00 之前创建的二进制日志。

```
purge master logs before'2018-9-23 19:25:00';
```

代码执行完后，2018 年 9 月 23 日 19:25:00 之前创建的所有二进制日志将被删除。

11.2.2 查询日志

查询日志记录 MySQL 的所有用户操作，包括启动和关闭服务、执行查询和更新语句等。由于会频繁占用存储空间和数据库文件的读写，因此 MySQL 服务器默认情况下并没有开启查询日志，只有在需要对数据库性能进行调试时才开启查询日志。

1. 启动和设置

如果需要启动通用查询日志，首先，通过命令行设置日志文件路径，语法格式如下。

```
set global general_log_file='DIR/filenam';
```

其中，DIR 参数指定二进制文件的存储路径，filename 指定二进制文件的文件名。

然后，通过命令行开启查询日志，语法格式如下。

```
set global general_log=on;
```

2. 查看

通过查看通用查询日志，可以了解用户对 MySQL 进行的操作。通用查询日志以文本性质存储在文件系统中，可以通过文本编辑器直接打开通用日志文件进行查看。

【例 11-15】 开启查询日志，将其存放在 D 盘根目录下，文件名为 general.log，操作过程如下。

```
mysql> set global general_log_file='D:/tmp/general.log';
Query OK, 0 rows affected(0.01sec)
mysql> set global general_log =on;
Query OK, 0 rows affected(0.01sec)
```

使用记事本查看该通用查询日志，结果如图 11-5 所示

```
wampmysqld64, Version: 5.7.14-log (MySQL Community Server (GPL)). started with:
TCP Port: 3306, Named Pipe: /tmp/mysql.sock
Time                     Id Command  Argument
2020-06-01T18:21:36.565015Z    12 Connect     root@localhost on  using TCP/IP
2020-06-01T18:21:36.570013Z    12 Query       SET CHARACTER SET 'utf8mb4'
2020-06-01T18:21:36.573011Z    12 Query       SET collation_connection = 'utf8mb4_unicode_ci'
2020-06-01T18:21:36.573011Z    12 Query       SET lc_messages = 'zh_CN'
2020-06-01T18:21:36.574011Z    13 Connect     root@localhost on  using TCP/IP
2020-06-01T18:21:36.574011Z    13 Query       SET CHARACTER SET 'utf8mb4'
2020-06-01T18:21:36.575013Z    13 Query       SET collation_connection = 'utf8mb4_unicode_ci'
2020-06-01T18:21:36.576011Z    13 Query       SET lc_messages = 'zh_CN'
2020-06-01T18:21:36.593999Z    13 Query       SHOW TABLES FROM `sailing`
2020-06-01T18:21:36.596997Z    12 Query       SELECT CURRENT_USER()
2020-06-01T18:21:36.596997Z    12 Query       SELECT `SCHEMA_NAME` FROM `INFORMATION_SCHEMA`.`SCHEMATA`
2020-06-01T18:21:36.620985Z    12 Init DB     sailing
2020-06-01T18:21:36.713932Z    12 Query       SHOW TABLES FROM `sailing`
2020-06-01T18:21:36.714932Z    12 Query       SELECT @@lower_case_table_names
2020-06-01T18:21:36.714932Z    12 Query       SELECT *,
```

图 11-5　用记事本查看通用查询日志

图 11-5 中仅为通用查询日志的一部分，由此可以看到 MySQL 启动信息和用户 root 连接服务器与执行查询语句的记录。

习题

1. 选择题

（1）_____操作不会造成数据库运行事务的异常中断。

　　A．硬件故障　　　　　　　　　　B．软件故障

　　C．正常关机　　　　　　　　　　D．异常关机

（2）_____命令不能备份或恢复数据。

　　A．mysqldump　　　　　　　　　B．mysql

　　C．select　　　　　　　　　　　D．mysqlimport

（3）使用"mysqldump -h localhost -u root sailing customers > d:\file.sql"语句的功能不包括_____。

　　A．备份数据库 sailing 中的 customers 表

　　B．备份文件存储在 D 盘

　　C．备份文件名为 file.sql

　　D．备份 sailing 数据库中的全部数据表文件

（4）语句"mysqldump -h localhost -u root sailing customers --where"（）" > file.sql"中的"WHERE"部分表示_____。

　　A．存储路径　　　　　　　　　　B．筛选条件

　　C．表名　　　　　　　　　　　　D．数据库名

（5）记录启动、运行或停止 MySQL 时出现问题的日志文件称为_____。

　　A．二进制日志　　　　　　　B．查询日志

　　C．错误日志　　　　　　　　D．慢日志

（6）用来查看二级制文件的命令是_____。

　　A．mysql　　　　　　　　　B．mysqlimport

　　C．phpMyAdmi　　　　　　　D．mysqlbinlog

2．填空题

（1）在 MySQL 数据库中，有时需要将数据库中的数据导出到外部存储文件，包括_____文件、_____文件或者_____文件。

（2）可以使用客户端实用程序_____来实现 MySQL 数据库的备份。

（3）MySQL 日志可以分为 4 种，分别是_____、_____、_____和_____。

3．操作题

（1）同时备份数据库 sailing 中的 Customers 表和 Employees 表，然后删除两个表中的内容并还原。

（2）将数据库 sailing 中不同数据表的数据，导出到 XML 文件或者 HTML 文件，并查看文件内容。

（3）使用 mysql 命令导出 Products 表中记录，并将查询结果写入导出文件。

（4）系统管理员在星期一下午 5:00 下班前，使用 mysqldump 进行了数据库 Sailing 的一个完全备份，备份文件为 file.sql。然后，从星期一下午 5:00 开始启用日志，日志文件中保存了星期一下午 5:00 至星期三上午 9:00 的所有更改信息，在星期三上午 9:00 运行了一条日志刷新语句，即 flush logs。此时数据库自动创建了一个新的日志文件，直至星期五上午 10:00 公司数据库服务器系统崩溃。请按步骤给出如何恢复到崩溃前的状态。

第12章 PHP 与 MySQL 数据库编程

PHP（Hypertext Preprocessor）是超文本预处理语言的缩写，作为一种被广泛应用的开源通用脚本语言，它尤其适用于 Web 开发并可嵌入到 HTML 中。它的语法吸收了 C 语言、Java 语言和 Perl 语言的特点，易于学习。利用 PHP 语言，Web 开发人员可以快速编写动态生成的网站页面。

PHP 语言具有如下特点。

1. 开源性和免费性

由于 PHP 解释器的源代码是公开的，所以安全系数较高的网站可以自己更改 PHP 的解释程序。另外，PHP 运行环境可免费使用。

2. 快捷性

PHP 是一门非常容易学习和使用的语言，语法特点类似于 C 语言，但又没有 C 语言复杂的地址操作，而且加入了面向对象的概念，再加上它具有简洁的语法规则，使得 PHP 操作编辑非常简单，实用性很强。

3. 数据库连接的广泛性

PHP 可以与很多主流的数据库建立连接，如MySQL、ODBC、Oracle等。PHP 利用编译的不同函数与这些数据库建立连接，PHPLIB就是常用的为一般事务提供的基库。

4. 面向过程和面向对象并用

在 PHP 语言的使用中，可以分别面向过程和面向对象，也可以将 PHP 面向过程和面向对象两者一起混用，这是很多其他编程语言做不到的。

在利用 PHP 进行网页编写和开发时，往往需要用到一些专用的软件。

1）Web 服务器，PHP 几乎可以运行在所有的 Web 服务器软件上，包括微软的互联网信息服务器（IIS），但最常用的是免费的 Apache 服务器。

2）数据库，PHP 几乎支持所有的数据库软件，最常用的是MySQL数据库。

3）PHP 解析器，要处理和执行 PHP 脚本指令，必须安装 PHP 解析器来生成可以发送到 Web 浏览器的 HTML 输出。

本书中使用的 WampServer（3.0.6）已经将上述软件进行集成，有关内容可以参照 2.5 节。

学习目标

➢ 掌握 PHP 编程基础

➢ 熟悉程序设计基础及数组的使用方法

➢ 理解 PHP 函数的使用方法

➢ 了解面向对象程序设计的思想

➢ 了解 Session 会话变量

➢ 了解在 PHP 中访问 MySQL 的方法

12.1 PHP 编程基础

使用 PHP 编程，首先要了解它的基本代码书写规范，以及变量、常量、运算符和表达式等基础内容。

12.1.1 PHP 代码与文本注释

1. PHP 代码文件

PHP 代码文件的扩展名为.php，可以包含 HTML 代码和 PHP 代码。Apache 服务器在接收到 PHP 脚本文件的请求后，会解析 PHP 脚本文件中的 PHP 代码，执行代码并将其转换为 HTML 格式，然后转送到客户端。

【例 12-1】 一段简单的 PHP 代码。

```
<?php
echo"I like PHP";
?>
```

将以上文本另存为 hello.php，并添加到"\wamp64\www"目录下，在浏览器地址栏中输入"127.0.1.1/hello.php"，浏览器的输出结果如图 12-1 所示。

图 12-1　PHP 代码浏览器输出

从例 12-1 可以了解到 PHP 语言的一些基本语法。

（1）开始标记和结束标记

PHP 代码书写的标准风格通常以"<?php"开始，以"?>"结束。在开始标记和结束标记之间的代码将被作为 PHP 程序执行。也可省去"php"3 个字母，即所谓的简短风格。但需要在 php.ini 文件中将 short_open_tag 属性设置为"on"。

（2）PHP 语句

PHP 的程序可以由多条语句构成，每条语句用于指定程序要执行的工作。通常一条 PHP 语句占一行，以分号";"结束。例 12-1 中展示的就是一条 PHP 语句，用于在网页中输出指定的字符串、变量和数组等内容。

PHP 语句还可以嵌入到 HTML 文件中，在 Web 应用程序中，PHP 文件就是一个网页。在多数情况下，PHP 代码和 HTML 语言可以嵌套使用。

【例 12-2】 将例 12-1 的代码嵌入到 HTML 文档中。

```
<html>
<head>
<title> my first PHP program
</head>
<body>
<?php
echo"I like PHP";
?>
</body>
</html>
```

在浏览器中查看此脚本，如图 12-2 所示，可以看到，与例 12-1 不同的是，网页有了标签"my first PHP program"，说明 HTML 的代码起了作用。

图 12-2　将 PHP 代码嵌入 HTML 文档中并输出

2. PHP 文本注释

在 PHP 中，使用"//"或者"#"来编写单行注释，或者使用"/* … */"来编写多行注释。文本的注释要写在代码的上方或右侧，不要写在代码的下方。

【例 12-3】　在例 12-1 的基础上添加多行注释。

```
<?php
/* 一个简单的 PHP 演示程序*/
echo"I like PHP";
/* echo 语句输出字符串*/
?>
```

12.1.2　PHP 中的变量

变量和常量是程序设计语言的最基本元素，是构成表达式和编写程序的基础。

变量用于存储值，如数字、文本字符串或数组。一旦设置了某个变量，就可以在脚本中重复地使用它。PHP 的变量必须以 $ 符开始，再加上变量名。变量的命名规则如下。

1）变量名必须以字母或者下划线"_"开头，后面跟任意数量的字母、数字或者下划线。

2）变量名不能以数字开头，中间不能有空格及运算符。

255

3）变量名严格区分大小写，即$CustomerName 与$customerrname 是不同变量。

4）为避免命名冲突，不允许使用与 PHP 内置函数相同的名称。

5）为变量命名时，尽量使用有意义的字符串，如$ProductID、$ProductName 等。

1. PHP 支持的变量类型

PHP 中变量的数据类型直接定义了指定变量的存储方式和操作方法，常用的变量数据类型主要包括 4 种标量类型（boolean、integer、float、string）、3 种复合类型（array、object、callable）和两种特殊类型（resource、NULL）

（1）boolean（布尔型）

布尔型是最简单的数据类型，数据只有"true"和"false"两种取值，分别对应逻辑"真"与逻辑"假"，"true"和"false"两个取值是不区分大小写的。

【例 12-4】 boolean 型变量示例。

```php
<?php
$a = true;
$b = false;
echo "$a";
echo "$b";
?>
```

当布尔值为"true"时，输出为 1，当布尔值为"false"时，输出为空。布尔型变量经常会被应用在程序控制流程中，以决定程序的走向。

（2）integer（整型）

PHP 中的整型指的是不包含小数部分的数据。整型数据可以使用十进制（基数为 10）、八进制（基数为 8，以 0 作为前缀）或十六进制（基数为 16，以 0x 作为前缀）表示，同时前面还可以加上可选的符号（"-"或者"+"）

【例 12-5】 integer 型变量示例。

```php
<?php
$a = 100;          //十进制整型数据
$b=-99;            //负数
$c  =  0125 ;     // 八进制数（等于十进制 85）
$d  =  0x1C;      // 十六进制数（等于十进制 28）
echo "$a <br>";
echo "$b <br>";
echo "$c<br>";
echo "$d";
?>
```

在浏览器中输出如下。

```
100
-99
85
28
```

"<br>"的作用是强制换行，使输出看上去更为规整。如果在赋值时，数字超出了整型数据规定的范围，会产生数据溢出。对于这种情况，PHP 会自动将整型数据转化为浮点型数据。

（3）float（浮点型，也称作 double)

浮点型数据就是通常所说的实数，可分为单精度浮点型数据和双精度浮点型数据。浮点数主要用于简单整数无法满足的形式，如长度、重量等数据的表示。

【例 12-6】 float 型变量示例。

```php
<?php
$pi = 3.1415926;
$weight = -1.81;
$longth = 3.2e4; //该浮点数表示 3.2×10⁴
echo "$a <br>";
echo "$b <br>";
echo $c;
?>
```

在浏览器中输出如下。

```
3.1415926
-1.81
32000
```

（4）string（字符串）

字符串是一个字符的序列，其中每个字符等同于一个字节。组成字符串的字符是任意的，可以是字母、数字或者符号。在 PHP 中定义字符串可以使用单引号、双引号或定界符"<<<"定义。

在利用单引号定义的字符串中，当要表示一个单引号自身时，需在它的前面加个反斜线"\"来转义；要表示一个反斜线自身，则用两个反斜线"\\"来转义。除此之外，在单引号字符串中的变量和特殊字符的转义序列不会被替代。

当利用双引号定义字符串时，会把双引号中的变量及转义字符解析出来，常用转义字符如表 12-1 所示。如果需要将多个字符串连接起来输出，则可以使用字符串连接符"."进行连接。

表 12-1 常用转义字符

转 义 字 符	功　能
\n	换行
\r	回车
\t	制表符
\\	反斜线
\$	美元符
\b	退格

【例 12-7】 string 型变量示例。

```php
<?php
$str="PHP";
echo 'output \''.'<br>';
echo "I like".$str
?>
```

在浏览器中的输出如下。

```
output'
I likePHP
```

（5）array（数组）

PHP 中的数组类型实际上是一个有序映射，即将一系列相关的数据以某种特定的方式进行排列而组成的集合。数组里的每一个数据元素与其唯一的编号相关联，根据其编号（索引），进行相应数据的查找。在 PHP 中，索引可以是数字编号，也可以是字符串。

有关数组的详细内容将在 12.3 节中进行阐述。

【例 12-8】 array 型变量示例。

```php
<?php
$network=array(1=>"tell",2=>"me",'three'=>"why");
echo $network['three'] .'<br>';
echo $network[2];
?>
```

在浏览器中输出如下。

```
why
me
```

（6）object（对象）

在面向对象语言中，可以将各种具体事物的共同特征抽取出来，形成一个具有一般性的概念，这就是所谓的"类"。现实中，人们所遇到的各种事物都可以抽象为一个类，如学生类、教师类、课程类等。在 PHP 中类的定义可以通过"class 类名{}"语句进行定义，其中，"{}"中包含了该类所具有的属性和方法。而所谓对象就是类的一个实例，在 PHP 中，可以使用 new 语句实例化一个对象。有关面向对象的详细内容将在 12.5 节中进行阐述。

【例 12-9】 object 型变量示例。

```php
<?php
class Customer {
function getCustomer_Name($Name){
return $Name;
}
}//定义了一个顾客类和 getCustomer_Name 方法获得顾客姓名
$customer1 = new Customer(); //实例化一个 Customer 类的对象 customer1
echo $ customer1-> getCustomer_Name ("张芳")."<br>";
$customer2 = new Customer(); //实例化一个 Customer 类的对象 customer2
```

```
echo $customer2-> getBookName("李军");
?>
```

在浏览器中输出如下。

```
张芳
李军
```

（7）resource（资源）

资源是一种特殊变量，保存对外部资源的一个引用，如打开文件、数据库连接、图形画布区域等。PHP 提供了一些特定的函数，用于建立和使用资源。例如，"mysqli_connect()"函数用于建立一个 MySQL 数据的连接，"fopen()"函数用于打开一个文件等。

（8）NULL

NULL 是 PHP 4 开始引入的一个特殊的数据类型，这种数据类型只有一个值"NULL"。在 PHP 中，如果变量满足以下几种情况，那么该变量的值就为 NULL。

1）变量未被赋予任何值。

2）变量被赋值为 NULL。

3）被 unset()函数处理后的变量。

【例 12-10】 NULL 变量示例。

```
<?php
$number1 ;              //变量$a 未被赋予任何值，$a 的值为 NULL
$number2= NULL ;        //变量$b 被赋值为 NULL
$number3 = 1 ;
unset($c);             //使用 unset()函数处理后，$c 的值为 NULL
?>
```

2. 变量类型转换

PHP 中的类型转换包括两种方式，即自动类型转换和强制类型转换。

（1）自动类型转换

自动类型转换是指，在定义变量时不需要指定变量的数据类型，PHP 会根据引用变量的具体应用环境将变量转换为合适的数据类型。也就是说，如果把一个 string 值赋给变量 $var，$var 就成了一个 string类型。如果又把一个integer值赋给 $var，那它又变成了一个integer类型。

【例 12-11】 变量自动类型转换示例一。

```
<?php
$number= "abc";         // $number 是字符串 "abc"
echo "$number <br>";
$number = 5;            // $number 现在是一个整数 5
echo "$number <br>";
?>
```

在浏览器中输出如下。

```
abc
5
```

【例 12-12】 变量自动类型转换示例二。

```php
<?php
$number= "1";                    // $number 是字符串 "1"
echo "$number <br>";
$number *= 2;                    // $number 现在是一个整数 2
echo "$number <br>";
$number = 5.5 * "9 PHP";         // $number 是浮点数 49.5
echo "$number <br>";
?>
```

在浏览器中输出如下。

```
1
2
49.5
```

在例 12-12 中，利用乘法运算符 "*" 进行自动类型转换，如果 "*" 的两端存在任意一个操作数是整数，则所有的操作数都被当成整数，结果也是整数。或者操作数会被解释为浮点数，结果也是浮点数。

（2）强制类型转换

强制类型转换允许手动将变量的数据类型转换成为指定的数据类型。PHP 强制类型转换可以在变量前面加上一个小括号，并把目标数据类型填写在括号中，如表 12-2 所示。

表 12-2　变量强制类型转换方式

转 换 方 式	功　　能
(int),(integer)	将其他数据类型强制转换为整型
(bool),(boolean)	将其他数据类型强制转换为布尔型
(float),(double),(real)	将其他数据类型强制转换为浮点型
(string)	将其他数据类型强制转换为字符串
(array)	将其他数据类型强制转换为数组
(object)	将其他数据类型强制转换为对象

【例 12-13】 变量强制类型转换示例。

```php
<?php
$var= (int)"PHP";                  //变量为整型（值为 0）
$var=(int)True;                    //变量为整型（值为 1）
$var=(string)13;                   //变量为字符型（值为 "13"）
$var=(int) "PHP7.0";               //变量为整型（值为 0）
$var=(int) "7.0PHP";               //变量为整型（值为 0）
$var=(bool)0;                      //变量为布尔型（值为 False）
$var=(bool) "0";                   //变量为布尔型（值为 False）
```

```
$var=(bool) "PHP";                    //变量为布尔型（值为 True）
$var=(float) "0.7PHP ";               //变量为浮点型（值为 0.7）
?>
```

12.1.3　PHP 中的常量

常量是内存中用于保存固定值的单元，在程序中常量的值不能发生改变。在程序设计时使用常量会带来很多方便，如将常量 PI 定义为 3.14159 后，就可以在后面的程序中使用 PI 符号来代替数字 3.14159。

常量具有两个属性，即名字和值。每个常量都有一个标识它的名字，名字对应于保存常量的内存地址，常量只能包含标量数据（boolean、integer、float 和 string）。

常量遵循下面的命名规则。

1）合法的常量名以字母或下划线开始。

2）首字符的后面可以跟着任何字母、数字或下划线。

3）常量名区分大小写，通常常量命名为大写字母。

4）常量可以不用理会变量的作用域，可在任何地方定义和访问。

5）常量一旦定义就不能被重新定义或者取消定义。

1. 自定义常量

PHP 中可以使用 define()函数定义常量，其基本语法如下。

```
define(常量名,常量值);
```

【例 12-14】　利用 define 语句定义常量。

```
<?php
define("CONSTANT", "Hello world.");
echo CONSTANT;
?>
```

在浏览器中输出如下。

```
Hello world.
```

【例 12-15】　输出未定义的常量。

```
<?php
echo Constant;
?>
```

在浏览器中输出如下。

```
Hello world.
```

同时会提示错误信息："使用了未经定义的常量 Constant"。

除了使用 define 语句外，还可以使用 const 关键字定义常量。

【例 12-16】 利用 const 关键字自定义常量。

```php
<?php
const CONSTANT = 'Hello PHP';
echo CONSTANT;
?>
```

在浏览器中输出如下。

```
Hello PHP
```

2．预定义常量

PHP 也提供了一些默认的预定义常量，在程序中可以随时使用，而且这些常量的值和自定义常量一样不能被任意修改。PHP 中常用的一些预定义常量及其功能如表 12-3 所示。

表 12-3　常用预定义常量及功能

常　量　名	功　　　能
FILE	默认常量，PHP 程序文件名
LINE	默认常量，PHP 程序行数
PHP_VERSION	内建常量，PHP 程序的版本
PHP_OS	内建常量，执行 PHP 解释器的操作系统名称，如 Windows
TRUE	该常量是一个真值
FALSE	该常量是一个假值
NULL	表示一个 NULL 值
E_ERROR	该常量指到最近的错误处
E_WARNING	该常量指到最近的警告处
E_PARSE	该常量指到解析语法有潜在问题处
E_NOTICE	该常量为发生不寻常处的提示，但不一定是错误处

12.1.4　PHP 运算符

在 PHP 程序中，往往需要大量的表达式来分解复杂的操作，表达式是 PHP 最重要的基石，而每一个表达式中，都会用到操作符。掌握了 PHP 表达式和运算符的用法，就可以更好地使用 PHP 语言编写代码。在 PHP 中，常用的运算符主要包括算术运算符、递增/递减运算符、赋值运算符、比较运算符、逻辑运算符、位运算符、字符串运算符和数组运算符等。

1．算术运算符

算术运算符是用来处理四则运算的符号，是最简单，也最常用的符号，尤其是数字的处理，几乎都会使用到算术运算符。PHP 提供的算术运算符及其用法如表 12-4 所示。

表 12-4　算术运算符及功能

算数运算符	名　　称	用　　法
-	取反运算符	-$a
+	加法运算符	$a+$b

算数运算符	名　称	用　法
-	减法运算符	$a-$b
*	乘法运算符	$a*$b
/	除法运算符	$a/$b
%	取模运算符	$a%$b
**	求幂运算符	$a**$b

【例 12-17】　算术运算符示例。

```php
<?php
$a = 5;
$b = 3;
echo $a+$b."<br>";
echo $a-$b."<br>";
echo $a*$b."<br>";
echo $a/$b."<br>";
echo $a%$b."<br>";
echo $a**%b
?>
```

在浏览器中输出如下。

```
8
2
15
1.6666666666667
2
125
```

2. 递增 / 递减运算符

递增 / 递减运算符是可以对操作对象（可以是数字或字符）进行递增、递减操作的一种运算符。PHP 提供的递增 / 递减运算符及其作用如表 12-5 所示。

表 12-5　递增/递减运算符及功能

示　例	名　称	说　明
$i++	后加	返回$i，然后将$i 的值加 1
++$i	前加	$i 的值加 1，然后返回$i
$i--	后减	返回$i,然后将$i 的值减 1
--$i	前减	$i 的值减 1，然后返回$i

【例 12-18】　递增 / 递减运算符示例。

```php
<?php
$a = 5;
echo "Should be 5: " . $a++ . "<br>";
```

```php
echo "Should be 6: " . $a . "<br>";
$s = 'W';
echo $s++ . "<br >";
echo $s;
?>
```

在浏览器中输出如下。

```
Should be 5: 5
Should be 6: 6
W
X
```

从例 12-18 中可以看出，变量$a 赋值为 5，第一个 echo 语句输出后变量值加 1，在第二个 echo 语句中输出为 6，第三个和第四个 echo 语句则分别输出字符"W"和"X"。

3. 赋值运算符

基本的赋值运算符是"="，表示把右边表达式的值赋给左边的变量。例如，$a=4 表示将整数 4 赋给$a。在 PHP 中不仅仅只有"="这一种赋值运算符，其他的赋值运算符及其功能如表 12-6 所示。

表 12-6　赋值运算符及其功能

赋值运算符	用　　法	等 价 格 式
=	$a=10	$a=10
+=	$a+=10	$a=$a+10
-=	$a-=10	$a=$a-10
*=	$a*=10	$a=$a*10
/=	$a/=10	$a=$a/10
%=	$a%=10	$a=$a%10
.=	$a.="abc"	$a=$a."abc"

【例 12-19】 赋值运算符示例。

```php
<?php
$a = ($b = 4) + 5;
echo $a."<br>";
echo $b."<br>";
$c = 3;
$c += 5;
echo $c."<br>";
$d = "Hello ";
$d .= "There!";
echo $d."<br>";
?>
```

在浏览器中输出如下。

```
9
4
8
Hello There!
```

PHP 支持引用赋值，使用"$var = &$othervar;"语句，即在等号右边的变量前面加一个"&"符号，引用赋值并不是真正的赋值，而是用一个变量引用另一变量，两个变量会指向内存中的同一存储空间。在使用引用赋值的时候，任何一个变量的变化都会引起另一个变量的变化。

【例 12-20】 引用赋值示例。

```php
<?php
$a = 4;
$b = &$a;              // $b 是 $a 的引用

echo $a ."<br>";      // 输出 4
echo $b ."<br>";      // 输出 4

$a =5;                 // 修改 $a

echo $a ."<br>";      // 输出 5
echo $b ."<br>";      // 也输出 5，因为 $b 是 $a 的引用，因此也被改变
?>
```

在浏览器中输出如下。

```
4
4
5
5
```

4．比较运算符

比较运算符用于比较两个数据的值并返回一个布尔类型的结果。PHP 提供的比较运算符及其用法如表 12-7 所示。如果数字与字符串或涉及数字内容的字符串的比较，则字符串会被转换为数值，并且按照数值来比较。当用 === 或 !== 进行比较时，则不进行类型转换，因为此时类型和数值都要比对。

表 12-7　比较运算符及其功能

比较运算符	名　称	用　法	功　能
==	等于	$a==$b	如果$a 等于$b，则返回 true
===	全等	$a===$b	如果$a 等于$b，并且它们的数据类型也相同，则返回 true
! =或<>	不等	$a!=$b 或$a<>$b	如果$a 不等于$b，则返回 true
!==	非全等	$a!==$b	如果$a 不等于$b，或它们的数据类型也不同，则返回 true
<	小于	$a<$b	如果$a 小于$b，则返回 true
>	大于	$a>$b	如果$a 大于$b，则返回 true

比较运算符	名　称	用　法	功　能
<=	小于等于	$a<=$b	如果$a 小于或等于$b，则返回 true
>=	大于等于	$a>=$b	如果$a 大于或等于$b，则返回 true
<=>	结合比较运算符	$a<=>$b	当$小于、等于、大于$b 时，分别返回一个小于、等于、大于 0 的integer 值

【例 12-21】 比较运算符示例。

```php
<?php
echo var_dump(0 == "a")."<br>";
echo var_dump(0 === "a")."<br>";
echo var_dump("10" == "1ab")."<br>";
echo var_dump(100 == "1c3")."<br>";

echo (1<=>1)."<br>";
echo (2<=>3)."<br>";
echo (2<=>1)."<br>";

echo ('a' <=> 'a')."<br>";
echo ('a' <=> 'b')."<br>";
echo ('b' <=> 'a')."<br>";

echo ('a' <=> 'aa')."<br>";
echo ('zz'<=> 'aa')."<br>";

?>
```

在浏览器中输出如下。

```
bool(false)
bool(false)
bool(true)
bool(true)
0
-1
1
0
-1
1
-1
1
```

5．逻辑运算符

逻辑运算符用于处理逻辑运算操作，只能操作布尔型值。PHP 提供的逻辑运算符及其用法如表 12-8 所示。

表 12-8 比较运算符及其功能

逻辑运算符	名 称	用 法	说 明
and 或&&	逻辑与	$a and $b 或 $a&&$b	如果$a 和$b 两个都为 true 时返回 true
or 或||	逻辑或	$a or $b 或 $a\|\|$b	如果$a 和$b 任何一个为 true 时返回 true
xor	逻辑异或	$a xor $b	如果$a 和$b 只有一个为 true 时返回 true
!	逻辑非	!$a	如果$a 为 false 时返回 true

【例 12-22】 逻辑运算符示例。

```php
<?php
echo var_dump(true&&true)."<br>";
echo var_dump(true&&false)."<br>";
echo var_dump(true||true)."<br>";
echo var_dump(true||false)."<br>";
echo var_dump(true xor true)."<br>";
echo var_dump(true xor false)."<br>";
echo var_dump(!true)."<br>";
echo var_dump(!false);
?>
```

在浏览器中输出如下。

```
bool(true)
bool(false)
bool(true)
bool(true)
bool(false)
bool(true)
bool(false)
bool(true)
```

6. 位运算符

位运算符允许对整型数中指定的位进行求值操作，运算时首先将各个整型数转换为相应的二进制数，然后按位运算。PHP 提供的位运算符及其用法如表 12-9 所示。

表 12-9 位运算符及其功能

位 运 算 符	名 称	用 法	功 能
&	与运算	$a&$b	将在$a 和$b 中都为 1 的位设为 1
|	或运算	$a\|$b	将在$a 或者$b 中都为 1 的位设为 1
^	异或运算	$a^$b	将在$a 和$b 中不同的位设为 1
~	非运算	~$a	将在$a 中 0 的位设为 1，1 的位设为 0

【例 12-23】 位运算符示例。

```php
<?php
```

```
$a = 5;                    //二进制为 00000101
$b = 4;                    //二进制为 00000100
echo ($a&$b)."<br>";       //00000101 和 00000100 按位相与，结果为 00000100，转
10 进制为 4
echo ($a|$b)."<br>";       //或操作后为 00000101，转十进制为 5
echo ($a^$b)."<br>";       //异或操作后为 00000001，转十进制为 1
echo (~$a)."<br>";         //非操作后为 11111011，转十进制为-6
?>
```

在浏览器中输出如下。

```
4
5
1
-6
```

7. 字符串运算符

PHP 中有两个字符串（string）运算符。第一个是连接运算符（"."），它返回其左右参数连接后的字符串。第二个是连接赋值运算符（".="），它将右侧参数附加到左侧的参数之后。在例 12-19 中已经介绍过其用法。

8. 数组运算符

数组运算符应用于数组的一些相关操作。PHP 提供的数组运算符及其用法如表 12-10 所示。

表 12-10　数组运算符及其功能

数组运算符	名　称	用　法	功　能
+	联合	$a+$b	$a 和 $b 保存的数组联合
==	相等	$a==$b	如果$a 与$b 保存的数组具有相同键值，则返回 true
===	全等	$a===$b	如果$a 与$b 保存的数组具有相同键值，且顺序和数据类型一致则返回 true
! =或<>	不等	$a! =$b 或$a<>$b	如果$a 与$b 保存的数组不具有相同键值，则返回 true
!=	不全等	$a!=$b	如果$a 与$b 保存的数组不具有相同键值，且顺序与数据类型也不一致，则返回 true

"+"运算符把右侧的数组元素附加到左侧的数组后面；若两个数组中都有的键名，则只用左侧数组中的键名，右侧的被忽略。

【例 12-24】　数组运算符示例。

```php
<?php
$a = array("a" => "PHP", "b" => "MySQL");
$b = array("a" => "JAVA", "b" => "C++", "c" => "Python");

$c = $a + $b; // Union of $a and $b
echo "Union of \$a and \$b:"."<br>";
echo var_dump($c)."<br>";

$c = $b + $a; // Union of $b and $a
```

```
echo "Union of \$b and \$a:"."<br>";
echo var_dump($c)."<br>";

echo var_dump($a == $b)."<br>";
echo var_dump($a === $b)."<br>";
?>
```

在浏览器中输出如下。

```
Union of $a and $b:
array (size=3)
  'a' => string 'PHP' (length=3)
  'b' => string 'MySQL' (length=5)
  'c' => string 'Python' (length=6)
Union of $b and $a:
array (size=3)
  'a' => string 'JAVA' (length=4)
  'b' => string 'C++' (length=3)
  'c' => string 'Python' (length=6)
boolean (false)
boolean (false)
```

9. 运算符优先级

多个运算符构成表达式时，每类运算符优先级的不同直接导致其被执行的顺序也不相同，高优先级的运算符所构成的子表达式会比低优先级的运算符所构成的子表达式优先执行。表 12-11 中按照优先级从高到低的顺序列出了 PHP 中不同运算符的优先级。如果运算符优先级相同，那么运算符的结合方向决定了该如何运算。例如，"-"是左联的，那么 3 - 2 - 1 就等同于 (3 - 2) - 1 并且结果是 0。另一方面，"="是右联的，所以 $a = $b = $c 等同于 $a = ($b = $c)。需要强调的是，通过括号的使用来对运算顺序进行确认，而不是简单依赖运算符的优先级和结合性，可以减少错误的发生和增强可读性。

表 12-11　运算符优先级

结 合 方 向	运　算　符	运算符种类
右	**	算术运算符
右	++ -- ~(int)(float)(string)(array)(object)	类型、递增/递减运算符
右	!	逻辑运算符
左	* / %	算术运算符
左	+ - .	算术运算符和字符串运算符
左	<< >>	位运算符
无方向性	<= >=	比较运算符
无方向性	== != === !== <> <=>	比较运算符
左	&	位运算符和引用
左	^	位运算符
左	|	位运算符
左	&&	逻辑运算符

结 合 方 向	运 算 符	运算符种类
左	||	逻辑运算符
左	?;	三元运算符
右	= += -= *= /= .= %=	赋值运算符
左	and	逻辑运算符
左	xor	逻辑运算符
左	or	逻辑运算符

【例 12-25】 运算符优先级示例

```php
<?php
$a = 3 * 3 % 5;
echo $a."<br>";
$a = 1;
$b = 2;
$a = $b += 3;
echo $a."<br>";
?>
```

在浏览器中输出如下。

```
4
5
```

12.1.5 表达式

表达式是常量、变量和运算符的组合。表达式是 PHP 最重要的基石。在 PHP 中，几乎所写的任何东西都是一个表达式。简单但却最精确地定义一个表达式的方式就是"任何有值的东西"。

1. 基本表达式

基本表达式的形式是变量和常量。

【例 12-26】 基本表达式示例。

```php
<?php
$a = 20;
$b = $a
?>
```

2. 复杂表达式

复杂表达式可以以任何顺序使用任意数量的数值、变量、操作符和函数。但尽量使用简短的表达式，更容易维护。

【例 12-27】 包含 3 个操作符和一个变量的复杂表达式示例。

```php
<?php
$a=10;
```

```
echo ((10+2)/$a * 114)
?>
```

12.2 PHP 函数

函数是执行特定任务的自包含代码块。由若干条语句组成，用于实现特定的功能。函数包含函数名、若干参数和返回值。一旦定义了函数，就可以在程序中需要实现该功能的位置调用该程序，给程序员共享代码带来了很多便利。在 PHP 语言中，除了提供丰富的系统函数外，还允许用户创建和使用自定义函数。

12.2.1 自定义函数

1. 函数定义与调用

通过 Function 关键字来创建自定义函数，可以使程序的结构清晰，基本语法结构如下。

Function 函数名（参数列表）
{函数体}

函数名的命名规则为：必须以字母或下划线字符开头，而不是数字，后面可跟更多的字母、数字或下划线字符；函数名称不区分大小写；参数列表可以为空，即没有参数，也可以包含多个参数，参数之间使用逗号","分隔；函数体可以用多条 PHP 语句构成。

【例 12-28】 创建一个简单函数，功能为打印字符串。

```
Function Print_String()
{
Echo("I Like PHP")
}
```

可以直接使用函数名来调用已定义好的函数，如果是无参函数，则直接调用函数名即可。

【例 12-29】 调用例 12-28 中定义的函数。

```
<?php
// 定义函数
function Print_ String (){
    echo "I Like PHP";
}
Print_String();
?>
```

在例 12-29 中，最终的输出语句是给定的，也可以根据需要给出不同的输出，这时就需要在函数定义时给定参数，在后续调用函数时将相应的参数传递给函数。如果函数中定义了多个参数，则在调用函数时也需要使用多个参数，参数之间用逗号分隔。

【例 12-30】 在例 12-29 基础上进行修改，通过参数将要打印的字符串传递给自定义函数，代码如下。

```php
<?php
function Print_String($str)
{
echo(" $str ")
}
Print_String("I Like PHP");
?>
```

【例 12-31】 通过定义 getSale() 函数，将商品单价和商品销量作为参数相乘，通过函数调用计算总销售额。

```php
<?php
// 函数定义
function getSale($SalePrice, $SaleNumber){
  $Sale = $SalePrice * $SaleNumber;
  echo " the whole sale is : $Sale ";
}
// 函数调用
getSale(100, 20);
?>
```

在浏览器中输出如下。

```
the whole sale is : 2000
```

2. 变量的作用域

在函数中定义的变量被称为局部变量，在函数体之外定义的变量被称为全局变量。局部变量仅在当前函数中有效，而全局变量则在定义后的代码中都有效。需要注意的是，如果局部变量和全局变量同名，则在定义局部变量的函数中，只有局部变量有效。

【例 12-32】 局部变量和全局变量作用域的示例。

```php
<?php
$Sale=10000;
function getSale($SalePrice, $SaleNumber){
  $Sale = $SalePrice * $SaleNumber;
  echo "the whole sale is : $Sale ";
}
getSale(100, 20);
echo "<br>";
echo "the whole sale is : $Sale";
?>
```

在浏览器中输出如下。

```
the whole sale is : 2000
```

```
the whole sale is : 10000
```

在函数 getSale()外部定义的变量$Sale 是全局变量，它在整个 PHP 程序中都有效。在 getSale()函数中定义的局部变量$Sale，它只在函数体内部有效。在 getSale()函数中修改变量 $Sale 的值，并不影响全局变量$Sale 的内容。当然，在函数体中也可以通过使用 global 关键字来定义全局变量，这时对任一变量的所有引用都会指向其全局版本。

【例 12-33】 在函数中使用 global 关键字定义全局变量。

```php
<?php
$Sale=10000;
function getSale($SalePrice, $SaleNumber){
  global $Sale;
$Sale = $SalePrice * $SaleNumber;
  echo "the whole sale is : $Sale ";
}
getSale(100, 20);
echo "<br>";
echo "the whole sale is : $Sale";
?>
```

在浏览器中输出如下。

```
the whole sale is : 2000
the whole sale is : 2000
```

3. 变量生存期

从变量的生存期来看，分为动态变量和静态变量两种。

1）动态变量，在例 12-32 中声明的局部变量属于动态变量。动态变量的生存期仅限于它所在函数的一次运行期间。即从更改函数执行开始到函数执行完毕，动态变量的值不会带入到函数的下一次运行期间。

2）静态变量，使用 static 定义的局部变量属于静态变量。静态变量在函数运行时可保留变量的值。即每次运行函数时，静态变量的值不会丢失。

【例 12-34】 将例 12-33 中的$Sale 变量设置为静态变量。

```php
<?php
function getSale($SalePrice, $SaleNumber){
  static $Sale;
  $Sale += $SalePrice * $SaleNumber;
  echo "the whole sale is : $Sale ";
echo "<br>";
}
getSale(100, 20);
getSale(100, 20);
?>
```

在浏览器中输出如下。

```
the whole sale is : 2000
the whole sale is : 4000
```

12.2.2 参数传递和返回值

1. 参数传递

参数传递是在调用函数时，主调函数将实参传递给被调函数形参的过程。在 PHP 中，有两种方法可以将参数传递给函数：按值传递和引用传递。

默认情况下，函数参数按值传递，这是一种单向的数据传递。调用时，实参仅仅将值传递给形参；调用结束时，形参也不能将操作结果返回实参。这样如果函数中的参数值发生更改，不会在函数外部受到影响。12.4.1 节中介绍的实例都是属于按值传递参数的情况。

引用传递（按址传递）的工作原理是将实参在内存中的存储地址传递给形参，是实参与形参公用内存中的"地址"。可以将引用传递看成双向的数据传递；调用时，实参将值传递给形参；调用结束时，形参将结果返回给实参。引用传递是通过在函数定义中的参数名称前加一个 & 符号来完成的。

【例 12-35】 引用传递参数示例。

```php
<?php
function getSale($SalePrice, &$SaleNumber){
  $SalePrice +=20;
  $SaleNumber +=20;
}
$SalePrice=100;
$SaleNumber=40;
getSale($SalePrice,$SaleNumber);
echo $SalePrice;
echo "<br>";
echo $SaleNumber;
?>
```

在浏览器中输出如下。

```
100
60
```

可以看到，在作为实参调用 getSale()函数后，变量$SaleNumbe 的值已经发生了改变。

2. 函数的返回值

函数可以使用 return 语句将值返回给调用函数的脚本。该值可以是任何类型，包括数组和对象。

【例 12-36】 对例 12-31 中的函数进行改造，通过函数的返回值返回累加结果。

```php
<?php
// 函数定义
function getSale($SalePrice, $SaleNumber){
  $Sale = $SalePrice * $SaleNumber;
```

```
    return $Sale;
}
// 函数返回值
echo"the Sale is: ".getSale(10,20);
?>
```

在浏览器中输出如下。

```
the sale is:200
```

12.2.3 PHP 内置函数

PHP 中除了可以使用自定义函数外，还预先定义了很多的内置函数。内置函数极大地提高了编程的效率，增强程序的规范化。PHP 中常用内置函数可以分为输出函数、数字函数、字符串函数、数组函数、文件处理函数、日期时间函数等。常用的输出函数、数字函数、字符串函数和日期时间及其功能如表 12-12～表 12-15 所示。

表 12-12　常用输出函数功能及示例

函 数 名	功　　能	示　　例	函 数 值
print ()	输出一个值	print(3*3)	9
print_r()	输出数组	参见 12.3.2	
var_dump()	输出变量的内容、类型及长度等	$a=100; var_dump($a);	int(100)

表 12-13　常用数字函数功能及示例

函 数 名	功　　能	示　　例	函 数 值
abs()	求绝对值	$a = abs(-5.6);	5.6
fmod()	浮点数取余	$a = fmod(5.9, 1.7);	0.8
pow()	返回数的 n 次方	$a = pow(2, 3);	8
round()	浮点数四舍五入	$a = round(1.95583, 2);	1.96
sqrt()	求平方根	$a = sqrt(16);	4
max()	求最大值	$a = max(1, 3, 5, 6, 7,9);	9
min()	求最小值	$a = min(1, 3, 5, 6, 7);	1
rand()	返回给定范围随机整数	$a =rand(1，100);	40
pi()	获取圆周率值	$a = pi();	3.1415926535898

表 12-14　常用字符串函数功能及示例

函 数 名	功　　能	示　　例	函 数 值
strrev()	反转字符串	$a= strrev("I like PHP");	PHP ekil I
strtolower()	字符串转为小写	$a=strtolower("I like PHP");	i like php
strtoupper()	字符串转为大写	$a= strtoupper("I like PHP");	I LIKE PHP
ucfirst()	字符串首字母大写	$a= ucfirst("i like php");	I like php
ucwords()	字符串每个单词首字符转为大写	$a= ucwords("i like php");	I Like Php
chr()	从指定的 ASCII 值返回字符	$a= chr(075);	=
ord()	返回字符串第一个字符的 ASCII 值	$a= ord("PHP");	80

函 数 名	功 能	示 例	函 数 值
strcasecmp()	不区分大小写比较两字符串	$a= strcasecmp("I like PHP","i like PHP");	0
strcmp()	区分大小写比较两字符串	$a= strcmp("I like PHP","i like PHP");	-1
substr()	截取字符串	$a=substr("i like PHP", -3, 1);	P
substr_count()	统计一个字符串,在另一个字符串中出现次数	$a= substr_count('this is PHP', 'is');	2
similar_text()	返回两字符串相同字符的数量	$a= similar_text ('i ike PHP' , 'this is PHP');	7
strlen()	统计字符串长度	$a=strlen('i like PHP');	10

表 12-15 常用日期时间函数功能及示例

函 数 名	功 能	示 例	函 数 值
time()	返回当前的 UNIX 时间戳,即从 UNIX 纪元（格林尼治时间 1970 年 1 月 1 日 00:00:00）到当前时间的秒数	echo time();	1571699631
date()	格式化日期	echo date("Y/m/d") . "\ "; echo date("Y.m.d") . "\ "; echo date("Y-m-d H:i:s", time());	2019/10/21 2019.10.21 2019-10-21 23:13:51

12.2.4 PHP 的标准输入与输出

在使用 PHP 进行程序设计时，有时需要和用户进行交互，利用 PHP 提供的 STDIN、STDOUT、STDERR 命令输入/输出流，可以从控制台（Windows cmd 终端）输入、输出内容，这些输入/输出流默认是已经打开的，可以直接进行读写操作，有关的功能描述如表 12-16 所示。

表 12-16 PHP 标准输入/输出流及其功能

原 始 流	功 能
STDIN	只读，用于从控制台输入内容
STDOUT	只写，用于向控制台输出正常信息
STDERR	只写，用于向控制台输出错误信息

在遇到 STDIN 时，程序会等待用户输入内容，直到用户按下〈Enter〉键提交。

【例 12-37】 利用 STDIN 命令获取用户输入，并进行显示。首先，编写 stdin.php 文件，并存储到指定路径下，如 D 盘根目录下。

```
Stdin.php
<?php
echo "请输入内容:";
$a= fgets(STDIN);
echo "第一次输入的内容为: $a \n";
echo "请输入内容:";
$b= fgets(STDIN);
echo "第二次输入的内容为: $b \n";
?>
```

打开 DOS 命令窗口，进入 PHP 子目录，如 "C:\wamp64\bin\php\php7.0.10"，在窗口中输入指令 "php D:\stdin.php" 并执行，两次分别输入的值为 "3" 和 "4"，运行结果如下。

```
请输入内容：3
第一次输入的内容为：3
请输入内容：4
第二次输入的内容为：4
```

在 stdin.php 文件中，fgets()函数的作用是从 STDIN 命令获取数据。还需要注意，"<br>"换行命令在 cmd 模式下无效，可使用转义字符 "/n" 来完成换行。

12.3　数组的使用

数组是一组数据的结合，把一系列数据组织起来，形成一个可操作的整体。PHP 中使用的数组操作包括数组定义、数组管理等。

12.3.1　定义数组

数组是一组数据的组合，把一系列数组组织起来，形成一个可操作的整体。作为一组有序的变量，数组中的每一个值被称为一个元素，每个元素由一个特殊的标识符来区分，该标识符称为键，因此数组中的每个实体都包含两项内容，分别是键（key）和值（value）。

数组具有以下特性。

1）和变量一样，每个数组都有一个唯一标识。

2）数组的名称由一个 "$" 开始，第一个字符是字母或下划线。

3）同一数组的元素应具有相同数据类型。

4）数组中的键可以用于定义和标识数组元素，值就是数组元素对应的值，每个数组元素都可以被视为是一个 "键/值"（"键名/键值"）对。

1. 一维数组

一维数组可以使用 array()函数进行定义，基本语法如下。

```
array（[key=>] value,…）
```

其中，键（key）可以是一个整数（索引数组，值以线性方式存储和访问）或字符串（关联数组，值以非线性方式存储和访问），值（value）可以是任意类型的值。

【例 12-38】　分别使用自动分配数字键名和手动分配数字键名的方法创建一维数组。

```php
<?php
$Customer_array1=array("张芳","李军","黄云飞");
$Customer_array2[0]="张芳";
$Customer_array2[1]="李军";
$Customer_array2[2]="黄云飞";
echo "customer are: $Customer_array1[0], $Customer_array1[1] and $Customer_array1[2] ";
echo "<br>";
```

```php
echo "customer are: $Customer_array2[0], $Customer_array2[1] and $Customer_
array2[2] ";
?>
<?php
$Customer_array1=array("张芳","李军","黄云飞");
print_r(in_array("张芳", $Customer_array1));
?>
```

在浏览器中输出如下。

```
customer are: 张芳, 李军 and 黄云飞
customer are: 张芳, 李军 and 黄云飞
```

可以看出，使用两种定义方法得到的数组是一样的，其中自动分配键名默认从 0 开始。

【例 12-39】 使用字符串键创建一维数组。

```php
<?php
$SalePrice_array1=array("高清智能液晶网络电视"=>3888,
"HDR 智能网络液晶平板电视机"=>4300,"定速冷暖壁挂式空调挂机"=>2678);
$SalePrice_array2["高清智能液晶网络电视"]=3888;
$SalePrice_array2["HDR 智能网络液晶平板电视机"]=4300;
$SalePrice_array2["定速冷暖壁挂式空调挂机"]=2678;
echo "定速冷暖壁挂式空调挂机的价格是: ".$SalePrice_array1["定速冷暖壁挂式空调挂
机"]."元";
echo "<br>";
echo "HDR 智能网络液晶平板电视机的价格是: ".$SalePrice_array2["HDR 智能网络液
晶平板电视机"]."元";
echo "<br>";
?>
```

在浏览器中输出如下。

```
定速冷暖壁挂式空调挂机的价格是：2678 元
HDR 智能网络液晶平板电视机的价格是：4300 元
```

可以看出，以给定字符串作为键名，可以随后在 PHP 脚本中直接依据键名得到对应
的值。

2. 多维数组

多维数组也被称为数组数组，是包含一个或多个数组的数组，可以将多维数组视为数组
的嵌套，即多维数组的 value 也是一个数组。多维数组的定义依然可以使用 array()函数，其
基本语法结构如下。

```
array（[key=>] array（[key=>] value），
...
）
```

【例 12-40】 在例 12-39 的基础上增加一个维度，定义二维数组。

```
$Product_array=array(array("高清智能液晶网络电视",3888),
            array("定速冷暖壁挂式空调挂机",4300),
            array("HDR智能网络液晶平板电视机",2678));
```

例 12-40 中的程序可以改写为

```
$Product_array =array(0=>array("高清智能液晶网络电视",3888),
            1=>array("定速冷暖壁挂式空调挂机",4300),
            2=> array("HDR智能网络液晶平板电视机",2678));
```

此外还可以通过直接向数组赋值的方式来创建数组，例 12-40 的程序被改写为

```
$Product_array [0][0]="高清智能液晶网络电视";
$Product_array [0][1]=3888;
$Product_array [1][0]="定速冷暖壁挂式空调挂机";
$Product_array [1][1]=4300;
$Product_array [2][0]="HDR智能网络液晶平板电视机";
$Product_array [2][1]=2678;
```

12.3.2 数组管理

数组由数组元素组成，对数组的管理就是对数组元素的访问和操作，PHP 中对数组的管理主要包括对数组元素的添加、删除、修改、查找以及排序等，这些都可以通过相应的函数来进行处理。

1. 添加数组元素

除了直接赋值的方法，还可以通过调用系统内置函数 array_push()和 array_unshift()的方法添加数组元素。

1）array_push()函数，在数组末尾插入一个或多个元素，其基本语法如下。

array_push($数组名，添加的数组值 1,…,添加的数组值 n)

【例 12-41】 使用 array_push()函数向例 12-38 定义的数组添加数组元素。

```
<?php
$Customer_array1=array("张芳","李军","黄云飞");
array_push($Customer_array1, "朱瑞","向平");
print_r($Customer_array1);
?>
```

在浏览器中输出如下。

```
Array ( [0] => 张芳 [1] => 李军 [2] => 黄云飞 [3] => 朱瑞 [4] => 向平 )
```

可以看到，使用 array_push()函数添加的数组元素出现在数组的结尾，键名自动递增。

2）array_unshift()函数，在数组开头插入一个或多个元素，其基本语法如下。

array_unshift($数组名，添加的数组值 1,…,添加的数组值 n)

【例 12-42】 使用 array_unshift()函数向例 12-38 定义的数组添加数组元素。

```php
<?php
$Customer_array1=array("张芳","李军","黄云飞");
array_unshift($Customer_array1, "朱瑞","向平");
print_r($Customer_array1);
?>
```

在浏览器中输出如下。

```
Array ( [0] => 朱瑞 [1] => 向平 [2] => 张芳 [3] => 李军 [4] => 黄云飞 )
```

可以看出，使用 array_unshift() 函数添加的数组元素出现在数组的开头，原始数组的键名按照顺序进行调整。

2. 删除数组元素

与添加数组元素的函数相对应，删除数组元素的函数主要有 array_pop()函数和 array_shift()函数。

1）array_pop()函数，删除最后一个数组元素，如果数组是空的，将返回 NULL，其基本语法如下。

array_pop($数组名)

【例 12-43】 使用 array_pop()函数删除数组元素。

```php
<?php
$Customer_array1=array("张芳","李军","黄云飞");
array_pop($Customer_array1);
print_r($Customer_array1);
echo "<br>";
array_pop($Customer_array1);
print_r($Customer_array1);
echo "<br>";
array_pop($Customer_array1);
print_r($Customer_array1);
?>
```

在浏览器中输出如下。

```
Array ( [0] => 张芳 [1] => 李军 )
Array ( [0] => 张芳 )
Array ( )
```

2）array_shift()函数，删除第一个数组元素，如果数组是空的，将返回 NULL，其基本语法如下。

array_shift($数组名)

【例 12-44】 使用 array_shift()函数删除数组元素。

```php
<?php
$Customer_array1=array("张芳","李军","黄云飞");
array_shift($Customer_array1);
print_r($Customer_array1);
?>
```

在浏览器中输出如下。

```
Array ( [0] => 李军 [1] => 黄云飞 )
```

3. 修改数组元素

修改数组元素可以通过直接赋值的方式，也可以通过 array_replace() 函数来完成。array_replace() 函数的可以利用后面数组的值替换第一个数组的值，其基本语法如下。

array_replace ($数组名 1 [, $数组名 2 ,…])

【例 12-45】 使用 array_replace()函数修改数组元素。

```php
<?php
$Customer_array1=array("张芳","李军","黄云飞");
$replacement1 = array(0 => "朱瑞", 4 => "向平");
$replacement2 = array(0 => "杨萍");
$Customer_array2= array_replace($Customer_array1, $replacement1, $replacement2);
print_r($Customer_array2);
?>
```

在浏览器中输出如下。

```
Array ( [0] => 杨萍 [1] => 李军 [2] => 黄云飞 [4] => 向平 )
```

可以看出，array_replace() 函数使用后面数组元素相同键名的键值替换第一个数组的值。如果一个键名存在于第一个数组同时也存在于第二个数组，它的值将被第二个数组中的键值替换。如果一个键名存在于第二个数组，但是不存在于第一个数组，则会在第一个数组中创建新的数组元素。如果一个键名仅存在于第一个数组，其对应键值保持不变。如果应用了多次数组替换，则会按照先后顺序依次处理，后面的数组将覆盖之前的值。

4. 查找数组元素

查找给定数组元素可以使用系统内置的 in_array()函数和 array_search() 函数，两者的区别在于返回值的类型不同

1）in_array()函数，在数组中搜索给定键值。如果找到则返回 true，否则返回 false，其基本语法如下。

in_array (给定键值 , $数组名)

【例 12-46】 使用 in_array()函数查找数组元素。

```php
<?php
$Customer_array1=array("张芳","李军","黄云飞");
```

```
print_r(in_array("张芳", $Customer_array1));
?>
```

在浏览器中输出如下。

```
1
```

需要指出的是，in_array()函数的查找对象是区分大小写的，在查找英文定义的键值时要加以注意。

2）array_search()函数，在数组中搜索给定键值，如果找到则返回对应的键名，其基本语法如下。

array_search (给定键值 , array $数组名)

【例 12-47】 使用 in_array()函数查找数组元素。

```
<?php
$Customer_array1=array("张芳","李军","黄云飞");
print_r(array_search("黄云飞", $Customer_array1));
?>
```

在浏览器中输出如下。

```
2
```

5. 排序数组元素

对数组排序是指可以按照键值（或键名）的大小顺序（包括字母或数字顺序等）进行降序或升序排列。其中按照键值进行排序，使用到的函数包括 sort()函数和 rsort()函数等，其基本语法如下。

sort($数组名) or
rsort($数组名)

【例 12-48】 使用 sort()函数及 rsort()函数对数组进行升序排列。

```
<?php
$Number_array1=array(99,35,46,11,23,56,89);
$Number_array2=array("JAVA","Python","C++","PHP","MySQL");
sort($Number_array1);
print_r($Number_array1);
echo"<br>";
rsort($Number_array2);
print_r($Number_array2);
?>
```

在浏览器中输出如下。

```
Array ( [0] => 11 [1] => 23 [2] => 35 [3] => 46 [4] => 56 [5] => 89 [6]
```

```
=> 99 )
    Array ( [0] => Python [1] => PHP [2] => MySQL [3] => JAVA [4] => C++ )
```

12.4 PHP 程序设计基础

在编程的过程中，所有的操作都是按照某种结构有条不紊地进行，PHP 程序的控制结构基本可以分为 3 种，即顺序结构、选择结构和循环结构。在对这 3 种结构的使用中，顺序结构最为简单，运行时完全按照程序代码的书写顺序依次执行。为了解决实际问题，更多地会用到选择结构和循环结构。几乎很少单独使用某一种结构来完成某个操作，基本上都是其中的两种或者 3 种结构结合使用。

12.4.1 选择结构

程序设计中，经常需要根据不同的情况采用不同的处理方法，此时就必须借助选择结构实现。选择结构是根据给定的条件，选择执行的分支，PHP 提供了多种形式的选择语句。

1. if 语句

if 语句是最常用的一种条件分支语句，其语法结构如下。

```
iF（条件表达式）
{执行语句}
```

该语句以条件表达式的形式创建测试条件，该表达式的结果可能为 true 或 false，只有当条件表达式结果为 true 时，才会执行相应的语句。if 语句的流程图如图 12-3 所示。

【例 12-49】 利用 if 语句完成两个变量$a 和$b 的大小比较，如果$a>$b，则显示" a is bigger than b"。

```
<?php
$a=4;
$b=3;
if ($a > $b)
echo "a is bigger than b";
?>
```

图 12-3 If 语句的流程图

如果语句块中包含多条语句，可以使用{}将语句块包含起来。在使用 if 语句时，语句块的代码应该比上面的 if 语句缩进 2 个（或 4 个）空格，从而使程序的结构更加清晰。

【例 12-50】 在例 12-49 的基础上进行改进，当 $a 大于 $b 时，显示" a is bigger than b"，并且将 $a 的值赋给 $b。

```
<?php
$a=4;
$b=3;
if ($a > $b){
  echo "a is bigger than b";
```

```
    $b = $a;
  }
?>
```

if 语句可以嵌套使用,即在 if 语句中还可以插入新的 if 语句。

【例 12-51】 if 语句的嵌套使用,通过命令行与用户交互,根据用户的输入进行判定并输出结果,有关操作需要在 DOS 命令窗口中执行。首先编写文件 if_test.php。

```
if_test.php:
<?php
echo "请输入数据:";
$a= fgets(STDIN);
if ($a > 10){
  echo "a is bigger than 10 \n";
  if ($a > 20){
    echo "a is bigger than 20 \n";
  }
}
?>
```

在 DOS 命令窗口,输入执行指令 "php D:\if_test.php",运行结果如下。

```
请输入数据:21
a is bigger than 10
a is bigger than 20
```

由于输入变量 a 的值是 21,所以两次 if 语句判断均为真,但在实际中,人们更多的是对变量值做出非此即彼的判断,这时,单一的 if 语句就不能满足要求了。

2. if…else…语句

程序执行过程中,有时需要在满足某个条件时执行一条语句,而在不满足该条件时执行其他语句,通过在 if 语句中加入 else 语句,可以在 if 语句中表达式的值为 false 时执行指定的内容,其语法结构如下。

```
if(条件表达式)
{执行语句1}
else
{执行语句2}
```

当条件表达式的值为 true 时,程序按照执行语句 1 运行,否则按照执行语句 2 运行。if…else…语句的流程图如图 12-4 所示。

【例 12-52】 if…else…语句示例。

```
<?php
if ($a > $b) {
echo "a is greater than b";
}
else {
```

```
echo "a is NOT greater than b";
}
?>
```

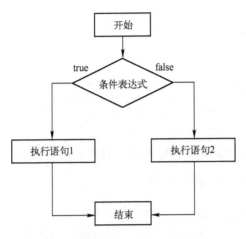

图 12-4　if…else…语句的流程图

通过 DOS 命令窗口输入不同的数值进行比较，并观察结果。

3．elseif 语句

elseif 语句是 else 语句和 if 语句的组合，当不满足 if 语句中给指定的条件时，可以再使用 elseif 语句指定另外一个条件，其语法结构如下。

```
if 条件表达式 1
{执行语句 1}
elseif 条件表达式 2
{执行语句 2}
elseif 条件表达式 3
{执行语句 3}
…
else
{执行语句 n}
```

在一个 if 语句中，可以包含多个 elseif 语句。

【例 12-53】 根据商品订购的数量，可以享受不同的折扣：商品数量>=1000，折扣为 80%；500=<商品数量<1000，折扣为 85%；100=<商品数量<500，折扣为 90%；100>商品数量，则没有折扣。利用 elseif 完成上述功能。可以从 DOS 命令窗口读入订购的数量，并进行判断，编写程序并另存为 elseif_test.php。

```
elseif_test.php
<?php
echo "请输入商品订购数量:";
$a= fgets(STDIN);
if ($a>=1000) {
echo ("折扣为80% \n");
```

```
}
elseif ($a>=500) {
echo ("折扣为 85% \n");
}
elseif ($a>=100) {
echo ("折扣为 90% \n");
}
else{
echo ("没有折扣");
}
?>
```

在 DOS 命令窗口运行 elseif_test.php 程序，根据不同的输入，会给出相应的折扣。

```
请输入商品订购数量：1000
折扣为 80%
请输入商品订购数量：560
折扣为 80%
请输入商品订购数量：90
没有折扣
```

4. switch 语句

很多时候需要根据一个表达式的不同取值对程序进行不同的处理，此时可以使用 switch 语句，其语法结构如下。

```
switch（表达式）{
case 值 1：
语句块 1；
break；
case 值 2：
语句块 2；
break；
...
case 值 n：
语句块 n；
break；
default:
语句块 n+1
}
```

case 子句可以多次重复使用，当表达式等于值 1 时，则执行语句块 1；当表达式等于 2 时，则执行语句块 2；依次类推。如果以上条件都不满足，则执行 default 子句中指定的语句块 n+1。

【例 12-54】 根据商品类别（TypeID）不同，可以享受不同的折扣：TypeID=4，折扣为 95%；TypeID=5，折扣为 90%；TypeID=6，折扣为 85%；其他类商品没有折扣。利用 swith 语句完成上述功能。从 DOS 命令窗口读入订购的数量，并进行判断，编写程序并另存为

switch_test.php。

```
switch_test.php:
<?php
echo "请输入 TypeID:";
$a= fgets(STDIN);
switch $a{
case 4:
echo ("折扣为95% \n");
break;
case 5:
echo ("折扣为90% \n");
break;
case 6:
echo ("折扣为95% \n");
break;
default:
echo ("没有折扣");
}
?>
```

在 DOS 命令窗口运行 switch_test.php 程序，根据不同的商品类别，会给出相应的折扣。

```
请输入 TypeID: 1
没有折扣
请输入 TypeID:5
折扣为 90%
```

12.4.2 循环结构

在处理实际问题时，需要重复执行某些相同的操作，也就是对一段程序进行循环操作，这就需要使用循环结构对程序进行设计。PHP 中的循环结构包括 for 语句、while 语句、do…while 语句等。

1. for 循环语句

PHP 中 for 语句的语法结构如下。

```
for(表达式1；表达式2；表达式3)  {
循环体
}
```

for 语句中 3 个表达式具有以下含义。

1）表达式 1，用于初始化计数器变量。

2）表达式 2，在每次循环开始时求值，如果计算结果为 true，则继续循环，执行循环体中语句；如果计算结果为 false，则结束循环。

3）表达式 3，在每次循环体语句执行完毕后更新计数器变量的值。

【例 12-55】 使用 for 循环语句求某个整数的阶乘，要求从 DOS 命令窗口读入指定数值，编写程序并另存为 for_test.php。

```php
for_test.php
<?php
echo "请输入给定值:";
$a= fgets(STDIN);
$n=1;
for($i=1; $i<=$a; $i++){
    $n=$i*$n;
}
echo $a."的阶乘是:"."$n";
?>
```

在 DOS 命令窗口输出如下。

```
请输入给定值:5
5 的阶乘是:120
```

程序中，变量 $n 负责存储阶乘，每次循环运行时 $i 将增加 1，持续到 $i 大于给定整数值$a 时，循环终止。

2. while 循环语句

while 循环语句与 for 循环语句有所不同，首先判断条件表达式是否成立，如果条件成立（即其值为 true），则执行循环体语句中的代码；如果条件不成立（即其值为 false），则结束循环。while 循环语句本身不修改循环条件，所以必须在循环体语句中设置相应的循环条件调整语句，使得整个循环趋于结束，避免死循环。while 语句的语法结构如下。

```
while（条件表达式）{
循环体语句
}
```

【例 12-56】 使用 while 语句来完成例 12-55 中的功能，编写程序并另存为 while_test.php。

```php
while_test.php:
<?php
echo "请输入给定值:";
$a= fgets(STDIN);
$n=1;
$i=1;
while($i <= $a){
    $n=$i*$n;
    $i++;
}
echo $a."的阶乘是:"."$n";
?>
```

请思考，例 12-55 和例 12-56 的不同之处。

3．do…while 语句

do…while 语句和 while 语句的不同之处在于先执行循环体语句，再判断条件表达式是否成立，最后检查表达式的值。do…while 语句的语法结构如下。

```
do{
循环体语句
} while（条件表达式）
```

【例 12-57】 使用 do…while 语句来完成例 12-55 中的功能，编写程序并另存为 dowhile_test.php。

```
dowhile_test.php:
<?php
echo "请输入给定值:";
$a= fgets(STDIN);
$n=1;
$i=1;
do{
    $n=$i*$n;
    $i++;
}
while($i <= $a);
echo $a."的阶乘是:"."$n";
?>
```

例 12-57 中，首先计算 1 的阶乘，然后 i++，继续判断是否满足条件表达式，满足则循环将继续运行。

12.5 PHP 面向对象程序设计

PHP 是一种服务器端脚本语言，主要用于 Web 开发，同时支持面向对象的程序开发（OOP），从而可以构建较为复杂的 Web 应用程序。

对象是为了方便数据和代码的管理而提出的一个概念，在 PHP 中，对象可以由类来定义，在每个类中，都可以包含若干属性（特性）和方法（行为）。例如，如果将商品看作一个类，它的属性包括颜色、材质、产地、价格等，它的方法则可以理解为可以执行的操作。当定义一类商品时，既要说明它的属性，也要说明它所具有的方法。

12.5.1 定义类和对象

1．定义类

在 PHP 中，可以使用 Class 关键字来声明一个类，一个合法类名以字母或下划线开头，后面跟着若干字母，数字或下划线，其基本语法如下。

```
Class 类名
{
```

```
定义成员变量
定义成员函数
}
```

【例 12-58】 定义一个商品类 MyProduct。

```php
<?php
Class MyProduct{
public $ProductName;
public $SalePrice;
funciotn setSaleprice (){
Echo $salePrice;
}
}
?>
```

在类 MyProduct 中,定义了两个成员变量 $ProductName 和 $SalePrice,分别用于保存商品名称和销售价格;定义了一个成员函数 setsaleprice(),用于输出商品的销售价格。在每个成员变量的前面,如果使用关键字 public 标识,表示其为公有变量,可以在类的外部任何地方被访问;如果使用关键字 private 标识,表示其为私有变量。同样的,成员函数也可以被定义为公有函数(默认)和私有函数,私有变量和私有函数只能在其定义的类内访问,这样可以起到有效保护类的内部结构的作用。

在每个 PHP 类中,都包含一个特殊的变量$this。$this 表示当前类自身,可以使来引用类中的成员变量和成员函数。

【例 12-59】 在例 12-58 的基础上进一步完善商品类 MyProduct 定义,并通过$this 变量访问类中的成员变量和成员函数。

```php
<?php
Class MyProduct{
public $ProductName;
public $SalePrice;
function setProductName($Name){
        $this->ProductName = $Name;
        }
function getProductName(){
        echo $this->ProductName;
        }
function setSalePrice($Price){
        $this->SalePrice = $Price;
        }
function getSalePrice(){
        echo $this->SalePrice;
        }
}
?>
```

在修改过的 MyProduct 类定义中，增加了 4 个成员函数，分别用来设置和输出商品名称以及销售价格。

2. 定义对象

在获得一个类的定义后，可以使用关键字 new 创建任意数量的对象，其语法结构如下。

```
$对象名 = new 类名()
```

如果所有的商品均被看成是一个类的话，那么某个具体的商品就是一个对象，只有定义了具体的对象，才能使用类，对象可以被视为是类的实例。创建对象后，可以在->运算符的帮助下访问类的成员变量和成员函数。

【例 12-60】 在类 MyProduct 的基础上分别定义不同的商品对象。

```php
<?php
Class MyProduct{
public $ProductName;
public $SalePrice;
public function setProductName($Name){
        $this->ProductName = $Name;
        }
function getProductName(){
        echo $this->ProductName."的价格：";


        }
function setSalePrice($Price){
        $this->SalePrice = $Price;
        }
function getSalePrice(){
        echo $this->SalePrice."<br>";
        }
}
$Product1 = new MyProduct();
$Product1->setProductName("高清智能网络液晶电视机");
$Product1->setSalePrice(3888);
$Product1->getProductName();
$Product1->getSalePrice();
$Product2 = new MyProduct();
$Product1->setProductName("HDR 智能网络液晶平板电视机");
$Product1->setSalePrice(4300);
$Product1->getProductName();
$Product1->getSalePrice();
?>
```

在浏览器中输出如下。

高清智能网络液晶电视机的价格：3888
　　HDR 智能网络液晶平板电视机的价格：4300

　　通过例 12-60 可以看出，在类 MyProduct 的基础上实例化了两个对象，每个对象都相当于一个变量，可以直接访问类的公共变量和公共函数。

12.5.2　类的继承和多态

1．类的继承

　　继承就是一个子类（Subclass）通过关键字 extends 把父类（BaseClass）中的公有变量和公有成员函数保留下来，其语法结构如下。

```
class 父类名{ }
class 子类名 extends 父类名{ }
```

　　【例 12-61】　在商品类 MyProduct 的基础上定义子类，并在子类中访问父类的成员变量和成员函数。

```php
<?php
Class MyProduct{
public $ProductName;
public $SalePrice;
function setProductName($Name){
    $this->ProductName = $Name;
    }
function getProductName(){
    echo $this->ProductName;
    }
function setSalePrice($Price){
    $this->SalePrice = $Price;
    }
function getSalePrice(){
    echo $this->SalePrice."<br>";
    }
}
Class Appliances extends MyProduct {
public $ProductModel;
function setProductModel ($Model){
    $this->ProductModel = $Model;
    }
function getProductModel (){
    echo "的型号：".$this->ProductModel."<br>";
    }
}
$subProduct1=new Appliances();
$subProduct1->setProductName("定速冷暖壁挂式空调挂机");
$subProduct1->getProductName();
```

```
$subProduct1->setProductModel("KFR-35GW");
$subProduct1->getProductModel();
?>
```

在浏览器中输出如下。

定速冷暖壁挂式空调挂机的型号：KFR-35GW

可以看出，因为类 Appliances 是从类 MyProduct 派生来的，所以它继承了类 MyProduct 的公有属性和方法，同时在类 Appliances 中也定义了自己的公有变量 $ProductModel 和公有函数 setProductModel()、getProductModel()。利用类 Appliances 所定义的对象 $subProduct1 可以直接访问 MyProduct 中的公有函数。

2. 类的多态

多态是指在面向对象程序设计中能够根据使用类的上下文来重新定义或改变类的性质和行为。在定义父类时，可以只定义函数名称，而不给定任何实现的代码，那么这个函数功能就可以在不同子类中给出不同的定义。

【例 12-62】 在商品类 MyProduct 的基础上定义子类，实现多态。

```php
<?php
Class MyProduct{
public $ProductName;
public $SalePrice;
function setProductName($Name){
    $this->ProductName = $Name;
    }
function getProductName(){
    echo $this->ProductName;
    }
function setSalePrice($Price){
    $this->SalePrice = $Price;
    }
function getSalePrice(){
    echo $this->SalePrice."<br>";
    }
function ProductFunction (){
    }
}
Class Mobielephone extends MyProduct {
function ProductFunction (){
    echo "Communication and Exchange"."<br>";
    }
}
Class Appliances extends MyProduct {
function ProductFunction (){
    echo "Convenient Life"."<br>";
    }
```

```
    }
    $mobilephoneProduct1=new Mobielephone();
    $mobilephoneProduct1->ProductFunction();
    $appliancesProduct1=new Appliances();
    $appliancesProduct1->ProductFunction();
    ?>
```

在浏览器中输出如下。

```
Communication and Exchange
Convenient Life
```

可以看出，在子类 Mobielephone 和子类 Appliances 中，分别对父类的成员函数 ProductFunction()有不同的实现。

12.6　在 PHP 中访问 MySQL 数据库

在 PHP 中，提供了很多专门针对 MySQL 数据库的函数，可以通过这些函数非常方便地使用 SQL 语句访问 MySQL 数据库。在本节中，主要介绍 MySqli 扩展库，以及如何通过 MySqli 扩展库实现数据库连接，执行 SQL 语句以及关闭数据库连接等操作。

12.6.1　MySqli 扩展库的配置

MySqli 扩展库是 PHP 设计者提供的，用来支持对 MySQL 数据库的操作，其主要特性如下。

1）基于面向过程和面向对象使用。

2）运行速度快。

3）与 MySQL 数据库有很好的兼容性。

要在 PHP 中使用 MySqli 扩展库，需要打开 php.ini 配置文件，找到下面的配置项。

```
;extension=php_mysqli.dll
```

去掉前面的注释符号";"，然后保存 php.ini，重启 Apache 服务，就可以在 PHP 中使用 MySqli 函数了。配置完成后，可以通过 phpinfo()函数查看 MySqli 扩展是否已经开启，结果如图 12-5 所示。

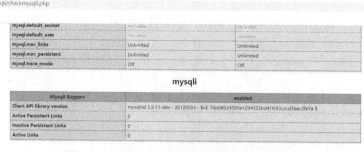

图 12-5　查看 MySqli 扩展库是否开启

12.6.2 连接数据库

MySqli 扩展库支持面向对象的操作，因此，要访问数据库，首先要基于 MySqli 类创建一个对象，通过它建立到数据库的连接。创建对象的语法结构如下。

```
$对象名=new mysqli("数据库服务器地址","用户名","密码","数据库名称");
```

【例 12-63】 创建 MySqli 对象 myconnection 访问本地数据库 sailing，用户名为 root，密码为空。

```php
<?php
$myconnection= mysqli_connect('localhost','root','','sailing');
print_r($myconnection);
?>
```

程序输出如下。

```
mysqli Object ( [affected_rows] => 0 [client_info] => mysqlnd 5.0.11-dev -
20120503 - $Id: 76b08b24596e12d4553bd41fc93cccd5bac2fe7a $ [client_version] =>
50011 [connect_errno] => 0 [connect_error] => [errno] => 0 [error] => [error_
list] => Array ( ) [field_count] => 0 [host_info] => localhost via TCP/IP [info]
=> [insert_id] => 0 [server_info] => 5.7.14-log [server_version] => 50714 [stat]
=> Uptime: 4003 Threads: 1 Questions: 2 Slow queries: 0 Opens: 108 Flush
tables: 1 Open tables: 101 Queries per second avg: 0.000 [sqlstate] => 00000
[protocol_version] => 10 [thread_id] => 2 [warning_count] => 0 )
```

通过网页源码查看输出，已建立 MySqli 连接对象的属性如图 12-6 所示。

```
mysqli Object
{
    [affected_rows] => 0
    [client_info] => mysqlnd 5.0.11-dev - 20120503 - $Id: 76b08b24596e12d4553bd41fc93cccd5bac2fe7a $
    [client_version] => 50011
    [connect_errno] => 0
    [connect_error] =>
    [errno] => 0
    [error] =>
    [error_list] => Array
        (
        )

    [field_count] => 0
    [host_info] => localhost via TCP/IP
    [info] =>
    [insert_id] => 0
    [server_info] => 5.7.14-log
    [server_version] => 50714
    [stat] => Uptime: 10473  Threads: 1  Questions: 9  Slow queries: 0  Opens: 108  Flush tables: 1  Open tables: 101  Queries per second avg: 0.000
    [sqlstate] => 00000
    [protocol_version] => 10
    [thread_id] => 14
    [warning_count] => 0
}
```

图 12-6 MySqli 连接对象属性

如果在创建 MySqli 对象时不指定数据库，在连接成功后，可以通过调用成员函数 connect 来建立连接。

【例 12-64】 创建 MySqli 对象，调用成员函数 connect 访问本地数据库 sailing。

```php
<?php
$myconnection= new mysqli();
```

```
$myconnection->connect('localhost','root','','sailing');
print_r($myconnection);
?>
```

如果连接成功，则显示和例 12-63 一样的程序输出。如果在创建数据库连接时出现失败，可调用 connect_error 属性进行判断，也可使用 connect_errno 属性获取错误编码。

【例 12-65】 通过 connect_error 成员变量判定出错信息。

```
<?php
$myconnection= new mysqli();
$myconnection->connect('localhost','root','1234','sailing');
if($myconnection->connect_error){
    die("mysqli_connect failed: ".$myconnection->connect_error);
}
?>
```

在浏览器中输出如下。

```
mysqli_connect failed: Access denied for user 'root'@'localhost' (using
password: YES)
```

其中，die()函数的功能是输出一个消息并且退出当前脚本。

12.6.3　执行数据库操作

连接 MySQL 数据库之后，首先需要通过 set_charset()成员函数设置默认的客户端编码方式，然后通过 query() 成员函数及其内嵌的 SQL 命令进行查询、插入、更新、删除等操作，语法结构如下。

```
MySqli 连接对象->query(SQL 语句);
```

1. 执行非查询语句

当通过 query()函数执行 CREATE、INSERT、UPDATE、DELETE 等非查询语句时，执行成功后返回 true，否则返回 false。

【例 12-66】 利用 MySqli 连接对象在 sailing 数据库中创建一个产品评价信息表 productview，用来保存产品评价信息，表的结构如表 12-17 所示。

表 12-17　productview 表结构设计

编　号	字 段 名 称	字 段 类 型	约　束
1	ViewID	VARVHAR(10)	主键
2	ProductID	int(6)	
3	ViewDetail	VARVHAR(200)	

```
<?php
$myconnection= new mysqli();
$myconnection->connect('localhost','root','1234','sailing');
```

```
    if($myconnection->connect_error){
      die("mysqli_connect failed: ".$myconnection->connect_error);
    }
    $myconnection->set_charset('utf8');
    //执行 CREATE TABLE 语句
    $sql="CREATE TABLE productview (ViewID VARCHAR(10) PRIMARY KEY,ProductID
int(6),
    ViewDetail VARCHAR(200))";
    if($myconnection->query(sql))
      echo"Table created successfully";
    }else{
      echo"Table created unsuccessfully";
    }
    ?>
```

在浏览器中输出如下。

```
Table created successfully
```

利用 phpMyAdmin 查看 productview 表的结构如图 12-7 所示。

图 12-7　productview 表的结构视图

【例 12-67】　利用 MySqli 连接对象向 sailing 数据库中的 productview 表中增添一条记录。

```
<?php
$myconnection= new mysqli();
$myconnection->connect('localhost','root','','sailing');
if($myconnection->connect_error){
die("mysqli_connect failed: ".$myconnection->connect_error);
}
$myconnection->set_charset('utf8');
$sql= "INSERT INTO productview (ViewID, ProductID, ViewDetail)
VALUES('0001', 1, 'Very useful');";
if($myconnection->query($sql)){
echo"record inserted successfully";
}
else{
echo"record inserted unsuccessfully";
```

```
    }
?>
```

INSERT 语句执行成功后，在浏览器中的输出如下。

```
records inserted successfully
```

利用 phpMyAdmin 查看 productview 表，如图 12-8 所示。

	ViewID	ProductID	ViewDetail
编辑 复制 删除	0001	1	Very useful

图 12-8　productview 表记录

同样可以将 MySQL 中的 UPDATE 语句和 DELETE 语句嵌入 query()函数中，实现在选定的数据库表中修改和删除指定的数据。

2．执行查询语句

当通过 query()执行 SELECT 查询语句时，执行成功后会返回一个 mysqli_result 对象（结果集），否则返回 false，mysqli_result 对象中存储的是 SELECT 语句成功执行后的查询结果，通过调用其 num_rows 属性可以获取查询的记录数。

【例 12-68】　将 MySQL 中的查询语句嵌入到 mysqli_query()函数中，查询 sailing 数据库中 shippers 表中的记录数。

```php
<?php
$myconnection= new mysqli();
$myconnection->connect('localhost','root','','sailing');
if($myconnection->connect_error){
die("mysqli_connect failed: ".$myconnection->connect_error);
}
$myconnection->set_charset('utf8');
$sql="SELECT * FROM shippers";
$result=$myconnection->query($sql);
if($result){
echo"The table has ".$result->num_rows." records";
}
else{
echo"record select unsuccessfully";
}
?>
```

在浏览器中的输出如下。

```
The table has 4 records
```

如果想获取$result 结果集中的所有数据，可以使用 mysqli_result 对象的 fetch_all() 方法，抓取所有结果行，并且以关联数组或索引数组的方式返回结果集。

【例 12-69】 利用 fetch_all()方法输出例 12-68 中的查询结果，以二维索引数组的形式进行呈现。

```php
<?php
$myconnection= new mysqli();
$myconnection->connect('localhost','root','','sailing');
if($myconnection->connect_error){
die("mysqli_connect failed: ".$myconnection->connect_error);
}
$myconnection->set_charset('utf8');
$sql="SELECT * FROM shippers";
$result=$myconnection->query($sql);
if($result&&($result->num_rows>0)){
  $rows=$result->fetch_all();
  print_r($rows);
}
else{
  echo"record select unsuccessfully";
}
?>
```

在浏览器中的输出如下。

```
Array
(
    [0] => Array
        (
            [0] => 1
            [1] => ????
            [2] => 010-80081000
        )
    [1] => Array
        (
            [0] => 2
            [1] => ????
            [2] => 021-43774543
        )
    [2] => Array
        (
            [0] => 3
            [1] => ??????????
            [2] => 027-74342338
        )
    [3] => Array
        (
            [0] => 4
            [1] => ????
```

```
        [2] => 020-40002423
    )
)
```

如果想得到关联数组，可以修改 fetch_all()函数的参数为 MYSQLI_ASSOC。

除了获取全部记录，还可以通过调用 fetch_row()方法获取一条记录，保存在数组变量 $row 中，然后利用 while 循环处理$result 中的所有记录。

【例 12-70】 利用 fetch_row()方法和 while 循环语句遍历例 12-68 中$result 结果集的所有数据。

```php
<?php
$myconnection= new mysqli();
$myconnection->connect('localhost','root','','sailing');
if($myconnection->connect_error){
die("mysqli_connect failed: ".$myconnection->connect_error);
}
$myconnection->set_charset('utf8');
$sql="SELECT * FROM shippers";
$result=$myconnection->query($sql);
if($result&&($result->num_rows>0)){
while($row = $results->fetch_row()) {
print_r($row);
}
}
else{
  echo"record select unsuccessfully";
}
?>
```

在浏览器中的输出如下。

```
Array ( [0] => 1 [1] => 运达速运 [2] => 010-80081000 )
Array ( [0] => 2 [1] => 飞天速运 [2] => 021-43774543 )
Array ( [0] => 3 [1] => 中南快运实业有限公司 [2] => 027-74342338 )
Array ( [0] => 4 [1] => 云天闪送 [2] => 020-40002423 )
```

12.6.4 关闭结果集和数据库连接

对 MySQL 数据库的访问完成后，必须关闭创建的对象。连接 MySQL 数据库时创建了 MySqli 连接对象，处理 SQL 语句的执行结果时创建了 mysqli_result 对象。操作完成后，这些对象都必须释放，以节约资源，所使用的语句如下。

```
mysqli_result 对象->free();
mysqli 连接对象->close();
```

【例 12-71】 在例 12-68 基础上进行修改，在进行数据库操作后释放对象。

```php
<?php
$myconnection= new mysqli();
$myconnection->connect('localhost','root','','sailing');
if($myconnection->connect_error){
die("mysqli_connect failed: ".$myconnection->connect_error);
}
$myconnection->set_charset('utf8');
$sql="SELECT * FROM shippers";
$result=$myconnection->query($sql);
if($result){
echo"The table has ".$result->num_rows." records";
}
else{
echo"record select unsuccessfully";
}
$result->free();
$myconnection->close();
?>
```

习题

1. 选择题

（1）构成 PHP 程序的基本单元是_____。

    A．常量　　　　　　　　B．变量

    C．类型　　　　　　　　D．常量和变量

（2）假设$c=5\&2，那么$c 的值为_____。

    A．2　　　　　　　　　B．1

    C．0　　　　　　　　　D．7

（3）_____注释方法不可以用在 PHP 中。

    A．//　　　　　　　　　B．'

    C．/*...*/　　　　　　　D．#

（4）在 PHP 程序中，_____变量名是非法的。

    A．$1tmp　　　　　　　B．$wenj

    C．$i　　　　　　　　　D．$bar

（5）在 PHP 程序中，_____表示八进制的数。

    A．x191　　　　　　　　B．0x781

    C．354　　　　　　　　D．0365

（6）在 PHP 程序中，每条语句都必须用_____符号结束。

    A．;　　　　　　　　　B．。

    C．!　　　　　　　　　D．#

（7）不属于 PHP 运算符的是_____。

    A．算术运算符　　　　　　　　B．赋值运算符

    C．引用运算符　　　　　　　　D．比较运算符

（8）变量$var=(float) "PHP 0.7"的值为_____。

    A．1　　　　　　　　　　　　B．0

    C．0.7　　　　　　　　　　　D．PHP

（9）有关数组特性描述错误的是_____。

    A．每个数组都有一个唯一标识

    B．数组的名称由一个 "$" 开始，第一个字符是字母或下划线

    C．同一数组的数组元素应可以具有不同数据类型

    D．数组中的键可以用于定义和标识数组元素

（10）PHP 提供的选择语句不包括_____。

    A．if 语句　　　　　　　　　　B．if…else…语句

    C．elseif 语句　　　　　　　　D．for 语句

2．填空题

（1）For 循环语句中的 3 个表达式分别用于_____、_____、_____。

（2）每个类中，都可以包含若干_____和_____，对象可以被视作类的_____。

（3）类的多态是指_____。

（4）用来添加数组元素的函数有_____。

（5）用来删除数组元素的函数有_____。

（6）变量$a = 3 * 3 % 5&3%4 的值是_____。

3．简答题

（1）简述 PHP 中如何定义一维数组和多维数组。

（2）简述使用 PHP 进行 MySQL 数据库编程的基本步骤。

4．编程题

（1）水仙花数是具有如下特征的 3 位数：其各位数字立方和等于该数本身。例如，153 满足 $153=1^3+5^3+3^3$，所以它是一个水仙花数，试编制 PHP 程序求出所有的水仙花数。

（2）编写 PHP 程序，判断一个正整数是否为素数。

（3）编写 PHP 程序，输入任意 10 个整数，并输出这些数的最大值和最小值（要求使用数组实现）。

附录　Sailing 数据库结构

数据库名：Sailing（扬帆贸易）

1. Products（商品表）

含义	字段名	字段类型	宽度	约束	其他
商品编号	ProductID	Int	6	Primary Key	
商品名称	ProductName	VarChar	20		
商品型号	ProductModel	VarChar	10		
成本价格	PrimeCost	float	8,2		
销售价格	SalePrice	float	8,2		
库存量	Inventory	Int			
商品说明	Description	Text	4000		
商品类别编号	TypeID	Int	4		

2. Orders（订购单）

订单编号	OrderID	Int	6	AUTO_INCREMENT，Primary Key	
供应商编号	SupplierID	Int	4		
员工编号	EmployeeID	Int	4		
采购日期	OrderDate	Date			
运货商编号	ShipperID	Int	4		
到货日期	ReceiveDate	Date			

3. OrderDetails（订单明细）

订单编号	OrderID	int	6		
商品编号	ProductID	Int	6		
数量	Quantity	Int			
进货价格	BuyPrice	Float	8,2		

4. Suppliers（供应商）

供应商编号	SupplierID	Int	4	Primary Key	
公司名称	CompanyName	VarChar	20		
联系人	ContactName	VarChar	10		
通讯地址	PostAddr	Varchar	30		
联系电话	TelNumber	VarChar	20		
省份	Province	VarChar	10		
城市	City	VarChar	10		

5. Sales（销售单）

销售单号	SaleID	Int		AUTO_INCREMENT，Primary Key	
员工编号	EmployeeID	Int	4		

客户编号	CustomerID	Int	6		
交易时间	SaleDate	DATETIME		默认值：系统时间	
支付方式	PayMode	Enum			银行卡；现金；微信；支付宝

6．SaleDetails（销售明细）

销售单号	SaleID	Int			
商品编号	ProductID	Int	6		
数量	Quantity	Int			
折扣	Discount	Float	4,2		

7．Shippers（运货商信息）

运货商编号	ShipperID	Int	4	Primary Key	
公司名称	CompanyName	VarChar	20		
联系电话	TelNumber	VarChar	20		

8．ProductType（商品类型表）

商品类别编号	TypeID	Int	4	Primary Key	
类型名称	Name	VarChar	10		
类型描述	Description	Text			

9．Customers（客户信息）

客户编号	CustomerID	Int	6	Primary Key	
客户名称	Name	VarChar	20		
性别	Gender	VarChar	2		默认值：男
生日	BirthDay	Date			
客户类别	Level	Enum			VIP，贵宾，会员

10．Employees（员工表）

员工编号	EmployeeID	Int	4	Primary Key	
姓名	Name	VarChar	10		
性别	Gender	Char	1		默认值：男
职务	Title	VarChar	10		
出生日期	Birthday	Date			
入职日期	EntryDate	Date			
联系电话	TelNumber	VarChar	20		
通信地址	PostAddr	Varchar	30		
直属上级	SupervisorID	Int	4		
履历	Resume	Text			
所属部门	Department	VarChar	10		